Nikomat
Nikon
F-501
Nikon
AF
50mm
AE-L
Nikon
F90
Nikon
Nikon
AF NIKK
Nikon
Nikon
F4
AF-L
AE-L
FUJIX
AF NIKKOR
50mm
AF NIKKOR

尼康摄影课堂

米夏埃尔·格拉迪亚斯　著
安士桐　译

中国摄影出版社
China Photographic Publishing House

图书在版编目（ＣＩＰ）数据

尼康摄影课堂 ／（德）格拉迪亚斯（Gradias, M.）著
; 安士桐译. -- 北京：中国摄影出版社，2013.1
ISBN 978-7-80236-846-0

Ⅰ．①尼… Ⅱ．①格… ②安… Ⅲ．①数字照相机－
摄影技术 Ⅳ．① TB86 ② J41

中国版本图书馆 CIP 数据核字（2012）第 274160 号

北京市版权局著作权合同登记章图字：01-2011-6143号

书　　　名：**尼康摄影课堂**
作　　　者：米夏埃尔·格拉迪亚斯
选题策划：赵迎新
责任编辑：李　刚
装帧设计：衣　钊
出　　　版：中国摄影出版社
　　　　　　地址：北京东城区东四十二条 48 号　邮编：100007
　　　　　　发行部：010-65136125　65280977
　　　　　　网址：www.cpphbook.com
　　　　　　邮箱：office@cpphbook.com
制　　　版：北京杰诚雅创文化传播有限公司
印　　　刷：北京市雅迪彩色印刷有限公司
开　　　本：16 开
纸张规格：787mm×1092mm
印　　　张：27
字　　　数：240 千字
版　　　次：2013 年 1 月第 1 版
印　　　次：2013 年 1 月第 1 次印刷
印　　　数：1—5000 册
ISBN：978-7-80236-846-0
定　　　价：128.00 元

序 言

当您翻阅本书时，或许您会和我有着相同的看法：尼康系列相机，以及这些相机的工作原理，犹如艺术创作者手中点石成金的魔棒。尼康相机是我们所接触到的摄影工具中的佳品。六十多年来，无论在专业摄影人士还是在有志向的业余摄影爱好者心目中，与这一著名品牌结下的不解情缘始终发挥着重要的影响。因为相比于豪车、美酒、高尔夫球或者饕餮大餐而言，与相机之间建立起来的一生之诺，不仅仅是人们从情感上做出的决断，而且更多的是理智  的体现。相机品牌能否取得成功的关键，在于经过了大半辈子的摄影生涯之后，曾经使用过的那些重要的摄影器材到今天还能不能继续使用，设备还能否兼容。

这些理念，尼康公司显然自从一九四八年开始生产相机以来，就早已领悟。并且始终孜孜不倦地遵循。即便到了后来，在精心打造数码相机新形象的发展道路上，也依然继续贯彻这些理念。从而在全世界范围内，出现了大量的"尼康迷"。但是时至今日，为这个创造了辉煌成就的相机品牌著书立说者却寥寥无几。即使是尼康相机的追随者们，也难于找到一部详实介绍尼康发展历史及尼康相机使用的书籍。今天，奉献到您面前的这部著作，就是在这样的情况下应运而生的。米夏埃尔·格拉迪亚斯是一位富有经验，且涉猎广泛的天才。为了着手创作这部著作，他花费了长达一年多的时间，出版社也给予了他全力支持。从尼康相机的发展史，直到关于如何使用新型的尼康相机，该书没有忽略任何细节。格拉迪亚斯从小生长在柏林，又在德国著名诗人、启蒙运动思想家莱辛(Lessing)生活和工作过的城市沃尔芬比特尔(Wolfenbüttel)受到多方面熏陶。由他撰写这部著作，对我们大家来说，堪称是一件幸事。此前，格拉迪亚斯已经为读者奉献过多部关于各种尼康相机的专著。

现在，呈献在读者面前的，是一部见解新颖、图文并茂、能够满足读者多方面愿望和需求的新书。无论翻译成任何文字，都有可能成为一部畅销书。本书不一定适合于相机的收藏家们阅读，而更像是一位出自于艺术家工作室的行家里手为摄影爱好者们提供的丰盛大餐。对于地地道道的"尼康迷"来说，本书不失为是一部经典力作。

杨—格特·哈格迈尔
(Jan-Gert Hagemeyer)

亲爱的读者们：

摄影是一种令人紧张，同时又是一种使人放松的业余爱好。它会陪伴您的一生。这种爱好并不取决于您现在，或者过去几十年（在胶片相机时代）使用什么品牌的相机。无论任何时候，如果您选择了尼康相机，都无疑是一项明智的抉择。如果您能对尼康相机的基本使用规则做到心领神会，拍摄出来的图片常常由于极佳的质量而得到赞许。

不过，也会有这样的情况出现：您已经认真阅读了您的相机使用说明，或者甚至还购买过相机的另外一些使用手册，并且潜心钻研过这些资料。然而，尽管如此，拍摄出来的图片质量却并非一直能够使您满意。

在这样的情况下，仔细阅读本书或许会对您有所补益。很多时候，或许是取决于我们自身对有关摄影基本知识的了解，或许是根据我们使用尼康相机时一些小的细节处理，正是这些容易解决的事情，在拍摄过程中，会使照片产生时而无关紧要，时而又引人注目的差别。这些引人注目的照片常常会获得观赏者充分的好评。

您在使用尼康相机拍摄时，究竟该注意哪些因素，我在本书中已经为您做了总结。从拍摄时的基本问题，一直到"日常生活中可能出现的麻烦事"，如果有些因素没有考虑到，都有可能在摄影中发生影响。在本书中，您将不仅能够了解到关于尼康相机使用中的一些基本方法，而且还能学习掌握有关摄影活动中值得注意的所有重要的细节。

作为本书作者，我衷心预祝您在使用尼康相机的拍摄中身心愉快，并十分希望本书能够带给您一些有关一般摄影以及专门使用尼康相机摄影的建议和启迪。

本书作者　米夏埃尔·格拉迪亚斯
(Michael Gradias)

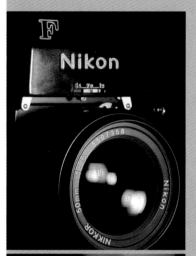

目 录

目 录

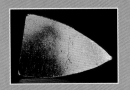

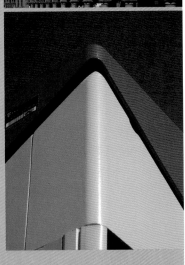

第三部分　后期制作

目 录

本书第一部分中，您将会了解到有关尼康相机的一些知识，了解尼康相机的历史，我还将向您介绍尼康数码相机及其优缺点。此外，您还会了解一些重要的相机附件，这些附件对于您从事创意摄影活动显然是非常重要的。

第一部分

尼康技术

尼康D70s，105mm微距，ISO200，1/800秒，f/7.1

尼康D70s，105mm微距，ISO200，1/30秒，f/3

1 尼康的历史

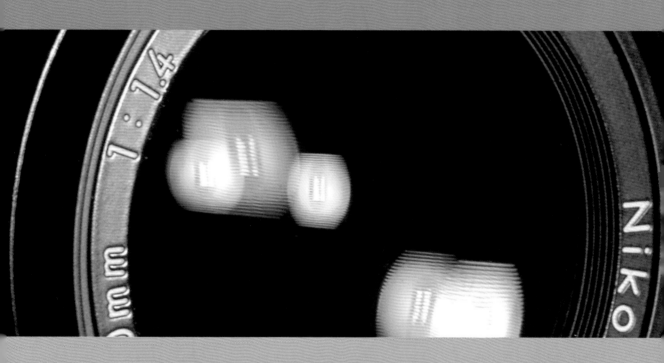

1917年，日本光学工业株式会社(Nippon Kog-aku K.K.)在日本成立，自1932年起，一直以尼康公司名义制造着尼康镜头。直到1948年，尼康公司才开始生产照相机。几十年岁月里，在照相机行业市场上逐渐成长为一家成就辉煌的企业。在这一章里，您会看到著名的尼康品牌是如何发展起来的。

本章中所有照片及图表均由米夏埃尔·格拉迪亚斯提供。

尼康的起家

我们今天所看到的成就卓著的日本尼康公司，最早是由三家小公司（东京量器制作所、岩城玻璃制造厂和富士镜头制造所）在1917年7月25日联手而成的，其宗旨是设计制造光学仪器，诸如望远镜及显微镜等产品。在当时的日本已经有重要位置的三菱集团也曾经对这次联合给予了支持。今天的尼康公司就属于三菱集团。

该公司名称"Nippon Kogaku K.K."，翻译过来就叫作"日本光学工业株式会社"。该公司制造的相机早在1976年就冠以"尼康"系列，而上述的公司名称却直到1988年才正式更名为"K.K.Nikon"，英语名称为"Nikon Corporation"。

以德国技术知识开始创业

公司成立之初，相机业内主要受一些德国公司，例如禄来（Rollei）、蔡司（Zeiss）、福伦达（Voigtlander）和康泰时（Contax）的影响。1919年中期，日方公司人员应邀来到德意志帝国访问并随之参观了几家德国照相机制造厂家。

自1921年初开始，在日本的公司里除了近200名员工以外，还有8名德国技术人员也在一起参加工作。他们积极地参与了尼康公司的技术开发和研制。当时，这批德国技术人员，由于他们掌握的新技术知识，在许多业务领域中受到了极大的欢迎。即使在日本的其它一些照相机制造厂商中间，发展的历史也基本上与此相类似。

德国照相技术的发展为日本树立了榜样，因此，日本在最初都是全盘照搬德国相机技术，德国公司向日本公司提供照相机配件，例如快门、镜头，与他们达成了一笔笔交易。

生产开始步入正轨

最开始，日本光学工业株式会社是为日本军方工作，制造潜望镜、望远镜、瞄准器、测距仪以及其它的光学仪器，后来又为"民营企业"研制过野战望远镜、医用光学仪器和航天仪器，并且获得过赞誉。

"Nikkor"作为产品的标志，首次出现是在1932年，这样，尼康镜头一直到今天仍然延用这个名称。随着时间的推移，尼康公司作为照相机行业的龙头企业深深扎下根来，并且一直生产着75mm至700mm的各种优质定焦镜头，这些镜头包括页片照相机和胶卷照相机的镜头。

↓首架尼康相机。第一架尼康测距取景器式相机于1948年推出。当时，该相机还没有型号标记。不久以后人们才称它为尼康I型相机（图片来源：德国尼康有限公司）。

为佳能生产镜头

1933年日本佳能公司成立了。这家公司仿照德国徕卡相机生产着廉价的产品。1936年2月他们研发出了"汉莎佳能"F相机，该相机配备有一只Nikkor·50mm、光圈f/3.5的镜头。直到1947年之前为止，两家公司一直按此模式开展合作，所有佳能相机均配备尼康镜头。

不过，到了二战期间，所有企业几乎全部用来生产军工产品了。

二战期间，除了设在Oi-Morimaechol的家族工厂得以保留之外，尼康公司整体遭到了毁灭性打击。

创新立业

二战之后，尼康公司开始开发研制自己的相机。1948年3月7日推出了首架测距取景照相机。该相机取名为"Nikon"，这个名字来源于公司名称Nippon Kog-aku当中的Ni和Ko。此外，该相机只取名为"Nikon"，型号标志"1"，只是以后为了加以区别而另添上去的。

从这架相机上，人们可以感受到德国Contax Ⅱ型相机的风格。它的画幅尺寸为不同寻常的24×32mm，一个135胶卷上可以拍摄40张照片。

↓山墙近照。即使用传统胶片尼康相机，人们在当时也已经能够获得极佳的拍摄效果。下面这张照片就是1989年使用尼康FA型相机完成的。这是一张幻灯片，经Photo-CD数字化，并且紧接着进行了数字化整理。

→用底片做比较。拿一个120胶卷（左边）同一个135胶卷暗盒（右边）做比较。这两个胶卷都是富士产品，在传统胶片年代，很多摄影家很喜欢使用这样的胶卷进行拍摄。

↓两张电影胶片面积（上图）相当于一张135底片的面积（下图）。下面的照片中拍摄的是，各种常见的影像传感器同135底片所做的比较。从外向内：APS-C，4/3系统和最里面的便携式数码相机影像传感器。

胶卷的问世

120胶卷作为标准胶卷问世之前，已经经历了漫长的时代。第一张赛璐珞胶片在1868年问世，并获得了专利。后来，一种基于赛璐珞底片基础上的胶卷得以改进，并于1887年由汉尼拔·古德温申请为专利。这种胶卷取代了当时一直盛行的干版。当时干版在相机上使用时，操作起来十分繁琐。后来又从这种胶卷中开发出了后来所有的画幅规格。这种胶卷被应用在了各种不同规格的照片上，例如4.5×6cm，6×6cm，以及6×9cm。这样，人们就可以拍出16张、12张或者8张照片。柯达创史人乔治·伊士曼奠定了胶卷照相机在摄影市场上的根基，并且大规模地生产制造这种胶卷的材料。1893年威廉·迪克森从120胶卷的基础上又开发出了适合于放映电影的35mm电影胶片。他在电影胶片上均匀地打上了齿孔，这样，胶卷就能够连续不断地在电影放映机和幻灯机上运转起来。电影胶片画面尺寸为18×22mm，胶片画面的左边是一条2mm宽的空白区，用来录制电影中的声响。

一直到1913年，这种电影胶片才被德国人奥斯卡·巴纳克应用在了第一架小型照相机上，这就是从1924年以后生产的徕卡系列相机产品，并且在市场上以大路货获得畅销。最初使用这种小型照相机的目的，是为了能够迅速在冲印间里制作出短小的电影片，以便检查在影片生产过程中诸如曝光等方面是否存在问题。在这个负片上，影片拷贝上的声迹区就能够得到充分利用，这样就获得了36×24mm的135画幅尺寸和3:2的比例。这个比例关系直到今天仍然被应

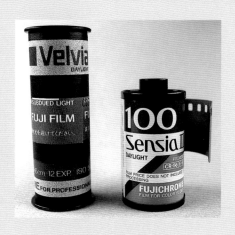

用在数码单反照相机上。齿孔技术也被直接移植到了第一架小型照相机上，目的是带动胶片的运转。不过，这种齿孔不同于电影胶片上在画面的左右，而是分布在画面的上下两侧。

最早制造相机的时候，日本人就一直期望能够拍出各种不同画幅尺寸的底片。底片的高度已经由于胶片规定了下来，那么，为了能够在一个胶卷上拍摄下更多的底片，就应该去改变底片的宽度。这样，就出现了24×32mm的规格。不过这种规格后来没能得以推广，因为底片与当时已经很流行的柯达克罗姆胶卷用的幻灯片边框不能匹配。

底片尺寸

　　从一开始，底片的尺寸就有些混乱，而这一点在制作照片时会产生重要的影响。使用成卷的胶卷时，通常都是使用6×6cm的正方形规格。不过也还有其它的画幅尺寸，例如6×7cm，或者6×9cm。画幅尺寸不同，成像的比例也不同。常规的135画幅一直延用的比例为3:2，从照片规格上来说，也就是36×24mm。随着摄影技术的数字化，又出现了4:3的图像比例。其原因非常简单：荧光屏使用的就是这种图像比例。首先依据这个比例的还有小型数码相机，这是因为个人电脑时代里是把荧光屏当作监视器使用的，而当时的监视器就是4:3的比例。这个规格直到今天仍然在个人电脑技术上得到了最大程度的保留。只有通过更为新型的高清电视画面技术，才又出现了16:9的图像规格。

　　大部分数码单反照相机使用的是传统

的3:2的比例，因为这种比例更具优势。如果画面被印到相纸上，整张照片就能够被反映出来，这是由于照片的感光纸始终如一是根据3:2的裁切比例生产的。

　　最早的尼康相机照片尺寸也是表现为24×32mm，这也基本符合3:2的比例。但同时又受制于当时实际的情况而失败了：它装不进当时通用的幻灯片边框。

题外话

←其它画幅规格。使用胶卷的中画幅相机常常拍摄6×6cm的正方形底片。这一点在照片制作过程当中当然必须注意，例如这张是1991年使用禄来6006型拍摄的（Rolleiflex 6006，Agfa RS100）。

↓尺寸问题。如果照片一旦按4:3比例被印到相纸上去，则或许在照片的左侧或者右侧就出现了一条空白边，照片的一部分会被裁掉（Lumix FZ28，等效478mm，焦距等量，ISO100，1/125秒，f/4.4，内置闪光灯）。

第一项成就

尼康公司1949年生产出了第二代尼康相机——尼康M相机。与上一代相机相比，这款相机在很大程度上保持了一致。而真正让尼康M相机大放异彩的是朝鲜战争，在那场大战中，战地记者们争相使用尼康相机。美国报纸上，战地记者们更是对尼康相机称赞不绝。大家一致看好的是，尼康相机的精密准确以及它那坚固耐用的外形结构。尼康M相机使用24×34mm的画幅规格，因为它的上一代产品由于画幅规格过小而没有获得认可。

1951年1月开发出来的新一代尼康S相机，使尼康公司获得了前所未有的销售业绩，并在行业内获得国际领先的地位。这款相机在当时是第一款畅销全球的产品，无论是专业摄影人员，还是业余爱好者，都对它表现出了强烈的购买愿望。在此之前的第一代尼康相机，仅仅卖出了大约400余台。

尼康S2相机则使用了一直到现在仍然流行的旁轴36×24mm的画幅规格。1957年至1965年制造的是尼康的豪华版旁轴取景相机：SP，"P"代表"专业性"。尼康公司那时候已经非常注重要给专业摄影人士提供功能齐全的相机使用。SP相机在当时那个时代已经能够提供出大量的装备和附件，因此而备受喜爱。1958年至1961年生产了S3，1959年又紧跟着推出了简约版S4。随后还推出过S系列的其它一些产品。1965年，尼康旁轴取景相机停止了生产。

单镜头反光照相机

早在1936年，设在德国德累斯顿的Ihagee公司就研制出了世界上第一款电影摄影机用反光照相机，该相机名称为Kine Exakta。这款单镜头反光照相机很快风靡市场。

单反相机呈现出了巨大优势，因为，用它拍出的照片与旁轴取景相机的照片完全不同的是，照片画面拍得非常精准，而且不管在相机上安装任何一种镜头，取景准确性都不受影响。

如果使用旁轴取景相机的话，相应的边框也必须得加入到取景器的画面当中来，这样才能对所期待的照片画面进行评价——对清晰度的判断在当时是根本不可能的。因此，使用旁轴取景相机进行拍摄是很不精确的。这样，更为便捷的单反相机便随着时代潮流的发展逐渐淘汰了旁轴取景相机。

↓尼康SP相机。这款相机曾经是尼康相机中最为专业的旁轴取景相机，它一直生产到1965年（照片来源：德国尼康有限公司）。

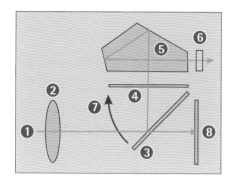

①-⑧上面这幅插图以示意图方式，描绘了单镜头反光照相机的工作原理。光线①透过镜头②到达反光镜③上面，光线又从这里被反射到一块聚焦屏④上。在五棱镜⑤里面生成一个左右吻合且直立的画面，这幅画面我们最终将会在取景器⑥里面看到。快门释放之后，反光镜向上翻起⑦，这样，光线便能够落到胶片/传感器⑧的上面。曝光当中，在取景器里是看不到任何画面的，这是因为反光镜在这个时候是向上翻着的。

尼康相机的鼻祖
——尼康F相机

即使在当时，尼康公司也并没有将自己置身于研制单镜头反光照相机这个最新发展趋势之外，相反，他们也在开发一种自己的单镜头反光照相机。因为，当时大家都看到了，随着尼康推出SP相机，旁轴取景体系的相机已是强弩之末，大势已去。由此，尼康公司在开发了SP相机之后，就开始着手研发单镜头反光照相机。他们制定的目标是，将迄今为止在单镜头反光照相机

领域上所取得的成就全部体现在这款相机上。该相机应该具有可更换的取景器体系，而且，它应该拥有大量的附件而光彩夺目，相机的聚焦屏也可以更换。此外，还应该增加镜头的种类。为了节约生产成本，还可以采用一些尼康SP相机的零件。所有预先规定的指标都如期完成了。1959年，尼康F相机终于问世，并从此开创了一直辉煌至今、硕果累累的最专业的照相机体系。镜头被固定在尼康F型卡口处，与当时绝大多数所采用的螺旋式连接方法相反，使用卡口式方法连接就可以更迅速地更换镜头。F卡口得名于当时尼康公司的总工程师Fu-keta。当测光和自动对焦出现的时候，已经有多种多样的发展变化伴随着时代的进程应运而生了，但是F卡口直到今天依然在继续采用。当今的新式镜头装在尼康F型相机上也可以照样使用，这与旧式镜头能够搭载新型相机使用的效果是完全一样的，只不过会有一点点局限而已。

反射式腰平取景器

中画幅照相机，例如6×6cm画幅相机，常常使用一种反射式腰平取景器，使用这种腰平取景器时，光被投射到聚焦屏上。五棱镜取消了，所以光线通过镜头直接反射在聚焦屏上。现在有一些尼康入门级相机不再使用五棱镜，而使用五面镜。后者既重量轻，又比五棱镜价格便宜。

↓Nikon F相机。此款专业相机是所有尼康F系列相机的基础（照片来源：德国尼康有限公司）。

不断进取

　　尼康F相机后来得到了长足的发展，其后代产品F2在1971年问世之前，时间已经过去了12年。如果按照今天的产品循环周期考虑，这早已经是长得无法想象的时间了。

　　1962年，F相机上安装了在当时看来还属于很先进的测光表。尼康公司把这个改进型号称之为"Photomic"。在这一型号产品上，取景器换上了一种和测光表集成在一起的"笨重的"变型产品。

　　后来，测光方法继续得到了精确化。1965年推出了装有测光表的尼康F Photomic T相机。在这个测光表里，光线投射在照相机的聚焦屏上，测量这时的光线强度并且能够得出一个精确的计量（通过镜头进行的TTL测量）。在这之前，测光都不是通过镜头，而是通过装在取景器里面的集成式测光表来实现的。

　　后来，测光又继续得到改进。尼康F Photomic TN相机的测光位置明显地是在画面正中，而不是在画面的边缘。这样，尼康式的"偏重中央曝光"便由此诞生了。1968年，尼康公司在尼康F Photomic FTN相机上又取得了另外一项提高。在这款相机上，人们能够更容易地注意到镜头上的相对孔径，而过去，这种方法相当繁琐。同时，闭锁系统在这里也得到了改善。

良好的声誉

　　凭借尼康这款F型相机，尼康公司打开了高端市场，从而获得了越来越多的著名摄影师的信赖，使用这款相机从事摄影创作。因此，世界上便有了大量的优秀作品问世。尼康公司就是通过这一事实，在声势浩大的广告宣传运动中，引起了人们对这款照相机的关注。很多影片里，人们更是把尼康F型相机当作道具去使用。

　　另外，还有一场战争也附带着帮助尼康相机提高了声誉，那就是越南战争。在这场战争中，尼康F相机以其坚固耐用的优秀品质征服了新闻摄影记者。他们当中的大部分人一直就是携带这款相机穿梭于战火之中。而在此之前，已经很长时间占据着统治地位的德国相机在摄影记者们眼中渐渐失宠。

第二个支柱

　　在设计了第一架尼康F相机之后，接下来，尼康公司就努力投身于开发消费者市场，为的就是在这领域里也分得一块蛋糕。

→测光表。Photomic型号的相机中，取景器模块上还有一个测光表。由于型号之间的差异，这个测光表已经被不断加以优化。您在这里所看见的是Photomic FTN又一种测光表（照片来源：德国尼康有限公司）。

1960年，Nikkorex 35相机投放市场，这款相机由马米亚制造，不过该相机不能更换镜头，但可以在相机镜头前面再另外加上一种附加镜头，从而弥补了这个不足。可以拓展到广角区域和远摄区域。

在Nikkorex 35相机基础上，到1963年为止，还出现了其它一些型号，不过那些产品不是特别成功。另外，相机经常爱出毛病。下边这张照片显示的就是Nik-

konrex 35系列中的第一款相机。它的下一代相机——Nikkorex F已经可以做到更换镜头了。

Zeiss IKon

在德国，尼康相机最早只能以" Nikkor "品牌销售。德国Zeiss IKon公司之所以坚持这一点，为的是避免发生混淆。

↑尼康相机（尼康D300，50mm，ISO200，1.3秒，f/22）

↑Nikonos Ⅱ。该相机作为第二代尼康水下相机于1968年推出（照片来源：德国尼康有限公司）。

它可以说是一款"瘦身版"尼康F相机。这款相机既不能更换取景器，也不能更换聚焦屏，更没有可能连接马达。理所当然，Nikkorex F相机的销路不会很好，所以在1966年尼康便终止了生产。

从1963年起，尼康公司也设计过几款特种照相机，目的是用于水下摄影，这就是Nikonos系列相机。到1984年，总共生产了四种款式。1992年又推出了Nikonos RS。最后这一系列相机的历史在2001年被终结。

一个新系列

在Nikkorex系列相机销售状况持续平平的情况下，尼康公司于1965年又推出了一个新的系列。据说这个系列的相机应该取得更好的销售业绩，这就是Nikkormat系列相机。

此系列的首款相机就是Nikkormat FT。这款相机的设计初衷为非常坚固的精密相机，因此，无论如何不会给人"便宜货"的印象。它不同寻常的地方在于相机外壳的上边没有调整快门速度的手轮，选择快门速度的装置被安装在镜头卡口的外圈上，这是一个需要逐步习惯的变化。

另外，与专业相机Nikon F系列还有一处明显的区别就在于取景器。在F系列相机上可以100%地看到最终的画面，而在Nikkormat FT相机上只能显示出92%。这是专业性相机与非专业性相机的一个显著区别，而且这个特征一直保留到了今天。过去在专业型相机上还保留着可以更换取景器的功能，今天很多型号上都已经不再有这个功能了。

→这张照片摄于1990年，使用F3相机和Nikkor 55mm微距镜头（尼康F3，FujiR F50）。

光圈转换

　　我们在右侧插图的上部可以看到，在当时光圈转换是怎样实现的。每个镜头上都装有一个支架，它通常被称之为"尼康叉"。在相机上又安装了一个与之相匹配的销子，销子卡到开缝里。为了测量通过镜头光线的强度，摄影者就必须在换完镜头之后先把镜头调到最小光圈，跟着再调整到最大光圈。如果忘了调整，拍出来的照片在曝光上就不准确了。

　　现在的尼康相机（例如D700或者D300s型）同样都有一个光圈卡口。这样，即便是老式镜头也可以继续使用。

↑图中箭头所示位置上您可以看到这个光圈卡口。

　　1967年，尼康为Nikkormat FT相机推出了一款更为瘦身型的"姊妹版"相机，这就是右边照片中所显示的Nikkormat FS。不过，这款相机几乎就没卖出去过，因为这个型号的相机上，从来就没有安装过测光表。

↓Nikkormat FTN相机。在日本国内市场上销售的该相机型号叫作"Nikomat"（照片来源：德国尼康有限公司）。

新景象

　　1967年出现了Nikkormat FTN新相机。这款相机宣告了Nikkormat系列相机新繁荣景象的到来。该机从尼康F相机上继承了前面已经介绍过的中央重点测光方法，并且在取景框上采取了另外一些改进。这样，快门速度便头一次在取景框画面底下显示出来。

新旗舰

　　尼康F型相机在当时成为市场上的热销货，也恰好在那几年，销售数字扶摇直上，总计卖出去一百多万台。尼康F型相机在1971年9月被F2所替代。从技术角度看，F2与上一款尼康相机很接近，只是在原本笨重的取景器上做了一些改进，F型相机用了这些年，它也确实有些老态龙钟，不再招人喜欢。F2上与测光表合成一体的取景器坚固耐用，快门按钮的位置也做了改变，又把它向前移动了一点儿，从而使操作变得更加得心应手。也像在尼康F型相机上那样，人们已经可以为F2相机再额外从三脚架螺纹接口上装上马达，这样就可以根据马达功率的大小，在1秒之内连拍出5幅画面。

↓Nikon F2 Photomic相机。该型号相机的取景器比其上一代要小一些（照片来源：德国尼康有限公司）。

电子时代到来

　　1972年，尼康公司紧跟时代潮流推出了Nikomat EL（意指Elektronik即"电子"）第一款全自动相机。从此，人们顺应市场需求，逐渐告别了纯机械式相机。这样，EL相机就装备了由电子控制的快门和TTL测光表，俱备了全自动曝光装置。与之相反的是，纯粹派艺术家却鼓吹着"大家最好应该学会摄影，而不要将支配权拱手相让给电子技术"。在Nikomat EL相机上，已经首次实现了对曝光量的贮存。这款相机当时排名在FT2之下（连同一只50mm标准镜头，该相机在当时的价格约为1200西德马克）。

大量的新机型

　　尼康公司在当时针对消费者使用的相机，就已经有了像今天这样每隔一段时间便推出新型产品的循环周期。一般每隔两年就有一款新机型问世，当然每次推新时只进行一些细微的改动。比如，1975年推出的FT2新型相机，也仅仅是在其上一代相机FTN机型基础上，增加了一种新式的闪光灯热靴。

　　1976年投放市场的尼康ELW（W表示Winder）相机，设计成了可以安装马达的兼容形式。1977年问世的尼康EL2相机只是在曝光上做了改动。而新型的Nikkormat FT3同样也仅仅是在于1977年推出的F2Photomic A相机的基础上稍微做了一

AI镜头

1977年，尼康镜头从根本上进行了更新。那个时候，在重新换上另一只镜头时，首先须将光圈向左右旋转，来"通知"相机尽量开到最大光圈开口，只有这样，才能获得正确的曝光。对旧式镜头来说，最明显的标志就是"尼康叉"。您可以在左边照片箭头处看到它。AI镜头上附带了一个调控光圈扳，就是一个位于镜头背面的凸起；右边照片中箭头处您看到的就是这条调控光圈用的曲线。这种相机有一个相应的卡口。在后来的AI-S型镜头停止生产之后，"尼康叉"也就不再使用了。为了让旧式镜头能够

在新型相机上继续使用，尼康公司服务机构又改装了镜头。

项改动，即把镜头调整了一下位置。这样就形成了A1控制体系，该系统远比当时流行的"橡树"型体系更为实用，在测光时，不必再把光圈孔径开到最大。

精巧型相机

从1977年开始，尼康公司又推出了一个新机系列，这个新系列的首款相机取代了当时另外两款热销相机，这就是全新设计的尼康FM相机。"M"型寓意机械式系列。

当时的发展潮流是生产重量更轻、更精巧的相机，尼康公司当然不能错过。

这款相机很快结交了许许多多的新朋友，销路非常好，投放市场以后经常供不应求。

许多专业摄影人士都把这款相机当作忠实可靠而又坚固耐用的备用相机。

在这款相机上，取景器内适量的曝光组合已经不再是用一根指针，而是通过三支二极管来显示。这三支二极管分别显示出过度曝光、曝光不足和适合曝光。

1978年以后，以尼康FE型相机形式又制造了一种电子式姊妹版照相机，这是一款可以自动曝光的相机。与FM相机所不同的是，在这款相机上，使用者可以更换聚焦屏。

尼康相机

从尼康相机EL2 开始，所有相机均取名"Nikon"。业余爱好者用的相机和为专业摄影人士设计的相机都以同一个名字命名。

↑尼康FM相机。这款手动式相机是一款非常受宠因而热销的相机（照片来源：德国尼康有限公司）。

→E型镜头系列。这个系列的镜头具有价格优势，外观上看起来也比其它Nikkor镜头精干一些。

开发新市场

尼康公司于1979年推出了一款EM相机。这种相机是专为业余摄影爱好者设计的。这个群体的人仅仅喜欢在度假中给家人拍拍照片而已，本身对摄影技巧并不十分关心。这个初衷得到了很好的实现，尼康公司很快又开创了一个新市场。为初学者制造颇具价格优势的尼康相机，这一理念一直被保留到了数码时代的今天。虽然价格便宜，但是EM却是一款货真价实、坚固耐用且又制做精良的尼康产品，人们因而对它倍感折服。

测光系统

由于当时有了相机内置的新型测光系统，即使在使用其它的取景器情况下，相机也可以自动地进行测光。

当时的情形也和今天一样，人们认为大型相机上所有特殊的功能，对于业余摄影爱好者来说是要求过高了，而且，他们对于这些特殊功能一定也没有兴趣。因此在后来制造这批相机时，砍掉了所有具有特色的地方。这样，这款相机就取消了景深预览按键以及反光镜预升功能。相机上采用了一个新的镜头系列，也就是E系列。这种镜头系列同样是针对业余摄影爱好者市场，价格相对低廉，很容易买到。

尼康F3相机

9年之后的1980年，又一款新的专业照相机尼康F3登场。与前代F2相机相比不同之处是，F2主要是以F型为基础而设计的，而F3是一款脱胎换骨之作。它除了提供手动曝光之外，还能提供自动曝光，快门也采用了电子式控制。

测光表这时候也首次移入到相机里，笨重的取景器全部被除掉。测光表被放到了能让一部分光透过去的反射镜的后面，这个原理直到今天仍然适用。此外，在测光时，以画面中央12mm为直径的一个圆很重要，这个圆将决定曝光计量的80%。

F3相机并没有在问世之后马上在市场上取得成功，随着时间的流逝，专业摄影人士还是逐渐认可了这款相机，最终在市场销售上还是获得了成功。F3相机也出了一些不同的款式，最后是F3AF，这是一款自动对焦的相机，1983年投放市场。

新入门级相机

1982年和1983年，先后有新型入门的新一代相机型号出现。它们分别是在上一代相机基础上被继续优化了的改进版FM2和FE2相机。改进之处主要是闪光灯，例如同步闪光时间被缩短到了1/200秒，FE2相机同步闪光时间甚至可以达到1/250秒。FM2相机首次提供的超短曝光时间可达1/4000秒，而此前只能达到1/1000秒。

1982年，作为EM相机的后继型号，尼康FG相机终于走进市场。FG相机除附带手动调节和自动曝光之外，还带有一个程序自动装置，使用这个装置，相机就可以自己去调整快门速度，并且在考虑到胶片感光度的情况下，调整与之相适合的光圈。这架相机的新奇之处还在于：使用闪光灯的时候，可以使用TTL测光。作为尼康相机来说，这是第一次。1984年，还为这款FG相机研制了一款姊妹型相机FG-20。FG-20没有程序自动装置和TTL闪光测光。1983年，尼康家族由于脱胎换骨的尼康FA问世而得以补充。FA就是在FG的基础上开发出来的，不过这款相机在销售中没有获得太多业绩，因为在这期间自动对焦相机已经占领了市场。

↓尼康F3/T。它的机身由钛金属制造，装上马达之后，1秒钟内可以拍摄13幅画面。

→尼康FA相机。我特别喜欢，经常使用这款相机拍照。最喜欢在相机上安装HD-15型马达，再把拍出来的照片编排到一起。竖握相机进行拍照是那么舒适，将照相机竖过来拍摄时，您会在左下角处看到另外的一个快门按钮（尼康D300，50mm，ISO200，1/60秒，f/16）。

曝光补偿

　　FA相机与FG相机一样，可以使用一个调节盘朝上或朝下转动，将自动测光所得到的曝光数修改两个级别的光圈。FG相机只须转半圈，FA相机只须转三分之一圈。

↓晕！这张照片出自于1987年我的第一部尼康相机——这是一款相当便宜的"大众式"尼康FG相机。

AI-S型镜头

1982年以来一直就有AI-S型Nikkor镜头（Aperture Indexing Shutter System），由于有了新的自动程序，当时的改进就变得很有必要了。

为了能够应用新式的光圈自动调节，就必须将镜头更新。因此，镜头必须安装成使相机能够通过自动调节来控制光圈。

不过，改动没有涉及到卡口，而是把相应的控制元件安装在了镜头的底部。

为了让相机知道装上的是不是AI-S型镜头，于是就在镜头的底部开了一个凹槽，右侧插图箭头处就是凹槽的位置。一旦连接上去的镜头不对时，取景器上就会有故障显示。为了能够使用自动装置，需要先将光圈调到最小，这样，控制系统才会接受这部相机。假如调出来的是另外一个光圈数，就会在取景器里出现一个警告标志FEE。

相机使用者可以在橘黄色的最小光圈（光圈数最大时）标志处的数值上识别这种镜头，如左图中箭头所示。

"尼康叉"下面标出来的那一组更小光圈数值，就是用来反映进入取景器里面的实际光圈，这些数字在AI型镜头上也有标记。

即使到了今天的数码相机时代，您仍然还会常常遇到AI-S这个提法。高档的数码相机，例如D300s或者D700，常常在机身侧面同样会有一个相应的卡口（在本书第27页D300s相机的插图上，您看到的就是这种卡口）。因此，这种镜头现在仍然能够使用。由于采用快门速度优先自动控制程序，您可以很顺利地得到测光结果。而在入门级相机上，就需要手动来调整了。

FA相机是第一款带有多区域测光功能的尼康相机，这是当今矩阵式测光的鼻祖。尼康公司那时候把这种方法称之为AMP法（自动多重式测光）。用这种方法时，是将画面分成5个区域，光在这5个区域中被分别进行分析。合适的曝光就是从这几个区域可能遇到的拍摄场合，利用已经编好程序的画面数据而得出来的。

除了程序自动控制之外，人们还可以有选择地使用快门优先自动控制，或者光圈优先自动控制（这在尼康相机中也属首次），也可以重新返回到手动操作。经过多次的改进，FA相机已经戴上了"高科技相机"的桂冠。

此外，FA相机还提供着一些很实用的细节，例如安装在机内的一种目镜快门。当

↓金黄色的八月傍晚。这张照片是我于1989年使用尼康FA相机拍摄的（尼康FA，Fuji RD100）。

光线进入取景器受到阻碍的时候，比如使用三脚架进行拍摄时，这个目镜快门就很有用处了。拥有机械式FM2、电子式FE2，和"计算机式"FA相机之后，尼康公司已经覆盖了奢华型相机的很多领域。

新一代相机

　　1985年，诞生了全新一代机型，尼康F-301。这绝不是对原有机型仅仅做出一些小打小闹的改动，而是一款脱胎换骨的全新设计相机，并且明显针对使用者的实际需求，是完全针对业余摄影爱好者的款式。

　　一年之后，随着尼康F-501相机的问世，尼康相机家族里又增添了一位重要成员。这款相机将自动对焦模式置于机身内部，而F-301那时候还不具备自动对焦功能。

　　上述两种新机型都安装了内置的相机马达，每秒钟几乎能拍摄3幅画面，这是全新功能。采用几种模式用来拍摄系列照片或者单张照片，这种方法即使在今天也差不多仍然在使用。例如使用S模式可以进行单张拍摄，C模式下可以进行连续拍摄。另外，当时还有L选项用于锁闭（Lock），使用它就可以将相机上锁，因此可以说它就是一个开关。在有自动对焦功

能的F-501相机上，其功能的缩写符号就代表着使用的功能方式：C模式表示即便自动对焦还没有结束，也可以随时打开相机快门；S模式下，只有在画面完全对焦清楚的情况下，才能打开快门释放按钮。

　　F-501与F-301之间还有一个区别，就是能够更换聚焦屏。F-501成为了一款

→尼康F-501相机。这是第一款在机身内部安装了自动对焦系统的尼康相机（照片来源：德国尼康有限公司）。

↓使用自动对焦系统，要想捕捉野鸭戏水这样的镜头，也会变得容易得多（尼康F-501，Fuji RD100）。

AF-Nikkor镜头

随着自动对焦单反相机F-501的推出,为了使相机也能测出距离,重新修改镜头就变得非常必要了。测距的功能是通过安装在卡口里面的机械传动装置来完成的。

与其它相机品牌不同之处在于,尼康相机是把自动对焦设置在机身里面,而不是在镜头上。这样,镜头也就可以搭载在老式相机上继续使用。当然,这时候相机是没有自动对焦功能的。

由于必须要把电子接点设置在镜头的背面(见照片的箭头处),所以在这项革新上,卡口得以继续保留。

这是第一次把微处理器(CPU)设置在了镜头里面。这样,才有了可能将镜头上反映出来的特殊数据传输到相机上。现代化的矩阵测光系统充分运用了这些可能

性,因此这套系统才能得以精确地工作。

由于相机的自动程序规定了必须要把光圈调到最小,所以镜头就具备一种能够防止调错光圈情况的锁定功能。

成绩卓著的相机,在1986年被推选为"欧洲年度最佳相机",是由于这款相机在当时是世界上第一款,也是唯一一款在机身内部安装了二进制自动对焦系统的相机。

此外还应该注意的是,尼康公司在1986年的摄影展上还推出过一款原始型号的无声摄像机尼康SVC-1,它能够在一张3.5英寸软盘上存储30万像素的照片。该机的一个内置CCD画面传感器将模拟数据变为数字式数据。今天看来这是数码摄影的先驱行为。

新一代尼康相机与前代相比,在光学方面也有着明显的改进:F-401这款新

相机设计得更为圆润、更加时髦。该机于1987年问世时,不仅仅在自动对焦系统上继续得到优化,而且还头一次拥有了一盏内置的闪光灯,需要时只需弹起闪光灯便可应用。

随后在1988年又出现了尼康F-801相机,该机主要是供那些活跃的摄影人士使用。就等级方面而言,我们可以大致上把这款相机比作为今天的D200或者D300s相机。

随着F-801相机的横空出世,尼康公司让我们重新经历了一种"爆炸式"的革新效应,当时的市场很快接纳了这个产品。F-

美 国

对于美国这样一个尼康产品重要出口市场来说,当时也开过"例外":F-501称之为N2002,F-401称之为N4004,F-801又叫做8008。这些名称在后来也被人们继续使用过一段时间。

801在世界上首次将最高快门速度缩短到1/8000秒, 使用内置的马达, 每秒钟可以拍摄3.3幅画面——这在当时也是一项新纪录。另外, 可偏移程序曝光也是这款相机的创新点。这样, 我们就能够改变被相机测到的快门速度和光圈的组合。曝光补偿最多可以设定5挡光圈。

该机型还是第一款能够以液晶屏显示各种不同参数变化情况的尼康相机。调整过程是通过一个多功能旋钮来操作, 这个旋钮就在相机机顶上很清晰的位置。这种操作方式今天我们依然能够在数码相机的使用中看到。

新型旗舰相机——F4

1998年, 在前代顶级尼康相机问世的8年以后, 尼康F4相机宣告问世了。这款相机把近年所有新研制开发的功能提高到了一个新水平。它不仅仅包括所有在前面文章中所描述的新的自动化技术, 而且还涵盖了内置的自动对焦功能。

当然, 在这款照相机上还保留了原有的卡口。这是考虑到有人在使用某款旧式Nikkor镜头时, 这款相机能保持它的兼容性。

这款相机上极佳的自动TTL闪光功能也经过了更进一步的细化, 因而倍受新闻界人士的称赞。此外还可以通过锁定功能防止闪光灯从热靴里滑出来, 操作变得轻而易举。

↑尼康F-401相机。这款相机由于它格外古怪的造型而备受瞩目。

↓尼康F-801相机。该机型以最佳款式提供了很多新功能 (照片来源: 德国尼康有限公司)。

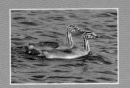

→尼康F4E相机。F4相机加上MB-23型电池盒就叫作F4E（照片来源：德国尼康有限公司）。

当时，专业摄影人士的意见还没有完全统一。很多人一往如前地紧抓机械式F3型相机不放，而且有意识地对自动相机采取排斥的态度。因此，F3相机又继续生产了很长一段时间。这样，一直到了2000年9月的摄影展上才宣布了这款相机的谢幕。与之相反的是，F4相机早在1996年，就一直没有再继续生产。

如果将这些型号的尼康相机与今天的数码相机做一对比，我们不难发现，尼康相机在外形设计和内部功能的发展上已经尽可能地做到了日臻完善。

↑奶牛倒影。1989年，我用F-801相机抓拍到了这个题材（尼康F-801, Fuji RD100）。

其它镜头

相机的自动化技术有了长足的提高，接下来就又需要研究开发新的镜头了。1992年出现了新一代的自动对焦镜头，采用3D矩阵测光技术，把"距离"这个概念引入到测光当中，这种镜头被取名为AF-D（D代表 Distance，即"距离"的意思）。针对被改进了的TTL测光，为了能够增加适度的光量，就有必要来调整距离。

1992年研制了几款带有内置马达的镜头。有了这个马达，人们就能更准确地对焦，这些镜头都被称之为AF-I（Autofocus coreless integrated motor，即自动对焦—无转子—内置—马达）。这些镜头上同样都有测距芯片。1996年采用的AF-S型镜头（Autofocus Silent Wave，即自动对焦—宁静—音波）上还安装了一种速度更快的超声波马达。

AF-D型镜头上很实用的地方还有：尽管自动对焦的功能很强，但是摄影师通过转动对焦环仍然可以干预对焦（手动/自动操作方式）。

2000年至2003年尼康公司也推出了几款镜头，其中的AF-G镜头不再有光圈环。因此，在老式的胶片相机上使用这种镜头就受到限制了。

具体的型号名称您可以在镜头上读出来，例如下面插图的箭头所示，镜头上还标有M/A（手动/自动）转换开关。2003年以后推出的DX型镜头是专门为数码相机使用更小的传感器而研制的。

其它新款式

后续的几个款式都是对原有机型进行了一番小小的更新。例如F-401相机就做了一些小的改动，称之为F-401S。1991年，AF相机经过一些快门的优化之后，取名为F-401X。同年，推出了F-801的改进版，名称上也改成了F-801S，新加入了一些功能，例如点测光系统。

另一种新款式于1990年问世，它就是F-501的后续产品F-601。这款相机继承了当时尼康相机的许多功能，例如F4相机上原有的矩阵控制的TTL聚光闪光灯。另外还推出了一款F-601M，只能用于手动对焦。这一时期，没有自动对焦功能的相机与带有自动对焦功能的相机一样，占据几乎相等的市场份额。尽管这样，F-601M相机却在销售上受到了冷落。

新型相机和镜头

1992年9月，伴随着时光的脚步，新的机型依然层出不穷。接下来问世的是一款带两位数字的相机F90。尼康公司随着时间的发展也频繁地更改着相机的型号。这种情况至今也没发生过任何变化。

F90相机上第一次采用了3D矩阵测光。在这个技术上，测距同时融入到测光之中。从而，特别是在复杂的拍摄条件下，也能够更精确地取得测光结果。

↑F90相机。（照片来源：德国尼康有限公司）。

F90相机还获得了一款更新式、功能更强大的CAM246自动对焦模块。

还有另外一项新技术，我们今天仍然可以在入门级单反相机上发现它。它有七种题材模式，从而可以就风景或者运动做出选择。相机这时候会自动调整出尽可能小的光圈（在拍摄风景照片时），或者尽量短的快门时间（拍摄运动照片时）。另外还有近摄模式、人像模式、防红眼模式，以及剪影模式。

F90也是世界上第一款供使用者使用其它附加功能的相机。比如您可以给它编入自己设置的曝光组合。这种两位数的系列相机在以后的几年里继续得到了改进。

1994年，F50相机下线了。它是一款更为紧凑型的入门级相机。随后又有F70和F90改进版F90X相机填补到这个系列中。它们都是经过微小改进的机型，并且逐渐取代了过去的三位数尼康系列相机。

↑数字化道路上的初试。第二款尼康试验型机是静态记录相机QV1000C（照片来源：德国尼康有限公司）。

既然有了新的测光方式，那就需要有改进型的镜头。这样，就出现了第二代AF镜头，它被命名为AF-D。由于需要使用兼容式的闪光灯，才能够在闪光时对距离上的数据予以评估。这样，在使用聚光闪光灯时，能得出更为平衡的结果。

钛金属机身的FM2/T相机，1995年推出了FM10，1996年推出了FE10相机。

面对不利，尼康公司并没有消沉，他们做了大量的数码型新产品的实验，并且同柯达和富士公司开展合作。

原型机

数码领域的创新在继续发展着。在美国的新奥尔良，尼康公司推出了一款取名为D1的数码单反原型机。该机能提供具有传奇色彩的1088×480像素的分辨率。不过，这款相机不能与以后投放市场的D1相机混为一谈。

←尼康F5相机。F5型机以诸多技术亮点再次闪亮登场（照片来源：德国尼康有限公司）。

热闹的市场

此间，相机市场上的格局发生了一些变化，佳能公司这时候让尼康在专业相机领域举步维艰，而廉价型相机的销售也不见什么起色。与之相反的是，竞争对手的很多款式产品经过成功的改良之后，在照相机市场上变得越发惹人喜爱且畅销无阻。尼康公司在这些年中情况很不妙，尤其是无法扼制竞争者把一些虽然改进不大，却价格优惠的产品抛向市场。于是他们就尝试绝地反击，希望以一些"倒退式相机"重新引起市场的轰动，然而这些做法又是无功而返。这样，他们在1994年又推出了

新的尝试

今天，大家或许不敢相信，1996年随着F5相机的问世，还有一款传统胶片相机——尼康E2来到市场。那时候，佳能相机的用户如果有什么附件丢失了，常常用这款相机的附件去弥补。

尼康E2这款相机的设计出于意大利的著名设计师乔治·亚罗（他还设计过F3至F6和D1至D3系列相机）。

↓数字相机。与富士公司合作中推出了好几个款式的数码单反相机（例如下面这一款1994年问世的E2相机）。不过这些相机由于其昂贵的价格（每部相机单价都远远超过1万马克），而没能成为大路货，虽然它们提供的分辨率只有100多万像素。

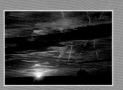

↑尼康F100相机。1999年问世的这款相机，是第一款"真正意义上"的尼康数码单反相机。

↓尼康F65相机。尼康公司推出的最终谢幕的几款胶片单反相机之一，没有再展示出什么特殊的风彩。

还有更新式的东西

在进入数码时代之前，照相机的制造商们还曾尝试推出过一款APS规格（一种更小的胶片尺寸）的相机，想要重新激活已经饱和了的照相机市场，不过这个尝试并没有获得成功。这种所谓的"先进照相机系统"很快就销声匿迹了。尼康的APS相机叫做"Pronea"，1997至1998年曾经出现过两种款式。

虽然在1999年至2003年之间还曾经有六款新的尼康胶片相机问世，不过这当中只有一款F100相机还算值得一提。其它两位数型号的相机淘汰了它们的前任。F60（1998年）、F80（2000年）、F65（2001年）、F55（2002年），以及F75（2003年）在操作方式及功能类型上基本与竞争对手的产品类似。这些产品都没能展现什么特殊之处。

尼康F100相机

尼康公司在1999年10月以一款F100相机展示了精简版的F5专业相机。如果这一款相机是在另外一个时间里推出的话，它肯定能获得极大的成功。因为这个时候大家谈话的内容都已经在围绕着数码相机，先是便捷式相机领域（尼康公司在这个领域中的产品是Coolpix系列相机），不久之后又转到单反相机领域。令F100相机能够摆到桌面上的原因，是数码相机D1就是以F100为基础设计的。D1数码相机于1999年问世。

F5相机标志着一个时代的正式结束，它是最后一款可以更换取景器的尼康相机。随着F5相机的问世，尼康公司重塑良好赞誉的目的终于获得成功，这款相机得到了如此之多的好评。专业摄影人士不仅在短时间内完全习惯于使用那些新式的电子技术，而且还对这些新技术又提出了新的要求。F5相机获得了迄今为止其它所有尼康相机在自动对焦和测光领域内所具备的功能，操作也变得十分便捷。在数码摄影的时代，2004年尼康公司又推出了一款后续产品—F6型相机。

有一点一直令人好奇：F5相机究竟卖出了多少台？

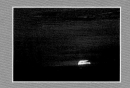

↑上世纪80年代，尼康公司通过出版高质量的画册以及宣传广告，积极地对外介绍自己的产品。这是非常值得称赞的。尼康针对每一款新型号相机都有相应的情况介绍。今天，我们从互联网上依然能够获取这些信息。

尼康D70s，18mm，ISO800，1/40秒，f/3.5

2 数码相机

上个世纪90年代，发生了一场从传统胶片摄影转向数码摄影的伟大变革。利用数码摄影技术，可以将所拍摄的照片安全稳妥地存放在存储器里。经过一番小规模试验以后，尼康公司终于在1999年以一款D1相机开始跨入了这个新的领域。

本章中所有照片及图表均由米夏埃尔·格拉迪亚斯提供。

初涉数码

在上一章中，您已经知道，尼康公司在数码摄影的发展过程中并没有置身度外，他们与其它技术合作伙伴，例如柯达和富士，针对数码相机技术进行了大大小小的多次试验。

刚开始研究数码单反的时候，尼康公司就决定还是像开发胶片相机时一样，走那条业已证明是切实可行的道路。

首先，争取得到专业摄影人士的支持。如果专业摄影人士率先接受了数码单反，那么非专业人士肯定也会支持尼康的产品。实际上，数码摄影技术也的确率先在新闻摄影界里得到了大力推广。原因非常简单：对每天发行的报纸来说，重要的是及早得

↓D1是尼康公司第一款真正意义的数码相机。

到所要发表的图片材料。数码相机研制初期，异常昂贵的价格也算不上什么，能够用数码技术把图片迅速传回来，取得的利润要划算得多。

然而，竞争对手还是超过了尼康公司，在数码相机这一领域上率先扎根，发展得比尼康更好（特别是在专业相机方面）。研制初期，尼康公司对数码摄影技术发展前景的判断上，表现得有些犹豫。2004年推出的传统胶片相机F6，就恰恰证明了这一点。当时的情况已经非常明显：传统胶片相机的市场将很快不复存在。

如今，已经没有任何人再去统计传统胶片相机的销售状况了，这种相机所占的市场份额已经几近为零。

只是当佳能公司推出了EOS 300D相机，并且在大众相机市场大获全胜的时候，尼康公司才如大梦初醒，认识到了自己在数码相机市场上问题的严重性。

时间不长，风头又发生了变化，形势的发展开始对尼康公司有利了。首先是引起轰动效应的D200，然后是一并推出的专业级D3相机和半专业D300相机，齐心合力一块帮助尼康公司重新夺回了它最初涉猎的地盘。这样，佳能公司就被推到了不利地位，因为尼康公司每隔一段时间都会推出更成熟、更新款的产品。这两家最大的数码相机制造企业目前所占市场份额不分伯仲，他们联合起来就占据了数码单反相机市场80%以上的地盘。

第一款数码相机

1999年，尼康公司在推出传统胶片相机F100的这一年，也同时推出了自己的第一款真正意义上的数码相机D1，进入市场初期，这款相机的价格在12000马克左右。因此，在当时它只适用于专业摄影领域。

起初，人们并不知道数码相机到底是什么样子。正如您在最初几款相机上看到的那样，大家都以为数码相机的样子肯定不同寻常，所以那几款相机在设计上有些前卫。

不过，随着D1相机的出现，反过来又让人们明白了一个道理：数码相机与胶片相机这对姐妹长得一模一样。这样做其实非常好，因为直到现在仍然有很多人从使用胶片相机转过来使用数码相机。实现这个跨越对摄影者来说非常容易，因为技术操作实际上是相同的。数码相机D1与胶片相机F100就有许多相似之处。就其自身来说，F100不过就是瘦身版的F5相机而已。

尼康制造的所有1位数型号的数码单反相机中，都和D1相机一样，竖拍手柄是固定在机身之内的，这样可以给人们一种"宽厚与坚固"的印象。准专业的尼康相机，竖拍手柄只能另行购买，然后固定在三脚架接口的螺旋上。

就功能方面而言，D1相机已经具备了F5相机和F100相机的所有功能。

名 称

刚开始时，数码相机并不是像现在这样称呼，那时候人们称它为"静态录像式相机"。某种程度上可以说，就是储存了录像片里的各个单一画面。

↓警觉中的红鹳。尼康数码相机自始以来一直都是以其优越的照片质量令人折服（Nikon D70s，300mm，ISO200，1/500秒，f/6）。

题外话

暗 角

当您把镜头安在DX格式相机上使用，而镜头不是为FX画幅尺寸的相机设计的时候，使用的仅仅是镜头中央的区域。因此，当您使用更为普通的镜头时，就不必顾虑在照片四周会出现暗角的现象。暗角通常会在光圈全开时形成，因为它分布在被拍摄的区域之外。

↓FX格式与DX格式。FX传感器在规格上大约与135胶片一样大。DX格式传感器大约只及135胶片的一半（见白色标志）。

尼康DX格式

随着数码相机进入人们的生活，在传感器的画幅尺寸上发生了重要的变化。

最早的那些小型数码相机内都有很小的传感器，开发这样小的传感器在当时并非容易，在传感器上必须设置几百万个对光线敏感的感光二级管。

就在传统银盐感光技术终结之前不久，佳能、富士、柯达、美能达和尼康这些相机的生产厂家们在1996年就开发出来了一种叫作APS的胶片规格（APS指的是Advanced Photo System）。其目的就是要把它作为对135胶片的一个补充，给那时候已经摇摇欲坠的市场注入一股改革的活力。不过，APS胶片只在市场上流行了不多的几年，因为这时候数码相机已经开始打入市场了。

由于有了更小的画幅规格，才能够去制造更为精巧的相机。相机缩小以后，带来的好处是APS胶片再也不像135胶片那样，继续再打上齿孔。这样，胶片尺寸小了在相机里的位置也相应缩小了。

APS胶片可以分为三种规格。完整的规格是30.2mm×16.7mm，叫作APS-H型。这种胶片还有一种APS-C级（C表示Classic，经典）规格，它的尺寸25.1mm×16.7mm，长宽比例为3:2。这些数据与迄今为止相机经典的画幅尺寸完全吻合。另外还一种30.2mm×9.5mm的全景规格。不过，只有通过APS-H型原始规格剪裁后放大，才出现了其他两种规格。

在研发第一批数码单反相机时，制造者依据的是APS规格。尼康把他们的传感器称为DX格式。这种传感器规格为23.6mm×15.8mm。在这一点上，因为型号有所不同，传感器尺寸的大小也会有几毫米的变化。只是这个尺寸规格基本上与APS-C级规格相符。

自2007年以来，尼康公司共生产过7款全画幅传感器的数码单反相机（其中包括D3、D3s、D3x、D4、D700、D800和D600）。其传感器尺寸与传统135胶片一样大。这种被称之为全画幅相机的传感器，尼康公司称之为FX型传感器。左下方的那幅照片中您所看到的，就是这两种规格的比较。

区别何在

传感器规格上的差异，在实际拍摄过程中也会造成各自不同的结果。实际工作中，能够让人发现特别明显的区别，就在不同的焦距。如果把焦距完全相同的镜头放在一部DX相机上使用，它们的作用会与连接在一部FX相机上的视角完全不一样。

如图1所示当您想对着被摄体①拍摄时，光线穿过镜头②，焦距就是对焦点③和画面在传感器上清晰成像的那个点之间的距离（④DX，⑤FX）。传感器越小，这个距离也越小。这个情况在实践中就意味着：要把一个物体完整地在传感器上拍摄到，传感器越小的相机需要的焦距越小。

从相反方向来表示，这也可以说：在焦距相同的情况下，传感器越小，拍出的画面也越小。这种情况您可以从下面图②中看到。因而就有了"Crop-Faktor"，即剪切系数。

于是人们形成了这样一种印象：为了获得更小的画面，在DX格式中需要使用更长的焦距。

为了在两种规格中进行比较，我们在DX格式上这样换算了焦距，就使得这个焦距与135胶片的焦距相互一致了。在尼康相

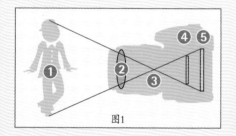

图1

机中，换算系数为1.5。如果您在相机上安装50mm镜头的话，您得到的画面尺寸与一个在FX格式相机上使用的75mm镜头的画面一样大。

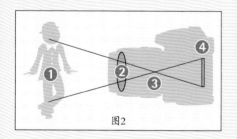

图2

景 深

随着焦距一起出现的还有景深，因为景深的大小也取决于镜头的焦距（焦距越短，成像清晰的范围也就越大）。

这样，装有较小传感器的相机，在同样的（经过换算过的）焦距，相同的图片画面情况下，就会获得较大的景深范围。

反过来如果相机与被摄主体的距离增大，装有较小传感器的相机同样会获得较大的景深范围。

清晰度范围

为了在使用DX格式相机时达到更小的景深，必须减小与被摄体的距离，并且使用更长的焦距。

↑景深。为了达到同样大小的画面效果，DX格式相机需用更短焦距的镜头，这时成像清晰的部分就会比使用FX格式相机时更大些。如果为了取得相同大小的画面效果，您还可以让FX格式相机更加靠近被摄主体（尼康D700相机，180mm长焦，ISO200，1/125秒，f/4.5）。

多处得以继承

第一次看到尼康新型的数码单反相机时,我们会发现,这款相机身上保留了许多过去胶片相机上原有的东西。尼康公司这样做的目的,是考虑到可以让更多的入门级摄影爱好者轻车熟路地使用它。

↑尼康D1相机。与胶片相机相比,最重量级的变化集中在相机的背面。这里设置着诸如评估被摄照片用的液晶屏和调节各种选项的按钮(照片来源:德国尼康有限公司)。

您如果想要储存曝光和锁定焦点的话,只需像您在胶片式相机上早已熟悉的那样,使用AE-L/AF-L按键即可。如若选择您所希望的曝光程序,或者想略微修正曝光时,操作也和过去选择自动对焦的模式一样。

以上这些仅仅是一部分例子,就根本性的操作来说,尼康现在开发的新型数码相机与之前的机型相比,没有太多变化。

即使在机身的内部,虽然元件变化很大,不过这些元件的功能与胶片相机上对应的零件并无区别。另外,即便是尼康公司在很多相机型号上不断地做出其它改进,曝光模式和自动对焦模式也完全一样。

多处创新

诚然,增加许多胶片相机上不曾具备的新功能,也完全是应该的。比如胶片相机使用的胶片,今天就不用再装进数码相机了。因此,新式相机的后盖也不用再为换胶卷而打开关上。照片的画面信息用一个传感器记录下来,结果将被保存在一张存储卡上。

新式"胶卷"

内置式传感器被赋予重大的意义。在胶片摄影时代,我们可以通过更换胶卷来改变一张照片的效果。比如曾经有许多摄影家很喜欢反转片的鲜亮色彩。因此他们很喜欢在相机里装上富士反转片。而那些喜欢不太艳丽颜色的人,大多使用柯达或爱克发反转片。这些胶片拍出的照片会更"冷淡"一些。到了数码相机时代。我们已经用不着再考虑换胶卷了,所以只须去注意传感器提供什么样的结果了。虽然我们可以适应传感器提供的数据,但是我们却没有办法去改变本质上的画面质量。尼康公司在他们制造的相机上安装了索尼公司制造的传感器。

这些相机拍出的照片质量、色调均属上乘,被大家交口称赞。由于相机的制造厂家不同,图像结果也会大不一样。尼康公司选择的是一条宁愿保守而不要锋芒毕露的道路。

CCD和CMOS传感器

尼康数码相机使用了两种不同类型的传感器。最初的几款型号上使用的是CCD传感器（Charge Coupled Devices即电荷耦合器），而较新的一些型号上，使用CMOS传感器（Complementary Metal Oxid Semiconductor，即互补金属氧化物半导体传感器）。

这两种传感器的工作方式是类似的。传感器上有数百万个对光线敏感的感光二极管。有多少感光二极管，相机就会有多少像素。

制作CMOS传感器很便宜，而且耗电少。不过，以前一直有人私下认为这种传感器降噪能力较弱，现在已经不再有这种情况了。CCD传感器工作时，处理数据的速度更慢。很长时间，人们一直认为CCD传感器会提供较好的画面质量，但是今天人们已经不再坚持这种看法。在这两种传感器中，已经看不出来有什么差别。

下面这张照片显示的是安装在尼康D5000相机上的CMOS型传感器（照片来源：德国尼康有限公司）。

色盲症

传感器里面的感光二极管都有"色盲症"，它们只能接受像素点的亮度，但是不能接受色彩。

这个问题，人们是这样解决的：就是在每个感光二极管上，都装上一个呈红绿蓝（RGB）这三种基本颜色的色过滤器。通过这个色过滤器，每次接受到的只是相对该色彩的亮度值。

因为人的眼睛对绿色比起对其它两种基本颜色反映得更灵敏，所以绿色的色过滤器就要多出一倍，绿色色过滤器是按照下面这幅图的模式排列的，这个模式被称之Bayer Pattern生成彩色影像的模式。

选择数据的时候是每四个像素（如图中所示）为一组，色值是通过内插法（中间计算）而得出来的。

通过内插法的方式，每个相机制造厂家的图像结果会有不同。各个相机生产厂家都有自己的方法来得出色值。

按照今天的标准来看，D1相机的技

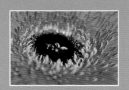

拍摄速度

对专业摄影来说，能在最短时间内拍摄出尽量多的照片是非常重要的。由于画面的数字式处理，以及大量数据要转存到存储卡上去需要一定的时间，数码相机都内置了一个缓冲式存储器。画面最初是先发送到这个缓冲式存储器里面的。这样，D1数码相机才有可能连续拍摄21张照片，而且是以每秒钟4.5张照片的速度。在1999年，这个速度是相当引人注目的。

术指标在许多方面还是相当落后的。小小的2英寸显示屏尚不足以详细观察拍出的画面。传感器上274万像素对于表现16.9×11.1cm大小的高质量（300dpi）照片已经够用了。对于新闻摄影记者来说这在当时已经算不上任何特殊的缺陷，分辨率对于将照片印刷到报纸上来说，已经足够了。对于当时的情况来说，能够在1秒钟时间内达到4.5张照片的连拍速度已经是非常突出了。

D1参数

上市时间	1999年10月
有效像素	274万
画面尺寸	2000 x 1312像素
ISO	200-1600（可扩展至6400）
存储介质	CF卡
视野率	96%
液晶屏尺寸	2英寸
液晶屏像素	12万
内置闪光灯	无
闪光同步	1/500秒
快门速度	1/16000秒-30秒
曝光补偿	-5EV-+5EV
连拍速度	4~5张/秒

小 结

尼康D1型相机在今天只能向收藏者推荐了，因为它的技术数据已经不合时令，在旧货市场上您只须破费几百欧元便可买到它。

2001年2月，尼康公司推出了两款D1型机的后续型产品，其中的D1H型被优化为适用于高速摄影（可以每秒钟5张照片的频率拍摄40张照片），另一款D1X型机与之相反获得了更高的分辨率（547万相素）。

2001年2月，尼康公司推出了两款D1相机的后续型产品。其中的D1H被优化为适用于高速摄影（可以每秒钟5张照片的速度拍摄40张照片）。另一款D1X相机与之相反，具有更高像素量（547万像素）。

跨入消费者市场

2002年中期，尼康公司以新开发的D100相机进入了消费者市场。他们的意图是，靠这款相机来争取那些准专业摄影师和高级业余摄影爱好者。这款相机当时的入市价格为2800欧元（约为人民币23020元），明显低于那时候价格差不多高出一倍的尼康专业相机。

另外，所有尼康旧款镜头也都可以在这款相机上继续使用，因为这款相机上F型卡口也得到了保留。

不过，在不带内置CPU的镜头上，测光不起作用，聚焦屏也不能更换。但是，它能在取景时进行网格线显示，这在精确调整相机构图时很实用。

MB-D100电池组也被有选择地保留。它不仅改善了相机的便捷性，而且还包括一个竖拍快门按钮和两个调整轮可供使用。另外在手柄处还有一个AF启动按键。

在传感器开发方面，尼康也取得了一定成果。D100相机使用的是一个610万像素的CCD传感器，它与3008×2000像素的图片规格完全相符。这样，完全可以以最佳质量打印出25.5×17cm（300dpi）尺寸的照片。

最佳配置

非专业的D100相机在很多方面的配置，都要比专业级D1相机更胜一筹，不过这也是因为D1相机慢慢过时而风光不在的缘故。

由于中高端数码单反相机的使用者，也包括专业摄影家，都不使用主题模式程序，因此D100相机只有一个程序自动，快门优先和光圈优先。此外，曝光值当然也可以手动调节。

为了进行曝光测定，使用的是10个分区的3D矩阵测光，以及偏重中央的整体测光和点测光。为了得到完美的曝光，还能够实现包围曝光。在这个系列中，除了一幅正常曝光的照片外，其它曝光不足或者曝光过度的照片都被存下来。

由于D100数码相机出现的时候，使用者手中还有胶片相机，而且他们还打算继续使用，这样，在D100相机快门按钮上还设置有一处有用的细节。这个细节在以后的相机上被取消了，这就是快门线接孔。在没有无线快门线的年代，人们在胶片相机时代经常使用这种快门线。

当时，感光度已经从ISO200提高到ISO1600。在拓展模式下甚至可以提高到ISO3200和ISO6400。但在感光度很高时，图片效果常常还令人感到有不足之处。

液晶显示屏当时是1.8英寸，分辨率是11.8万像素，这都比D1上的相应参数要低。

↓600万像素。600万像素用来打印较大的照片也足够了，超过25cm也能达到最佳质量（尼康D70s，60mm，ISO200，1/400秒，f/10）。

↑↓尼康D100相机。尼康公司的这款D100相机，在2002年跨入了中高端领域，并且取得了不错的业绩。

D100参数	
上市时间	2002年7月
有效像素	610万
画面尺寸	3008 x 2000 像素
ISO	200-1600（可扩展至6400）
存储介质	CF卡
视野率	95%
液晶屏尺寸	1.8英寸
液晶屏像素	11.8万
闪光灯	内置/闪光指数11
闪光同步	1/180秒
快门速度	1/4000秒–30秒
曝光补偿	–5EV–+5EV
连拍速度	3张/秒

小 结

对于初学者来说，尼康D100即便是在今天也是非常值得推荐的一款数码相机。运气好的话，您可以以100-200欧元的价格在二手市场买到这款相机，并且将它作为学习数码摄影的入门机型。

新旗舰相机

时间进入到2003年。当别人在开发新型号数码相机大步前进的时候，尼康公司却一直还没有完全相信走数字化这条道路，他们还在继续推出新的胶片相机型号，例如F75和2004年的F6。

尽管这样，第一款专业级相机仍然大获成功。在2003年，两款后续产品中的第一款终于问世了。

最初，在顶级相机的开发上，尼康公司采取的是双管齐下的方针。他们在D1H相机上优先考虑的是更快的速度，而在D1X相机上，像素就成了更重要的标准。

新改变

由于人们转变为使用数码单反相机的途径各有不同，在使用这种新式相机的方式上，也就有了根本的区别。

刚刚从使用胶片单反相机转而开始使用数码单反相机的用户，首先必须习惯于从液晶取景器里去取景。因为在拍摄之前，从显示屏上看不到画面。在当时，这也是一个为什么把最初的显示屏都做得那么小的原因。那时候，小的显示屏对于调节菜单上的各种功能来说已经够用了。

因为后来许多使用者已经习惯了从显示屏上观察画面，相机的制造者对这个情况做出了反应，并且在以后的新款数码相机上增加了实时显示的功能。

第二点需要我们改变习惯的，就是数码单反相机上自动白平衡。传统摄影时代，我们在例如处理人造光场合时，常常需要一种专门的胶片，来避免画面中出现色彩失真，而数码相机已经能够自动地进行这种调整了。

尼康公司的技术开发人员最先瞄准的是专业摄影。因此，在2003年中期推出了D2H相机，这款相机最终是在快门速度上得到了提高。花上4000欧元（约为人民币32884元），在当时就能买到一款像素为410万，连拍速度为8张/秒的相机。这款相机上还装有一种新型的自动对焦模块——Multi CAM 2000型传感器，总共11个测量区，可以覆盖75%的画面。超高的自动对焦速度和对焦的精确性尤其受到好评。显示屏尺寸达到2.5英寸，分辨率达到211200像素。在当时，这都是引领潮流的参数。

2004年秋季，尼康又推出了具有新标准的姊妹相机D2X相机。

与它的先辈相机一样，X相机也是瞄准了高像素。这样，D2X相机的CMOS传感器像素达到1240万。刚入市时，这款相机的价格为5000欧元（约为人民币41105元），与它的姊妹相机D2H相比，要明显高出不少。

尽管像素很高，而且还能达到5张/秒的拍摄速度。D2X相机并不比那款专门为提高速度而设计的姊妹相机慢多少。随着这款相机的问世，尼康公司为业界重新确立了专业相机的标准。

↓尼康D2X相机。D2X相机从2004开始，成为尼康的新旗舰，并且确立了全新的标准。

D2X参数

上市时间	2004年10月
有效像素	1240万
画面尺寸	4288 x 2848 像素
ISO	100-800（可扩展至3200）
存储介质	CF卡
视野率	100%
液晶屏尺寸	2.5英寸
液晶屏像素	23.5万
闪光灯	无
闪光同步	1/250秒
快门速度	1/8000秒-30秒
曝光补偿	-5EV-+5EV
连拍速度	5张/秒

小 结

如果不是对高感光度吹毛求疵的话，那么D2X型机在今天与D2H型机一样，对于专业摄影人员来说都是一款值得推荐的相机。D2H型机上410万像素在今天看来"略显单薄"。与之相反，D2X的分辨率，直到现在还仍然是尼康的标准。这两种型号的相机，人们在二手相机市场上，花不了1000欧元（约为人民币8130元）就能淘到。

大众市场

2003年年末，在佳能公司以一款极廉价相机获得巨大成就之后，尼康公司在2004年之初，也终于以一款价格优惠的相机打入了消费级相机市场。

用这款D70相机，尼康公司终于在低价位的数码单反相机上，向她的竞争对手发起了挑战。时至今日这一直是成功之举。

随后的发展依然是欣欣向荣。在市场上花1000欧元左右（约为人民币8220元），就可以买到功能齐备的数码单反相机。跨入数码摄影世界对于越来越多的摄影爱好者来说，早已不再是望尘莫及的事情。

D70相机已经能够令专业新闻摄影界和它的使用者们完全信服。所有评论意见都很积极，特别是认为D70相机远远没有像它的同类竞争者那样"瘦身"，确实是表现出来了一些真东西。虽然它的机身由塑料制造，但给人以一种结实牢固而又不失典雅的感觉。这款相机操作轻巧，给摄影的初学者们带来很多方便。

自动对焦的Multi-Cam 900模块，在D100和F80相机上已经得到使用，它运转可靠，而且速度很快，总共有5个自动对焦区提供人们选用。

像尼康所有为初级和中高级摄影爱好者准备的数码相机一样，D70相机也拥有一个内置闪光灯（闪光指数为11）。需要使用时，例如需要照亮某一区域，可即刻接通。D2H相机上采用的i-TTL闪光测光系统，提供了精准的闪光调控和闪光测光。同时，环境光线也进入测光考虑范围。这样，就形成了综合评估的结果。

D70相机优秀的画面质量特别受到称赞，是完全有道理的。它的CCD传感器具有610万像素，能提供一种令人印象深刻的画面质量。如果说使用竞争对手的相机拍出的照片就像具有某种宣传效果的话，D70相机所展现的则是具有巨大生命力的综合成果（因此，人们认为这是由于如此众多的亮度分级所带来的结果）。

↑D70相机（照片来源：德国尼康有限公司）。

两款新机型

尼康公司在2004年成功启动并且在消费级相机市场上取得重大突破之后，随即在2005年4月又一下子推出了两种款式新机型D70的改进型号D70s和D50。

随着D50这款相机投放市场，尼康公司在数码单反相机方面，一直是执行着有效的定价策略。这款相机的入市价格定在了750欧元（约为人民币6166元）。在当时来说，这确实是一个很低的价格。

D70s相机显示屏略微变大了一些（这时候的分辨率与前一代机型相同，显示屏加大到2英寸），此外，相对于前一代机型，还做了一些小小的改变，例如已经可以使用电子快门线。而在D70相机上，当时还只能连接那种远红外式的遥控器。

D50相机上减掉了D70s相机额外的功能，因而得以以便宜的价格进行销售。这样，使用者就不能再用通常所使用的CF卡，而必须用SD卡来储存数据。与D70s相机完全相反，D50相机只是背面有一个调节轮。前面的调节轮取消了。因此，D50相

机要比较大型号的一些相机对菜单的依赖性更大。

在连拍速度上，D50已经可以做到最多2.5张/秒。代替以前点测光的是彩色矩阵测光。在新的自动对焦功能上，D50相机甚至比较大的姊妹机型D70和D70s配置得还要更好，在Auto-AF模式上（现在称之为AF-A），D50相机可以识别，是单张照片对

↓企鹅。从一开始起，尼康数码相机就展示了很好的照片质量（尼康D70s，220mm，ISO 200，1/800秒，f/5.6）。

↑尼康D50相机。尼康公司在2005年以两款新型入门级相机占领了消费级相机市场。

↓尼康D70s相机。D70s相机是取得优秀销售业绩的D70经微小改进的后续机型。

焦AF-S,还是连续对焦AF-C。如果不适应,就会相应地在各个模式之间自动切换。

　　D50是尼康公司入门级单反相机,而且顾客可以按照自己的爱好选购银白色机身。在这一款相机之后推出的就只有D40和D40x相机了。

D70/D50参数

上市时间	2005年4月
有效像素	610万
画面尺寸	3008 x 2000 像素
ISO	200-1600
存储介质	CF卡
(D50)	SD卡
视野率	95%
液晶屏尺寸	2英寸
液晶屏像素	13万
闪光灯	内置/闪光指数11
快门延迟	1/500秒
快门速度	1/8000秒-30秒
(D50)	1/4000秒-30秒
曝光补偿	-5EV-+5EV
连拍速度	3.1张/秒
(D50)	2.5张/秒

小 结

　　谁若是在二手相机市场上看到D50或者D70s相机觉得便宜,而且作为初级入门者不经常使用较高的感光度,显示屏小一些对他也没有什么影响的话,就应该当机立断地买下来。在二手货市场上,有时候花不到100欧元(约为人民币813元),就可以买到一架拍摄效果很不错,而且操作又很便捷的相机。

保护原有型号

2005年初,尼康公司又推行出了保护机型的措施:他们对D2H相机进行了改进,并在其名称后面加上了"s",使它成为了一款非常前卫的机型。如果只是做了一些微不足道的改动,尼康公司是不会给产品另外再立一个新名称,而只是在该相机名称后面辍上一个"s"。

这种前卫方式是为了取悦于顾客,因为这样顾客们才不致于感到"受了愚弄"。D2Hs相机虽然与D2H相机使用的是相同的传感器,但是ISO3200至ISO6400时的噪点现象还是特别得到了抑制。他们又从D2X相机上移植了3D矩阵测光功能。自动对焦也得到了改善,工作起来速度更快了。显示屏的显示菜单中又增加了一个经过改进的RGB(红绿蓝)直方图。

一鸣惊人

2005年底,尼康公司最新推出的D200相机闪亮登场了。从一开始,D200就产生了轰动效应。所有摄影界人士着实都被它迷住了。"真的太酷了!"有一位业内人士,当他第一次尝试用这款相机拍摄时,便禁不住发出了由衷的赞叹。

当人们最早听说到这款相机的消息时,对这款众望所归的相机,就充满着好奇心。大家议论纷纷的是,这款在已经老迈的

↓入门相机。D70s相机是我的第一款长期使用的数码单反相机,我很喜欢用它来工作。这款相机直到今天也没有完全闲下来。如果我不需要很高分辨率的话,例如拍摄产品照片时,这部相机仍能拍出很好的照片。在这本书里面,绝大部分的产品照片和菜单截屏都是用这部尼康D70s相机拍摄的(尼康D70s,55mm微距,ISO200,1.6秒,f/40)。

D100相机原型基础上推出的后续机型，估计也不会配备什么新功能。不过事情的发展与人们原来的猜想大相径庭，这款D200相机实际上并不是D100的后续产品，而是一款瘦身版的D2X相机。与尼康公司的顶级相机相比，D200这款相机具备了许多新特点。

　　这一下使得很多摄影爱好者和专业新闻记者大为震惊，并且为之振奋起来。因为事先几乎没有一个人曾估计到这个结果。在发布会上，D200相机引发了与会者的交口称赞，许多人争相购买。

　　D200相机是一款很厚重的相机（加上电池达930克重）。握在手里颇有一种"专业摄影师"的风范。不过，该相机的价位并没有达到人们估计的那么高。按当时的入市价格1700欧元（约为人民币13822元）计算，完全可以说是物有所值。D2X相机刚推出时的价格也是明显高出了一倍，但是它的功能并没有翻一番。于是我们可以这样说，花1700欧元买一部D200相机等于是用低廉的价格买到了一款专业相机。因此，很多业余摄影爱好者不放过这个大好时机，也就不难理解了。

顶级数据

　　D200相机有效像素达到1020万，它的内置CCD传感器保证着极佳的照片质量。相机本身重量大，是因为整个机身全部用金属制造。因此这款相机颇显结实坚固，尤其适合在野外极端恶劣环境下使用。相机的所有关键部位装有保护安全防碰撞的橡胶垫，灰尘和潮气能被阻挡在相机之外。为了把相机更舒适地握在手里（尤其是在拍摄竖幅照片时），还可以另外加装MB-D200多功能竖拍手柄，这种手柄能装入两块可充电锂电池，或者6节AA电池。

　　该相机的显示屏为2.5英寸，分辨率达到23万像素，比入门级相机高出了一倍，当时已经是相当优秀了。另外，各项功能的调整可以在机顶液晶显示屏上进行检测，机顶液晶显示屏安置在取景器的右上方。

　　只有要求更高的尼康相机才拥有这种双LCD显示屏，廉价的入门级相机就不具备这个很实用的设计。

↓尼康D200相机是针对中高级摄影者使用的一款非常成功的机型。

尼康研发者在D200相机上考虑到了很多实用的细节，例如把开关钮完全移到了右边，给液晶显示屏加上灯光，这样即使在黄昏或黑夜里操作时，都能看得清楚。

与入门相机相比，尼康公司在中高端相机上，使用的是能够通过单独按键来调整所有参数。而对于入门机型来说，相反都是经过菜单来选择拍摄模式，比如设定自动对焦模式。

尼康公司专门为D200相机开发了一种新的自动对焦模式。这种模式下有11个侦测区域，这11个侦测区域在需要时能

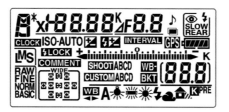

编为7个更大的侦测区。使用Multi-Cam 1000自动对焦模块，不但可以改变侦测区的数量和排列顺序，而且编排也是全新的。自动对焦的精确性及速度非常优秀，几乎可以满足使用者的所有需求。

←LCD显示屏。LCD显示屏设置在相机的顶部。所有关键性的调整数据都能在LCD显示屏上显示出来。

↓德国波茨坦市的无忧宫城堡（Sanssouci）。我曾经用D200相机进行长期拍摄，总计大约拍摄过6万多张照片。一直到现在，这部相机仍然非常"敬业"，各项指标运转正常（尼康D200，34mm，ISO100，1/320秒，f/9）。

AI和AI-S型镜头
　　如果镜头数据都已经设定,可以使老式镜头实现快门优先。

↓柏林市宪兵广场。11个自动对焦侦测区域(上图),也能够组成7个更大的侦测区(下图)(尼康D200, 10mm, ISO100, 1/250秒, f/8)。

　　D200相机还有另外一些有趣的改进,例如在数码相机上第一次可以使用RAW格式将照片进行压缩,这一点很重要,因为RAW文件需要占用很大的存储空间。

　　处理图片数据的处理器是从D2X相机上继承的。因此,速度也相应地快了起来,数据的传输是通过四个通道进行的。当然,在这款相机上也还是使用F卡口,所以各式的尼康单反镜头在D200上都可以继续使用。另外,这款相机还有一处新东西:它能显示出镜头的所有数据,诸如光圈和焦距。这样,就能够把镜头的数据也都接收到Exif数据当中来。

　　通过D200相机,尼康公司确立了这个价位相机应该具备的许多新标准。这样来看,这款相机取得如此之大的销售业绩,就并不为奇了。

D200参数

上市时间	2005年12月
有效像素	1020万
画面尺寸	3872 x 2592像素
ISO	100-1600(可扩展至3200)
存储介质	CF卡
视野率	95%
液晶屏尺寸	2.5英寸
液晶屏像素	23万
闪光灯	内置/闪光指数13
快门延迟	1/250秒
快门速度	1/8000秒-30秒
曝光补偿	-5EV-+5EV
连拍速度	5张/秒

小 结

　　即使后续相机在高感光度方面表现出了更好的结果,D200型相机在今天仍然不失为一款值得大力推荐的相机。这种相机,如今在二手相机市场上,常常用不到1000欧元(约为人民币8130元)就能买到,发烧友们淘到这款相机绝非错事。

新的创举

2006年7月份的情况，尼康公司搞得很神秘。

每当一款新机型要问世的时候，在互联网上，例如摄影论坛中，都会有许许多多这方面的消息，还会有很多人提出各种猜测，而且这些猜想后来大都能够变为现实。这样的情况在当时实在是太"正常"不过了，但是到了该推出D80相机的时候，情况就又变得正式起来。从一个电子广告牌上打出了21天倒计时的广告。广告里面还经常播放一幅很神秘的照片。从这幅照片上，大家仅仅能预感到有一款相机即将推出。2006年9月，D80相机被正式推出，一时成了大家的佳话。

在向公众推荐时，D80相机又一次引起了人们的极大惊异。虽然这款机型实际上就是获得过极大成就的D70s的后续机型，但在随后详细了解了它的功能之后，大家还是恍然大悟：尼康公司像推出D200相机时一样，这一次又真真切切地是"重拳出击"了。人们一点也看不到有"维护旧型号"的迹象。

D80相机在很大程度上可以说是D200相机的瘦身版。D80相机的很多功能，是继承了中高端的D200。这两种相机在价格上存在着大约1000欧元的差价，D80相机的入市价大约为850欧元（约为人民币6911元）。令摄影爱好者不解的是，这两款相机的差别为什么这么少。当时就有人曾经在一些测试报告中，把D80相机

↓魅力霞光。D80相机在业余摄影爱好者中间极受欢迎，使用这款相机进行拍摄，给他们带来了极大乐趣（尼康D80, 18mm, ISO200, 1/60秒, f/4）。

存储卡

随着时间的推移, 存储照片用的存储介质也发生了变化。首先选择使用的是CF卡或者微硬盘。

使用微硬盘, 价格较为低廉, CF卡虽然购买时贵一些, 但是这种卡更结实耐用。此外, 它不需要很多电量, 优点在于可以多拍摄照片。另外的优势还在于数据的传输率高。这样, 照片就能更快地保存到存储卡上去。也能在存储卡上读出来。在拍摄体育比赛时, 这一点是非常重要的。

这种更新型的CF卡还有另外一个优点: 工作中不会发热。

现在, 那种更小、更新式的存储卡正在取代较老的款式, 例如SD存储卡(Secure Digital)。这种卡大小只有CF卡的一半, 已经首次在尼康D80相机上使用。这种SD卡是针对较小内存, 大约为4GB而使用的。更新式的SDHC卡(Secure Digital High Capacity)最高能达到32GB的容量。未来将肯定是朝着这种存储介质的方向发展。尼康D300s相机是第一款既安装了CF卡, 又安装了SD／SDHC卡的相机。这两种存储卡, 运行的速度也各不相同, 具体表现为: 速度越快的, 价钱也越贵。

↑不同品牌、不同内存的CF卡（左图）和SD／SDHC卡（右图）

称之为"大众版的D200"。D80相机与D200相机的差别很小, 尼康公司精简了一些人们认为摄影爱好者有可能放弃不用的功能。另外, D80相机大部分是使用抗碰撞的工程塑料制成的。

尼康公司给这款新相机保留了一个功能按键, 从这一个按键上, 可以通过选择的方式启动九种功能当中的任意一种, 例如在按下这个功能键之后, 在LCD显示屏上面就可以显示ISO的实际值。

让用户们高兴的是, D80相机还拥有一个反光镜预升的软件（D200相机上与之相反, 是一个反光镜预升的硬件）。反光镜向上翻开以后, 快门在大约0.4秒钟的延续之后才打开, 从而可以防止因为手部颤抖而造成的照片模糊。

D80相机的自动对焦模块是从D200相机上移植过来的。因此，在这个价位上它能提供极大的舒适程度和很高的精确性，速度也很快（在D200相机上对焦速度还能更快些）。但是在D80相机上，不能对测光区域随意扩大，只是中部的自动对焦侦测区可以扩大。

与D200相机相反的是，当我们使用老式的AI和AI-S型镜头时，就不能再使用自动曝光了。D80相机菜单的功能被明显扩大，已经被一直延扩到了图片优化功能。这种优化功能是尼康公司从更小型的 Cool-pix相机上转移过来的。

用户还可以选择一个型号为MB-D80的电池盒手柄，这个手柄还可以在后续机型D90上使用。

两款新型小相机

2006年底，当D40相机以低价位推出的时候，对这款相机如何评价，一时出现了分歧，正是仁者见仁，智者见智。尼康公司第一次放弃了自己产品一贯具备的强大兼容性的特点。尽管有人证明了这款相机卓越的技术性能。

D80参数	
上市时间	2005年9月
有效像素	1020万
画面尺寸	3872 x 2592 像素
ISO	100-1600（可扩展至3200）
存储介质	SD／SDHC卡
视野率	95%
液晶屏尺寸	2.5英寸
液晶屏像素	23万
内置闪光灯	内置/闪光指数13
快门同步	1/200秒
快门速度	1/4000秒-30秒
曝光补偿	-5EV-+5EV
连拍速度	3张/秒

小 结

D80型相机也是尼康相机当中一款直到今天仍然值得推荐的相机，既便它的后续产品在感光度方面有更加上乘的表现，这也无妨。因为这款相机在二手相机市场上一直能够廉价买到，对初级摄影入门者来说，这是绝对不错的选择。

↓尼康D80相机。这款相机由于自身诸多的有趣功能早就成为了一款真正的畅销货。

数码相机

↑尼康D40x相机。D40相机
问世之后不久，尼康公司又推
出了D40x这款具有千万像素
的姐妹机型。

了大量的各式镜头，不过这些"旧古董"到
了这个时候也派不上什么用途了。

尽管如此，尼康公司一如既往地继续
开发着实用型新机型。在这当中就有两款
小相机已经不再享有内置马达了。

为了让这款相机的入市价格能够在
650欧元（约为人民币5285元），于是又把
另外的一些细节也取消了。这样，D40相机
便头一次不再拥有机顶显示屏，而要像使
用菜单那样，通过机背显示屏来完成操作。
这时候的机背显示屏已经做得非常舒适
且功能齐全。

此间，已经有很多相机生产厂家在相
机里安装了一个自动的传感器清理器，用来
清除传感器上的污物和灰尘。污物和灰尘
会给照片上带来斑点。当人们更换镜头的
时候，会不可避免地让灰尘落到敞开着的
传感器上。尼康公司在D40相机上没有采
用这项新技术，因而不得不面对一些用户
们的批评。

例如尼康相机以前一直保留着F卡口，
可以让旧款镜头继续在新相机上使用。这
个特点现在已经不复存在；过去在相机内
置的步进式马达和机械式传动轴也因为节
约成本考虑而变成了牺牲品。这样，老式的
自动对焦镜头只有在这个镜头有自己的AF
驱动马达的情况下，才能在自动对焦的模
式里被启动。尼康公司在此期间虽然生产

→尼康D40相机。即使是用
D40相机拍摄，其优秀的照片
质量也不会令人们对这款相
机有丝毫的怀疑（尼康D40，
55mm, ISO200, 1/320秒, f/9）。

在2009年的展销会上，D40相机以250欧元（约为人民币2033元）的价格被廉价抛售。这款相机对入门级摄影爱好者来说变成了真正意义上的便宜货，因而也创造了一项新的销售业绩。

就在D40相机出现不过几个月之后，尼康公司在2007年3月又为这款相机奉献了一款姊妹机D40x。这款新机型提供了一个1020万像素的传感器，连拍速度也更快，而且还可以把感光度调整到ISO100。另外，闪光同步时间也从D40相机的1/500秒调整为1/200秒。

尼康公司为D40x制定的价格，比起她的姊妹机型来高出了大约300欧元。

↓慕尼黑奥林匹克体育场。就照片质量来说，尼康的入门级相机与专业相机几乎没有差别，差别只是在相机内部的影像处理方式上。此时，尼康公司注意的是入门级摄影爱好者的品味。这些人比起专业摄影师们更希望看到的是"制作完毕"的照片；而专业级摄影师们看重的是后期的画面优化处理（尼康D70s, 18mm, ISO200, 1/320秒, f/9）。

D40/D40x参数

上市时间	2006年12月
（D40x）	2007年3月
分辨率	610万像素
（D40x）	1020万像素
图片尺寸	3008×2000像素
（D40x）	3872×2592像素
ISO	200–1600（可扩展至3200）
（D40x）	100–1600（可扩展至3200）
存储介质	SD（HC）卡
视野率	95%
液晶屏尺寸	2.5英寸
液晶屏像素	23万
闪光灯	内置/闪光指数12
快门同步	1/500秒
（D40x）	1/200秒
快门速度	1/4000秒–30秒
曝光补偿	±5LW
连拍速度	2.5张/秒
（D40x）	3张/秒

小 结

D40型和D40x型相机以其优惠的价格而受到摄影爱好者崇尚，有时候还能见到这两款新相机。对于进入数码摄影世界的初级入门者来说，这样两款相机都是值得推荐的；而对于已经有了多种规格镜头的尼康相机发烧友来说，这两个相机型号并不适用。

又是一场重头戏

2007年8月，尼康公司用另外两款新相机震惊了照相机行业。

当时的情况是，尼康公司最大的竞争对手生产出135全画幅相机各种机型已经有一段时间，而尼康公司在这个领域仍然保持沉默。他们认为，一种135全画幅规格的传感器并不是非需要不可。因此当新型款D3顶尖级相机真的装上了FX传感器的时候，就越发引起了震惊。

↑尼康D3相机。从尼康D3相机开始，尼康公司又制定了新标准。

↓尼康D300相机。D300创造了一个不错的销售业绩。

面临竞争，尼康公司并没有去一味地提高相机的像素值。他们以在更大尺寸的传感器上设置了1210万像素，在更高的感光度上，以很少的画面噪点达到了卓越的图像效果。这是第一次有可能实现最高达ISO25600的感光度，这在当时还是一个被认为不可能出现的数值。

D3相机取代了上一代两款相机D2H和D2X。这样，就是说他们放弃了双轨制的道路，因为D3相机包括了这样两个方面：一项是高像素，另一项是9张/秒的最大连拍速度。这款相机上有两个CF卡用的插槽。

D3相机还有一个新的、功能更强大的自动对焦模块Multi-Cam3500FX，该模块提供51个对焦区域，能覆盖画面的大部分面积。

显示屏也被扩大了，D3采用3英寸的显示屏，具有92万个像点的分辨率，这是与VGA标准相吻合的。这样，画面清晰度就能极好地在显示屏上得到确认，尤其是能够放大需要特别确认的部分。

尼康公司还给D3相机设置了Live-View实时显示拍摄模式。很多摄影师此前曾多次要求，希望相机上具备这个模式。

D3相机在刚投放市场时定价不到5000欧元（约为人民币41105元），这个价格与上一代相机的价位相差无几。

意外的惊喜

与D3相机比翼齐飞的D300相机，是作为硕果累累的D200相机的后续机型被推出的。D300这款相机继续使用的是DX传感器，该传感器达1230万像素。

D300相机同时又是专业相机的瘦身相机。人们可以在它身上发现很多D3相机的功能。例如它具备着相同的自动对焦模式和相同的高分辨率显示器，Live-View实时显示拍摄模式也是这款中高端相机所拥有的。除此之外，D300相机还有一种传感器自动清洁功能。这种功能在其它制造厂商所造的机型上已经常见，只不过在尼康D3相机上不曾装过。

D300相机和D3相机的感光度有所不同。前者允许的最大值为ISO 6400，即使在高感光度情况下，图片的质量仍然好得令人惊讶。

D300相机的取景器覆盖着100%的画面，与D200相机相比，这已经是一项创新了。

如果考虑选择MB-D10型电池手柄，则连续拍摄速度可以从6张/秒提高到8张/秒——这是一个令人印象深刻的数字。

菜单的功能也被继续扩大了，例如补充进来了D-Lighting功能。利用这种功能可以提升照片的动态范围。这样，在拍摄过程中，曝光会适度降低，题材的中性色调和阴影上的亮度被提高，以至于可以产生平和的曝光。D300相机为此具备着三个不同的级别。

照片后期制作的菜单内容也同样很充实，D40相机上采用的很多功能这时候也都可以在D300上使用了。

尼康公司在人性化方面略微"做过了头"，他们不仅是把12种功能完全用一个键来操作，而且还配备了景深预览按键和AE-L/AF-L键。

很快，围绕D300相机就出现了一个热门讨论的话题。这款相机也就成为了一款在很多方面体现着新标准的成功相机。该机在投放市场之后定价为1800欧元（约为人民币14635元），从性价比方面看，的确是物有所值。

↓Multi-Cam3500由于配备了更大的传感器，自动对焦模块在使用FX传感器时会覆盖住更小的范围（上图）（上图：尼康D700，35mm微距，ISO 200，1/400秒，f/11，下图：尼康D300，180mm微距，ISO 200，1/2500秒，f/3.8）。

D3/D300参数	
上市时间	2007年11月
有效像素	1210万
（D300）	1230万
画面尺寸	4256 x 2832 像素
（D300）	4288 x 2848 像素
ISO	200-6400可扩展至（100-25600）
（D300）	200-3200可扩展至（100-6400）
存储介质	CF卡
视野率	100%
液晶屏尺寸	3英寸
液晶屏像素	92万
闪光灯	无
（D300）	内置/闪光指数13
快门同步	1/250秒
（D300）	1/320秒
快门速度	1/8000秒-30秒
曝光补偿	-5EV-+5EV
连拍速度	9张/秒
（D300）	6张/秒
加MB-D10手柄	8张/秒

小 结

　　D3型相机即便在今天也仍然是专业摄影人士的首选。这款相机的功能能给人留下深刻的印象。对于半专业摄影家来说，D300型相机提供给人们的一切都特别称心如意。这款相机花上1000欧元左右（约为人民币8130元）就能买到。绝对称得上货真价实。后续型相机D300s仅仅做了少量的改动。因此人们还是应该义无反顾地首先选择D300型相机。

维护原有机型

　　从上一款相机热热闹闹闪亮登场之后，D60相机推出的时候，就已经变得安静多了。当然它是D40x相机的接班者，而此时D40相机仍然在继续大量销售着。

　　研究开发人员这时并没给相机再做什么大规模的更新。只是在原有机型上做了一些有意义的改动，例如对菜单显示进行了优化处理，在照片处理菜单上增加了一些新功能。在清洁感应器方面，他们考虑到用户的愿望，为D60相机增加了一套自动清洁系统。

　　D60相机保留了D40x相机上的传感器，这款相机上也没装步进式马达和机械式驱动轴。因而只能通过使用自己有马达的镜头才能进行自动对焦。

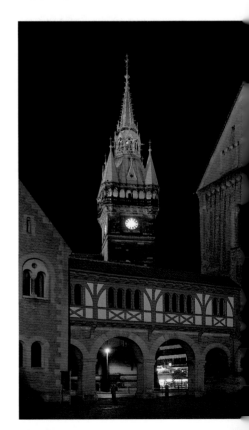

→德国布伦瑞克城堡广场，背景是市政厅。D40x相机的传感器被保留并发挥了极佳的照片效果（尼康D60，26mm，ISO100，7秒，f/10）。

D60相机刚投放市场时的价格约为640欧元（约为人民币5205元），不妨说这是尼康相机中一款"最不起眼"的相机。

令人大吃一惊

2008年春季，社会上又刮起了一股有关尼康新机型的传闻。很多摄影家起初对D700这款相机持怀疑态度，因为它的命名方式与尼康公司的一贯做法背道而驰。人们本来期望的是一款中高端的D400相机，或者专业的D3x相机，所以很多人最初根本

↑尼康D60相机。尼康D40x的后续机型称之为D60（照片来源：德国尼康有限公司）。

不相信这些传闻，更何况是这款相机是在Photokina摄影器材展之前不同寻常地问世了。

然而事情的进展与大家的期望大相径庭。随着D700相机的问世，一个真真切切，而又没有任何人估计到的情况发生了，尼康公司以2600欧元（约为人民币21140元）的价格推出了D700相机。这款相机在很多方面与D3相机类似，而且又是第一款带有全画幅传感器的中高端相机。

绝大多数发烧友们为之而感到振奋，很快就出现了对这款相机热烈追求的场景。尼康公司这样诠释D700相机有如此不同寻常的命名方式：这款相机并不是D300相机的后续机型，而是全部产品中一个新系列，一个"供任何人都可以使用的全画幅相机"。尼康公司相继推出了D300、D700和D3相机，为的是能够全心全意地为所有摄影爱好者服务，包括从业余摄影爱好者到专业摄影师。

D60参数

上市时间	2008年5月
有效像素	1020万
画面尺寸	3872 x 2592 像素
ISO	100-1600（可扩展至3200）
存储介质	SD/SDHC卡
视野率	95%
液晶屏尺寸	2.5英寸
液晶屏像素	23万
闪光灯	内置/闪光指数12
快门同步	1/200秒
快门速度	1/4000秒–30秒
曝光补偿	-5EV–+5EV
连拍速度	3张/秒

小 结

由于D60型相机上没有步进式马达，因此这款相机不宜向那些已经有多款不带自身自动对焦马达镜头的用户们推荐。不过对于初涉"尼康相机大世界"的入门级摄影爱好者来说，由于D60型机优秀的图片质量，这款相机仍然是值得推荐的。此外，500欧元左右（约为人民币4065元）的价格还是颇具魅力。

D700相机新的功能特点给我们留下了深刻的印象，除了全画幅传感器以外，这款相机引人注目之处还包括有一个低噪点、高达ISO6400的感光度，甚至可以提高到ISO25600以及一套自动的传感器清洁系统。

由于安装的是大尺寸传感器，取景器也要比非全画幅传感器相机的大。这样，目光透过取景器时感觉上也很舒服。高分辨率的3英寸显示屏上可以精确地对照片进行回放。D700相机提供的1210万像素也足够进行大幅面打印。当然，得到支持的还有很多人都很喜欢的Live-View实时显示拍摄模式。

不过，网上论坛也很快就有了关于把DX规格换成FX规格，到底是有意义还是无意义的热烈讨论。

从胶片摄影转变过来

有一些使用胶片相机的摄影爱好者，时至今日仍然对转移到数码摄影世界持观望的态度，这是因为焦距转换率令他们感觉不舒服。这种焦距转换率是由于DX传感器太小而必然产生的。使用全画幅的D700相机，"原来有的，都还有"。一个标准镜头还是50mm，而数码非全画幅相机的标准镜头只有30mm。原有的所有旧镜头都能

↓啊，再见啦！微距摄影时，要把相机接近被摄主体，因为这时候不用考虑焦距转换率了（尼康D700，180mm微距，ISO200，1/250秒，f/8，微距闪光灯）。

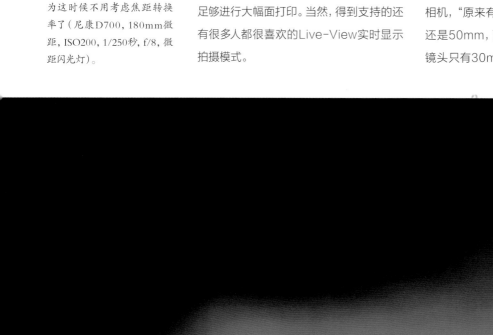

够照样好好使用,尤其是像尼康相机通常的做法那样,还保留着F型卡口。特别在广角镜头使用上,这一点尤其引人瞩目。使用一个17mm的广角镜头,您在画面上得到的东西当然要比在一个DX传感器上得到的更多。使用DX传感器时,通过焦距转换率,镜头则变为25mm。

在远摄领域内,情况与之恰恰相反。为了实际意义上的拉近,就需要更长的焦距。这样,使用300mm镜头,焦距转换率使画面得到一个通常在全画幅相机上只有用450mm镜头才能达到的画面视角。不过胶片摄影家对这一点早已习惯了,他们在转换摄影方式上不会有任何问题。

从DX类型转变过来

那些已经决定从使用带有DX型传感器相机转过来使用全画幅传感器相机的摄影家必须得首先改变习惯。从来还没有使用全画幅相机进行过拍摄的人,大致上是对焦距转换率已经习惯了。

使用DX相机拍过照片的人,必须学会逐渐习惯,他们现在获得的照片画幅会比从一个有FX相机上更小。在这种情况下,就不能回避这段必须的转变过程,尤其焦距转换的同时也涉及到了景深。焦距越短,画面中能清晰成像的区域也就越大。

如果谁只习惯于使用DX规格,那么他在使用D700相机时,首先对发生变化的景深区域会感到惊讶。

购买一部全画幅相机前,有使用DX型传感器经验的摄影家也应该考虑,在某些情况下,不能再继续使用以前的镜头了。因

↑尼康D700相机。尼康公司以这款中高端相机震惊了发烧友(照片来源:德国尼康有限公司)。

为专门配合小型传感器的镜头不能在D700相机上使用。

下一页的图片表现的就是这样一个例子,与全画幅相比,DX型传感器的画幅尺寸在这里可以清楚地看出来。

使用这样的镜头时,您一会要注意把D700相机调到DX模式上来。不过这种模式只能拍出约500万像素的照片。

喧闹落幕

有关全画幅相机的议论现在终于逐渐平息下来了。许多更换了相机类型的人逐渐发现,较大的传感器也会随之而带来不足之处。因为例如要避免发生渐晕现象,一定要相应地使用一流的镜头。

↑DX镜头。如果在D700相机上装上一只DX规格的镜头时镜头的像场不足以涵盖全画幅像场。这种情况出现时，必须将D700相机调成DX模式（尼康D700，10mm，ISO200，1/320秒，f/9）。

DX中间站

转向使用D700相机最困难的肯定是那些"过来人"，是他们首先从传统135相机转变过来，使用带DX传感器的相机，例如D200或D300相机。

对其中一些人来说，这种转变过程肯定经历了一段不短的时间。他们为了重新操起从传统银盐胶片时代积累起来的经验，而不得不经常在脑海里来来去去地换算着焦距。

此外，有可能随着时间的推移，为了适用于DX型传感器的所有镜头都被优化。

得到一部D700相机后，那些人就又要完全把思想转变回去了。他们会重新回想起，并且习惯于过去的工作方法。如果过去胶片相机时代的所有镜头全都保存下来了，这些镜头就可以拿出来使用了。

微型驱动

D700相机第一次不再支持Ⅱ型的CF卡，因此在这款相机里不能再使用微硬盘。

转移的结果

在考虑向全画幅系统转变的过程中，有各种各样的因素起作用。有人会觉得，这种转变可不是像从D40相机转到D80相机那样容易就能做到的，镜头之间彼此不协调也同样需要克服，就像在摄影工作中改变思路一样，您必须要接近被摄主体，这样才能取得和使用DX相机时一样的结果。

现在您已经可以很从容地使用广角镜头拍摄了，对于风光摄影的摄影师来说，这绝对是一个优势。

对于相同像素值的FX传感器来说，当然比DX传感器上表示出更多的细节。不过这个差别也只有在专业评测过程中，让接受过培训的人员才能看出来。

假如专业摄影师要依赖最佳图片质量的话，D700相机首先是一个很好的选择。

D700参数

上市时间	2008年7月
有效像素	1210万
画面尺寸	4256 × 2832 像素
ISO	200-6400（可扩展至100-25600）
存储介质	CF卡
视野率	95%
液晶屏尺寸	3英寸
液晶屏像素	92万
闪光灯	内置/闪光指数11
快门同步	1/250秒
快门速度	1/8000秒–30秒
曝光补偿	–5EV–+5EV
连拍速度	5张/秒
加MB-D10手柄	8张/秒

↑尼康D90相机。D90相机是第一款能够拍摄视频的单反相机（照片来源：德国尼康有限公司）。

小 结

如果半专业级摄影师已经有了一些相当高档和兼容的镜头的话，那么D700型相机就是一款值得向他们推荐，而且又具备迷人风采的相机。有时候人们花上不到2000欧元（约为人民币16260元）就能淘到这款相机。

诸多创新

2008年9月，作为D80的后续机型，尼康公司推出了D90相机。该机以多项实用的创新震惊了摄影界。人们从这款相机上绝对看不到"维持老型号"的痕迹。

D90相机取得成绩首先是由于创新。这些创新在D300相机和D60相机上也采用过。和所有尼康更新型的相机一样，D90相机也有一套内置的传感器自动清洁系统，像素也有所提高，这样就使D90相机的传感器像素增加到了1230万。宽大舒适的3英寸液晶显示屏可以让人们精确地鉴定图片结果。与所有尼康相机一样，这款相机的图片质量没有给任何批评人士留下把柄。

当然，D90相机也拥有Live-View实时显示拍摄模式。这是当时每一款相机必须具备的功能。

作为最出彩的方面，尼康公司在这款新相机上，设置了像数码摄像机那样的视频拍摄功能，拍摄规格为1280×720像素（高清规格）。

很快D90相机便赢得了很多朋友的青睐，而且取得了良好的销售业绩。这款相机最初投放市场时，差不多要花到1000欧元（约为人民币8130元）才能买到，后来降到了不到800欧元（约为人民币6504元）。因此，仅从价格上看它也是一款魅力四射的相机。

新趋势——录像技术

当时，用单反相机录像还处在初期发展阶段。例如，使用D90相机在摄像过程中还不能进行自动对焦，因此必须要手动对焦。此外，每次录像最大长度只有5分钟，容量只有2GB，声音只能通过一个内置的单声道话筒录制，此外，D90相机上不能外接麦克风。

用户们经常喜欢在论坛上讨论关于帧频的问题，录像就是把每帧画面记录下来。

有的相机每秒钟可以拍30帧画面，而D90相机是每秒钟拍摄24帧。

在这里，我们应当这样来思考：35mm电影的播放频率是每秒钟24帧画面，电视为25帧/秒，人的眼睛识别单张图像最多每秒钟15张，这个频率由于眼睛的惰性已经不能再增加了。因此可以说，相机的制造者们追求各自不同的帧频，其目的只是利用商机，实质上并没有任何区别。

除了HD规格，使用D90相机还可以选用640×424像素或者320×216像素来录

↓蝗虫。它当时正沿着一段新抹好的墙在慢慢爬行着，刚好我可以静下心把它拍进我的相机（尼康D90，180mm微距，ISO 200，1/2500秒，f/4）。

感光度

1987年以前，ASA标准和DIN标准都是表示感光度的。ASA数值是线性的，高出一倍的数值意思是感光度也提高一倍，反过来推论就是曝光时间可以缩短一半。

与之相反，DIN标准是呈对数的，高出3°的数值在这里才表示高出一倍。

1987年以后才被使用的ISO5800标准是上述两个数值组合而成的。

所以，更正过的名称是根据比如ISO100/21°或者ISO200/24°的标准来称呼的，实际上只是用了第一个数值。

ISO数值可以用一个数字公式计算出来。在光线充足的时候，ISO值针对的是传感器的饱和程度。光线微弱的时候，针对的是噪点。因为数码传感器不同于传统胶片，因而计算方式会有一些误差。

这样，就有一些尼康相机把ISO100作为最低工作值，另外一些相机是用ISO200。尼康公司没有说明过，为什么会出现这些不同，不过ISO数值在这里只不过是一个表示数值：它并不表示ISO200的相机拍出的照片质量一定会比ISO100相机的差。

像。这个规格与3:2的裁切比例完全相符，而HD的规格与之相反，是按16:9的比例工作的。

录像是在Live-View实时显示拍摄模式下进行，光学取景器在这里没有任何用处。自从录像功能进入数码单反相机以来，使用者们一直在热烈地讨论着到底是该支持，还是该反对这个功能。

小 结

D90相机值得向每一位业余摄影爱好者推荐。良好的配置及低廉的价格仅仅是这款相机的两个看点。谁若是喜欢用单反相机拍摄录相片的话，不妨优先考虑选购D90型相机。

D90参数

项目	参数
上市时间	2008年9月
有效像素	1230万
最高分辨率	4288 x 2848像素
短片拍摄	1280 x 720像素
ISO	200-3200（可扩展至6400）
存储介质	SD/SDHC卡
视野率	96%
液晶屏尺寸	3英寸
液晶屏像素	92万
闪光灯	内置/闪光指数13
快门同步	1/200秒
快门速度	1/4000秒-30秒
曝光补偿	-5EV-+5EV
连拍速度	4.5张/秒

新规模

2008年12月，尼康公司推出了D3相机的改进机型D3x。在这款新机型上，为了获得艺术摄影师和时装模特摄影师更多的青睐，比起连续拍摄照片的速度，他们更加重视的是高像素。全画幅传感器提供了2450万像素，以近7000欧元（约为人民币56865元）的售价，尼康D3x相机又登上了新的制高点。

继续创新

→尼康D5000相机。该机是首款拥有旋转式显示屏的尼康相机。

在随后的一款D5000相机上，尼康公司又为大家提供了一些新的看点。此前，已经有几家相机生产厂商开发出了带有旋转式显示屏的相机。因为特别是一些经常用实时显示拍摄模式工作的用户们，非常希望在自己的尼康相机上也有这样的新特色。2009年4月，尼康公司第一次满足了他们的这个愿望。

不过，D5000作为D60的后续机型，还提供了其它一些有趣的功能。实时显示和录像等功能在此期间已经像传感器自动清洁装置一样，变成了不言而喻的事情。

在这款相机的照片处理菜单中，所有D90相机具备的功能都可以在这里重新看到，甚至还有一些附加的其它功能，例如色彩轮廓效果。在这里人们可以用照相机去完成很多过去只能在电脑中进行的照片处理任务。

另外，越来越受欢迎的GPS支持也是非常实用的。这样，如果您有GPS定位仪，就能给全部照片补充上关于拍摄地点的信息了。尼康得益于这项新功能已经有相当一段时间了。

通过使用D5000相机提供的许多富有创意的程序，尼康公司已经萌发了研制便于儿童使用的相机的想法。在D5000相机的广告片里，还出现了两名正在使用该相机的儿童。尼康公司也希望赢得这批新的消费群体，只不过他们也必须要仔细掂量一下，如此多的新鲜玩意儿，很可能会弄得这些即将进入数码单反相机摄影领域的入门级选手不知所措。

D5000参数

上市时间	2009年5月
有效像素	1230万
画面尺寸	4288 x 2848 像素
短片拍摄	1280 x 720 像素
ISO	200-3200（可扩展至6400）
存储介质	SD/SDHC卡
视野率	95%
液晶屏尺寸	2.7英寸
液晶屏像素	23万
闪光灯	内置/闪光指数13
快门延迟	1/200秒
快门速度	1/4000秒－30秒
曝光补偿	−5EV−+5EV
连拍速度	4张/秒

小 结

　　D5000型相机是一款特别适合于业余摄影爱好者使用的高效能相机，700欧元的价格（约为人民币5780元）确实物有所值。喜欢用实时显示拍摄模式工作的人，例如进行接近地面的拍摄时，使用可旋转式显示屏能够获得新而富有创意的效果。

单反相机来说，也是不可思议的事情。正是这种低廉的有竞争力的价格，令很多摄影爱好者作出了跨入数码单反摄影世界的最后决定。

　　在D3000相机的使用上，尼康公司还特别关注了那些进入数码摄影的入门者。

↑汽车模型。D5000相机趣味十足（D5000, 48mm, ISO 200, 1/6秒, f/20）。

↓晚霞。D3000的使用对象为摄影入门者（D3000, 18mm, ISO 200, 1/400秒, f/14）。

一款新式小相机

　　2009年年中，同时出现了两款新机型。一款D3000相机是尼康公司新的入门级相机，是D5000相机的"简化版"。在这款相机上，旋转式显示屏、录像模式以及实时显示拍摄都被弃用了。因此该相机定价仅仅为500多欧元（约为人民币4062元）。即便在今天，这个价位对于一款颇具功能的

→尼康D3000相机。这款相机以低廉的价格便可购到。

像以前推出过的机型一样，D3000相机不仅有所有菜单功能的一般性描述，而且还给它增加了所谓的Guide导航模式。利用这种模式，使用者逐步通过各个与主题相互适应的调整，来取得图片的最佳结果。在这方面还有摄影规则的讲解。这种做法尤其得到了新闻界的极力推崇。

有段时间以来，尼康的小相机上就不再安装步进式马达了，D3000相机也没有例外。由于估计到主要会有尼康新手选择购买这一款相机，因此，D3000相机上没有安装这种马达也就算不上是个缺憾了。

D3000相机到目前为止还没有取得很好的销售业绩。不过，"一时没有的，不见得将来也没有"，小型尼康相机已经验证了这一点。

↓蜻蜓。尼康公司推出的D300s相机，是一款悉心关注的改进机型（尼康D300s，180mm微距，ISO200，1/1000秒，f/8）。

D3000参数

上市时间	2009年7月
有效像素	1020万
画面尺寸	3872 x 2592 像素
ISO	100-1600（可扩展至3200）
存储介质	SD/SDHC卡
视野率	95%
液晶屏尺寸	3英寸
液晶屏像素	23万
闪光灯	内置/闪光指数12
快门同步	1/200秒
快门速度	1/4000秒-30秒
曝光补偿	-5EV-+5EV
连拍速度	3张/秒

小 结

作为初涉"尼康摄影世界"入门者来说，这款最小型的尼康相机是再合适不过了。低廉的价格——大约500欧元（约为人民币4062元）和各项辅助功能，对于摄影的初学者来说，这是他们决定购买D3000型相机的两个最根本原因。

保护原有机型

在推出D3000相机的同时，尼康公司又宣布了D300这款成功机型的下一款D300s的问世。与前期相机相比，这款相机有一种录像模式，还有第二个存储卡插槽也很实用。除了可以使用CF卡之外，还能另外使用SD／SDHC卡，一个存储卡来存储JPEG格式照片，另一个存储卡来保存录像视频或者RAW照片。这样，可以提高整机的存储能力。也可以把它们同时保存在两张卡内，这样，您就有了安全备份。

D700相机上早已为人熟悉的电子水平仪，使人们能更容易精确地校准相机。此外，如果在D300s上再使用MB-D10多功能手柄的话，连续拍摄照片的速度还可以轻而易举地提高到8张/秒，否则只能拍摄7张。D300s相机投放市场时定价为1800多欧元（约为人民币14805元），这个价位也相当于D300相机入市时的定价。

与其它相机生产厂商相反，尼康公司目前把生产周期放得比较长，这样做的好处是不至于让摄影者总是觉得他们是使用一部"早已过时"的相机。

重新升级

2009年底，顶级尼康D3也进行了升级，D3s实现了超高感光度，感光度值高达102400（扩展模式）。

↑尼康D300s。与老款相比，D300s只是进行了微调。添加了多功能手柄MB-D10（照片来源：德国尼康有限公司）。

数码相机

→ 与前期机型相比，这款相机的更新程度不是很大（照片来源：德国尼康有限公司）。

D3s拥有百万像素的图像传感器，具备摄像功能，可以拍摄高清视频，分辨率达到1280×720像素，相机帧频高达9张/秒。值得一提的是，一体化的缓冲存储器可处理37张照片。

时至今日，只要选择尼康专业相机，就不得不放弃一体化的闪光灯。

尼康为这款高端相机定价5000欧元（约为人民币41125元）。

↓ 溅起的水花。D3s相机画质好，连拍速度快（D3s，55mm微距，ISO200，1/640秒，f/13）。

迅速面世的后继型号

"小尼康"很快问世, 速度惊人。2010年9月, D3000相机的后继型号——尼康D3100上市。

相机命名已经越来越困难, 在引入4位数之后, 尼康决定从100开始命名后继型号——对于该型号来说, 这样的命名方式还是第一次。后续产品的命名, 不再是个问题。D3000系列有"节能型号"——D5000, D3100系列不再有节能型号。

D3100可拍摄高清视频, 像素达1920×1080, 堪称数码单反的先驱。尼康相机中, D3100是第一款能够在摄像时自动对焦的相机。有一点必须提醒大家注意, 对焦声音也会被录下, 很多时候会影响拍摄的整体效果。

像素竞技中, 尼康摒弃了传统路线, D3100像素激增, 高达1420万。扩展模式下, 感光度12800, 基本上算是"正常"

数值。感光度数达到最大时, 照片质量算不上完美, 却也差强人意。比起以前, 新的图像处理器Expeed2提供了更多的可能。

D3100继承了尼康其它款式相机如D5000的全部功能。为方便新手操作, 相机保留了一些特性, 如向导模式。

↑木偶玩具 (D3100, 55mm微距, ISO100, 1/2秒, f/16)。

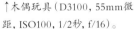

←尼康D3100。D3100可对GPS数据进行测绘。图中相机装有尼康GPS装置GP-1 (照片来源: 德国尼康有限公司)。

D3100参数	
上市时间	2010年9月
有效像素	1420万像素
画面尺寸	4608×3072像素
ISO	100-3200(可扩展至12800)
存储介质	SD(HC/XC)卡
视野率	95%
液晶屏尺寸	3英寸
液晶屏像素	23万
闪光灯	内置／闪光指数12
快门同步	1/200秒
快门速度	1/4000秒－30秒
曝光补偿	±5EV
连拍速度	3张/秒

小 结

D3100的最新售价仅为354欧元（约为人民币2880元），对于新手来说非常值得推荐。

↑尼康D7000。D7000功能齐全，价格适中（照片来源：德国尼康有限公司）。

宛若"大相机"

一直以来，论坛里都在讨论，D90的后继型号面世以后，该如何命名。4位数出现以后，新型号也将纳入其中，这一点毫无疑问。事实的确如此——2010年，D90的后继型号D7000正式面市。

尼康自己视D7000为D90的"姐姐"，即D90的后继型号，但D90仍然存在。事实上，相比于D90，D7000更加接近D300s。因此，比D90超出的200欧元有它的道理，定价为1200欧元（约为人民币9765元）。

和D300s一样，机身防水性能非常好，此外，D7000的上部和下部由镁合金制成，相机非常结实。

在性能方面，D7000的像素大幅增加——CMOS传感器达到1610万像素。这样的像素值究竟有没有意义，众说纷纭。

D7000有两个存储卡插槽，可使用SD(HC/XC)卡，其中一个最大可支持扩展到64G。

D7000参数	
上市时间	2010年10月
有效像素	1610万像素
画面尺寸	4928×3264像素
ISO	100–6400(可扩展至25600)
存储介质	2×SD(HC/XC)卡
视野率	100%
液晶屏尺寸	3英寸
液晶屏像素	92.1万
闪光灯	内置/闪光指数12
快门同步	1/250秒
快门速度	1/8000秒–30秒
曝光补偿	±5EV
连拍速度	6张/秒

小 结

对于摄影发烧友来说，D7000是个不错的选择。功能和D300s类似，但价格要便宜得多。

细节优化

同样是2年时间，在细节上得以完善后，2011年，D5000的后继型号——D5100面世。

这款新机价格700欧元（约为人民币5670元），比D5000便宜50欧元，没有进行大规模技术革新。

↓沃尔芬比特尔城堡。随着技术进步，即便感光度高，照片质量也不差（尼康D7000, 24mm, ISO6400, 1/20秒, f/3.8）。

数码相机

D5100参数	
上市时间	2011年4月
有效像素	1610万像素
画面尺寸	4928×3264像素
ISO	100-6400(25600)
存储介质	SD(HC/XC)卡
视野率	95%
液晶屏尺寸	3英寸
液晶屏像素	92.1万
闪光灯	内置／闪光指数12
快门同步	1/200秒
快门速度	1/4000秒-30秒
曝光补偿	±5LW
连拍速度	3张/秒

↑逆光。背景部分的朦胧美由适马100-300mm镜头拍摄而成，此处，该镜头将光圈数值降至10（尼康D5100, 300mm, ISO100, 1/1000秒, f/10）。

↓尼康D5100。D5100备受摄影发烧友的青睐，是一款非常成功的机型（照片来源：德国尼康有限公司）。

D5100继承了D7000的传感器。也就是说，D5100的像素数有了明显提高。由D5000的1230万像素升至现在的1610万像素（传感器大小不变）。因此，即便感光度高，照片质量也非常好。另外，D5100还采用了D7000上的图像处理器，所以功能更加强大。

小 结

D5100是一款值得向摄影发烧友推荐的好相机，尤其适合那些喜欢实时取景和经常用到实时取景的人，能够帮助他们保护可旋转的液晶屏。

D5100最重要的改进是在左侧可旋转的液晶屏。除常规选择外，D5100相机还新添加了7种效果模式。您可在拍摄时选择一种直接应用。但是，有一点必须注意，效果模式不同于后期修片，使用效果模式是拍不出"原始照片"的。

新途径——微单相机

长期以来，相关论坛一直在讨论，两大巨头——尼康和佳能，究竟谁能在单反相机市场胜出。2011年9月，尼康的新微单Nikon1生产出来。该系列相机有两种型号，V1配有电子取景器和870欧元的10-30mm变焦镜头，Nikon1 J1镜头一样，价格600欧元。若想经济实惠，可以不要一体化的取景器，一体化的Popup闪光就够用了。V1配有闪光靴，可以链接新式闪光灯SB-N5。针对这两部新款相机还推出了GPS接收器GP-N100。

新的镜头组合包括4个镜头，焦距范围从10到110。Nikon1的焦距转换率为2.7，相当于小相机的焦距范围27-297mm。尼康将新的镜头组合称为1-Nikkor。首先是一个光线相对较强的定焦镜头10mm F/2.8；接着是三个变焦镜头：1-Nikkor VR 10-30mm F/3.5-5.6，VR10-100mm F/4.5-5.6 PD-Zoom和VR 30-110mm F/3.8-5.6。新的FT1接环使安装旧的Nikkore，AI-S和AI-I系列镜头成为可能，自动对焦功能不受影响。FT1接环底部配有三脚架接孔。

↑尼康1 V1。Nikon1（上面是V1）配有三个变焦镜头和一个定焦镜头。使用FT1接环，可以将老式的AF-S和AF-I镜头接在新相机上（照片来源：德国尼康有限公司）。

君在何处

总而言之，尼康未来的走向如何，现在还难以得出结论。不过可以肯定的是，尼康想要通过新系统夺回失去的市场份额。为了取得好的画面效果，其它制造商生产的紧凑型相机，传感器要大得多（3/4，APS-C，甚至是全画幅）。尼康则采用相对较小的、全新的格式——CX格式（见右图）。一开始，这在论坛掀起轩然大波，备受争议。通过右图，可以看出，尼康将新格式与其它两种格式相适应，是经过慎重考虑的。新系统是对尼康数码单反相机的补充，而不是替代。

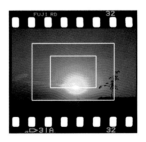

↑FX格式、DX格式和CX格式。尼康DX格式的大小基本上是FX格式的一半，新的CX格式，大小接近DX格式的一半（见最里面的白色区域）。

尼康D700，35mm，ISO200，1/400秒，f/10

3 相机附件

2012年11月，尼康公司庆祝了第7500万支Nikkor镜头下线——这是一组真正令人印象深刻的数字。在这一章里，您将会了解到哪些附件对于您的尼康相机具有重要意义，以及您应该在选购时注意哪些事情。

本章中所有照片及图表均由米夏埃尔·格拉迪亚斯提供。

多种镜头

尼康公司早在制造第一部相机之前很久，就已经开始生产相机镜头了。通过生产品质卓越的镜头，尼康公司逐步奠定了自己的良好信誉。

2012年11月，尼康公司庆祝了自己第7500万支Nikkor镜头下线。

尼康镜头的名称源于当时的公司名称"Nippon Kogakn K.K."的缩写，后面再缀上一个"r"，这在当时的照相机镜头制造业中是常见的现象。

从一开始，尼康公司就非常重视高级镜头的生产，因此他们用料讲究，注意开发先进的设计理念。从生产第一款尼康单反相机开始，镜头就是被固定在卡口上，这种做法一直延续到了今天。

尼康公司生产的镜头林林总总，种类覆盖了从超广角镜头、变焦镜头直到超长焦距的远摄镜头，而且一直有最新开发出来的镜头源源不断地加入进来，仅仅在自动对焦镜头中，尼康公司就有60个品种，其中的15种镜头都是为DX传感器上更小型图片而优化的。

这些镜头中有半数左右都是固定焦距的镜头，另一半是变焦镜头。

更多附件

对于数码相机上的配置来说，尼康公司还提供着许许多多附件，这些附件每种都是专门针对相关相机型号的。

例如有一种Creative Lighting的系统，可以使闪光拍摄做得更完美。有一些附件是非常急需的，例如，没有外置闪光灯，您就别想在昏暗环境中拍到较远的东西。另外有一些附件，虽然不是您急需的，但是却非常有推荐的价值。给很多种尼康相机推荐的多功能手柄，就是一个例子。使用附加电池盒，您就能延长相机的工作周期，还能够通过另一个快门按钮来减少竖拍时的难度。

实际上，您可能还有很多来自尼康胶片相机年代的附件，比如滤镜或者摄影包，这些东西您仍然可以继续使用。

除了尼康提供附件以外，在其它一些供货商手上，也还会有令人感兴趣的镜头或其它附件。因为这些附件的售价通常都比尼康原厂附件便宜，所以也很值得向大家推荐。

在这一章里，我把一些重要的附件——无论这些附件是原厂产品，还是第三方产品——按照我的想法做了主观的编排。

到底哪些附件确实重要而又有用，尤其是要根据它所需要完成的任务而定。一位体育摄影记者肯定是对大光圈长焦镜头感兴趣；一位昆虫摄影爱好者的兴趣大概更集中在微距镜头方面；让

一位只是偶尔拿起相机的人，去跟每年要拍摄上万张照片的摄影家相比，前者当然不会需要很多的摄影器材。

测试报告

如果完整地描述尼康相机所有镜头的详细情况，那么这本书的整体结构就被破坏了——这我们做不到，而且也是不想做的。

详尽的测试报告您可以在互联网上检索到，在http://www.photozone.de网页上，您会看到详细的测试和评估结果，很多测试图也可以在那里看到。这个网页里关注的是所有常见的镜头生产厂家制造的镜头，而并不仅仅是尼康镜头。

测试报告

在http://www.digital-kamera.de这个网页下，您可以看到大量的关于相机、镜头和附件的测试报告。这个网页很值得定期访问。

↓美男子。如果想要获得令人信服的画面质量，必须使用高品质的镜头（尼康D70s相机，250mm，ISO200，1/400秒，f/5.6）。

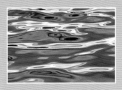

漫话光圈

一个镜头上的光圈在摄影时具有非常重要的意义。它不仅有助于一张照片的正确曝光，而且还可以极好地作为照片形象塑造的方式来使用。

最初的相机就相当于是一个简陋的壳子，加上一个小孔，就是一种所谓的针孔相机。孔的大小是不能变化的，而且数百年前人们也还没有使用透镜。针孔相机的小孔当时在原理上就相当于是一个"光圈"。这种照相机在几百年前是画家们用来临摹绘画的。通过针孔落到相机上的光被扎成束，然后在孔的对立面上形成一个图像。小孔越小，图像越清晰。这种方式产生的图像也就预示出了我们脑海中的被摄主体形象。

这个非常古老的基本原理直到今天依然没有太多的改变。在这当中，只不过是孔的大小发生了变化。每个镜头上，都有一个机械装置，借助于它的帮助，可以改变透过镜头射进来的光量，这个装置就是光圈，它又被称之为伊利斯光圈（寓意为希腊神话中的彩虹女神），不同镜头上叶片的数量也有不同。如果伊利斯光圈上有七片叶片，光圈开口处就呈现七边形，光圈的叶片越多，光圈孔才越会接近于圆形。九边形的光圈已经大致上接近圆形。当您想要拍出背景模糊的照片时，光圈上形成的圆形就起到决定性的作用了。也就是说被称之为模糊不清的画面受到光圈孔形状的影响。在后面一些介绍中，您会了解到关于伊利斯光圈的叶片组成情况。这样您就可以确定，光圈是否已经接近于圆形开口。

下面镜头照片中，伊利斯光圈是由七片叶片组成。光圈孔（从左至右）依次为f/22、f/8和f/2.8。伊利斯光圈的叶片是机械式结构，这样就能够同时调整这些叶片，而且在调整时，开口始终居镜头的中央位置。过去，光圈是通过一个设立在卡口旁边的光圈环来调整的，因而孔的大小经常发生变化。现在的镜头上，这个光圈环没有了，光圈的开和闭都是在相机内部完成。不过这也对那些从传统相机时代就对另外一种操作方式早已习惯了的摄影者构成了不便。这种电子式的变化的确带来了更多便利，比如这样能够使用的就不仅仅是整挡光圈级数了。大部分尼康相机也都提供选择可以将光圈打开或者闭合到一半或者三分之一挡，从而可以实现对光圈的细微调控。

→光圈。您在这里看到的是一个普通镜头的三种不同的光圈开口。从左向右：f/22、f/8和f/2.8。如果光圈全部打开，光圈数应该是f/1.8，镜头的标记就是50mm f/1.8。镜头上的标记指的是光圈最大开口。

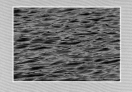

景深预览按键

改变光圈大小时有一点必须注意的地方是：您不是自然而然地从取景器里看到改变光圈对图片造成的影响。因为光圈是一直完全打开着的，这样您在取景器里才能获得一个明亮的视野。镜头的孔径越大，取景器内的画面也越亮。如果一个镜头的最大光圈为f/4或f/5.6，取景器内的画面常常要比您所使用最大光圈为f/2.8的镜头时更暗。

这一点在您购买新的镜头时也应该注意。镜头的光圈越大时，镜头价格就越高，而且镜头也越重。例如大光圈的长焦镜头重量常达数千克，价格也达好几千欧元。

由于光圈一直是完全打开着的，因此也只有在您使用最大光圈下进行拍摄时，才能在取景器里看到照片拍摄后的效果。如果光圈缩小了，那么在取景器里所见到的情况就不会与拍摄后的图片结果相吻合。不过在这样的情况下，也有补救的办法，中等价位以上的尼康相机都有一个景深预览按键。一般情况下这个键都是设在镜头下方，按下这个键，光圈就被锁定在所调的挡位上，然后您就可以在取景器里评估景深范围了。这时候取景器的画面会变暗，因为由于光圈被缩小，只能有少量的光到达取景器内。这个情况是完全正常的，而且也无须回避。使用入门级尼康相机拍摄的用户，不得不舍弃这个功能。您可以在购买新相机时，注意看一看该相机的使用说明中是否写明具备了景深预览按键。

Bokeh背景模糊

一张照片背景中不清晰的部位常常对观看这张照片的人产生美学效果。但是，每位观赏者对照片的感觉又都各不相同。背景模糊的这种效果被称之为Bokeh。这个概念来源于日文"boke"，意思是"变模糊，不清晰"。由于光圈上叶片的数量不同，镜头与镜头之间对画面的影响就产生了区别。传感器的规格同样也起着某种作用：传感器越大，背景模糊程度就越明显。很多人在观察照片时发现，当照片上的背景消失在一片虚无漂渺之中的时候，这张照片就特别富有魅力。因此，摄影家们总是遵循一个目标：把被拍摄的主体和背景相互分离。

←尼康D7000相机。中等价位的尼康相机，在箭头所示处会有一个景深预览按键。

题外话

模糊圈

在传感器平面上，图像都是以"点"的形式出现的。"点"越小，在这个位置上出现的物体图像就越清晰。超出清晰的地方之外，画面上的"点"成像就不十分清晰。根据叶片的多少，形成了光圈的开口，这些点就能形成多少个圆圈的形状出现。形成的这些不清晰的圆圈被称之为模糊圈。就是这些模糊圈在影响着Bokeh（焦外模糊）的特征。当照片上的背景显得不清晰时，人们便能看到这些模糊圈（见右侧照片）。这样，您就可以从这个画面上数出来拍摄这张照片时使用的镜头上总共有几片光圈叶片。

随着把模糊圈继续从清晰处移开，这些模糊圈就变得越不清晰。这种方式可以作为塑造图像的方法来加以利用。很多有经验的摄影家们认为，如果光圈由9或10片叶片构成，模糊圈的效果看起来会更舒服。而长时间以来，通常的设计都是只有6、7片叶片。

→模糊圈。您可以从这张照片背景的亮斑上看出，所用镜头共有7片叶片，这样在画面中就形成了七边形（尼康D200，210mm，ISO100，1/250秒，f/7.1）。

各种焦距范围

在胶片相机时代，人们常常说，谁能有一台相机并且覆盖17-300mm的焦距范围的话，那他作为"普通的业余摄影爱好者"来说已经是装备得非常了不起了。通过DX画幅的系数换算，这个焦距范围相当于10-200mm，执行特定的任务时，还可以要求更短或更长的焦距。

涉及到135画幅时，14-21mm的镜头已经被看作是超广角镜头。广角镜头焦距范围在25-35mm。焦距为50mm的镜头被视为标准镜头，因为用这种镜头拍出的画面角度基本上与人的视角相符。焦距从50-300mm的镜头叫作远摄影头（长焦镜头）。如果焦距更长，那就叫超远摄镜头了（超长焦镜头）。针对某一个特定焦距的镜头称之为固定焦距镜头（简称定焦镜头）。与之相反，变焦镜头能覆盖某一特定的焦距范围，这样，您就可以使用少量的几只镜头而覆盖更多的焦距范围。

←图像角度。这张照片是使用D70s相机10mm镜头拍摄的。照片视角与我们在全画幅相机上，使用15mm镜头时所能看到的那种视角一样。彼此不同的焦距范围（针对135画幅）在这张照片里都有标明。超广角15mm（白色），广角24mm（绿色），标准镜头50mm（红色）和远摄镜头300mm（黄色）。使用远摄镜头的话，您还可以把远方地平线处的每座房子都拍摄得很清晰。（尼康D70s相机，10mm，ISO200，1/400秒f/10）。

超广角镜头

使用超广角镜头时，如果使用正确的话，可以收到令人惊讶的视觉效果。此外，当您在狭小空间里拍摄时，这种镜头也非常适用。

在使用超广角镜头时，您或许会遇到两个问题，其中之一是当您拍摄风景照时，会出现难看的细长条纹。这时候您把画面的前景部分一起收进您的画面中来的话，细长条纹就可以避免了。

另外一个问题是：在您拍摄建筑物的时候，如果相机稍有倾斜，会立刻在画面上出现明显乃至非常明显的斜线。如果您想把拍摄主体全部摄入照片时，这种现象是无法避免的。

尼康公司提供一种10.5mm焦距的镜头，俗称鱼眼镜头，这种镜头可以覆盖的画面视角为180度，其价格约为600欧元（约为4890元人民币）。

还有一种也被称为鱼眼镜头，用这种镜头可以拍摄圆周有遮挡的照片。

当您使用这种画面角度特别大的镜头时，一定要注意不要将您自己的脚也一起摄进照片里。

斜线

如果您在使用广角镜头时把相机拿歪了的话，会不可避免地出现明显的斜线。在后期处理当中，您可以借助于照片后期制作程序来将这些斜线去掉。D5000相机就能提供一种这样的内置处理程序。

↓超广角镜头。您在使用超广角镜头时请注意，前景部分的题材也要摄入到照片当中去（尼康D200, 10mm, ISO200, 1/250秒, f/8）。

广角变焦镜头

在广角摄影方面，我很喜欢用适马的一款变焦镜头，它可以覆盖10-20mm的焦距范围。下面这幅照片就是使用这款镜头拍摄的。照片展现了这款镜头卓越的成像质量。不过这款镜头的光圈只有f/4-f/5.6，花上500欧元（约为4070元人民币）就可以买到了。

光圈更大一些的适马改进型产品（f/3.5）与之相比要价达850欧元（约为6922元人民币）。在这里您必须自己决定，是不是价格高就一定能证明光圈就更大。当然这也还要看您使用广角镜头的频繁程度了。广角变焦方面，具有实际意义的是焦距范围应该控制在20mm之内。因为标准变焦镜头是与之相连的，超过20mm的焦距范围被标准变焦镜头完全覆盖。

标准镜头

过去，所有尼康相机都是配一款标准镜头一起出售，后来就逐渐不这样做了。因为变焦镜头取代了这种标准镜头。

不过，使用这种标准镜头，还有许多原因。这种镜头的相对孔径通常都比较大，成像的质量也很好，体积小、重量轻，价格也比较低廉。

这种镜头之所以被称为"标准镜头"还在于44°-55°之间的角度与人眼睛的视角相符。因此，以这个焦距拍摄出来的照片显得特别自然。您在这里看到的是一款老式标准镜头（50mm, f/1.4）。直到今天这个镜头我仍然十分喜欢。

半专业型尼康相机，例如D200/D300(s)等还能很好地支持AI-S系列的老式镜头，因此人们还能继续使用这些"老古董"，当然还得配合使用手动对焦。

以1:1.4的相对孔径，这种50mm的镜头在相对较弱的光线下，使用情况相当好，不过使用中必须注意，在完全打开光圈的情况下，景深非常小。

↓鱼博士。当光线不足时，可以考虑使用标准镜头（尼康D200相机，30mm, ISO400, 1/60秒, f/2.8, 内置闪光灯）。

适马镜头

适马镜头的名称中有
DG,则适用于全画幅,有DC
的镜头,则适用于DX格式,
不适用于全画幅。

使用数码相机时,情况又发生了改变。通过更小型的DX传感器上1.5倍的焦距转换率,从胶片时代下的"标准镜头",变成了一只"微弱的远摄镜头"。由于被纳入的画面角度更小,图片剪裁的比例相当于一只全画幅尺寸时的75mm镜头。

在DX规格上,您用30mm的镜头可以达到相同的画面视角。这时候,这些镜头都是"标准镜头"。

在这种焦距上,我选择的是适马镜头。这款镜头是为DX规格而优化的,而且镜头上还装有一个超声波马达。

长期以来,我一直对这款镜头非常满意。30mmf/1.4的适马镜头,350欧元(约为人民币2900元)的要价虽说并不便宜,不过使用它还是能取得令人满意的效果。

尼康实际上还没有制造这样镜头的计划。与之相类似的是2010年初推出的AF-S Nikkor 24mm f/1.4镜头。这只镜头价格肯定要超过2000欧元(约为人民币16570元)。目前尼康公司也没有生产30mm镜头,替代这种镜头的是35mm f/1.8镜头,价格不到200欧元(约为人民币1657元)。

→"数码标准镜头"在DX相机上。您使用30mm镜头能达到传统50mm"标准镜头"的图片视角效果。此处使用的是适马30mm,f/1.4镜头(尼康70s,30mm,ISO500,1/60秒,f/4)。

成像问题

如果镜头搭配得不好，就有可能出现成像问题。当您把一只非全画幅镜头使用在一只全画幅相机上工作时，您就会面临着渐晕现象的发生。下面这张照片展示给您的就是图像边缘的阴影。

如果您是用较大光圈在拍摄，就会出现这个问题。在所显示的这个例子中，

必须把光圈减小到f/8，才能避免边缘遮暗现象。当这样的镜头使用在带DX传感器的相机上时，渐晕现象是不会出现的，因为在这里被使用的只是镜头的中间部分。

人们把光学透镜上发生的成像瑕疵，特别是远摄镜头上出现的成像瑕疵，称之为"色差"。这个错误取决于颜色和光的波长。图片中反差明显的地方会形成绿色和红色的色边。

这个问题可以通过使用专用玻璃来纠正。尼康将这种特殊玻璃称之为ED玻璃（Extra low Dispersion-低色散）。

↑色差。照片上反差明显的地方有可能会出现这样的色差。问题的发生出自于使用一种简单的便携式相机进行拍摄。

固定焦距

还有其它几款很有意思的定焦镜头，例如有一种85mm的镜头就非常适合于进行人物肖像摄影。尼康在这方面就提供两款富有吸引力的镜头，其中一款是AF-D85mm f/1.4镜头。这种镜头由于它杰出的焦外模糊效果，在业内倍受赞扬。不过售价超过1300欧元（约为人民币10771元），的确并不便宜。

另外一款是AF-D85mmf/1.8镜头。450欧元（约为人民币3728元）左右的价格的确便宜，且通光量不小。这款镜头由于售价低廉而受人青睐。此外，它的重量只有380克，明显轻于通光量更大，

但重量达550克的另外那款镜头。这两款镜头最近对焦距离都是85mm。

微距镜头

　　如果您很喜欢,而且也经常拍摄微距照片的话,固定焦距的微距镜头就很重要了。我对微距摄影,尤其是拍摄昆虫有一种嗜好。因此,我很喜欢,也经常使用带有不同焦距的微距镜头。

提出任务

　　究竟哪款微距镜头更适合,要看拍摄的任务是什么。因此,例如该不该考虑动物在逃跑时的距离,就很重要。

　　焦距越长,离被摄主体的距离也就越远。

↓玻璃装饰石。这张照片就是用55mm微距镜头拍摄的(尼康D300, 55mm微距, ISO200, 1/10秒, f/18)。

　　例如当您想拍摄一盆花的时候,如果使用很短焦距的微距镜头,就有些不合适了。我至今仍然喜欢用胶片相机时代55mm f/2.8的微距镜头拍摄。另外,这只镜头还完全可以作为"标准镜头",用相当大的相对孔径接在一台全画幅相机上使用。

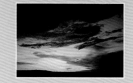
虽然这只镜头已经用了足足二十多年，但是光从照片上却看不到这一点。下面的照片就是用这只微距镜头拍摄的。

尼康推出了一款AF-S Micro Nikkor 60mm f/2.8 GED微距镜头。它的价格大约为500欧元（约为人民币4070元），最近摄距为18.5cm，与几乎所有微距镜头一样，放大比可以达到1:1。

拉大距离

如果您需要增大与被摄主体之间的距离，比如在拍摄昆虫时，最好使用带有更长焦距的微距镜头。

105mm微距镜头就是一个这样的例子。如果您距离一只小昆虫很近时，这个小家伙会很快逃之夭夭。105mm微距镜头的最近摄距极限达30cm，这样，您在一定程度上已经留足了动物逃生的距离。配上一台微距闪光灯，您使用这只镜头就可以驰聘在微观摄影世界了。不过，我在这里选择的不是尼康镜头，而是一款适马镜头。

↓蝴蝶。为了保证与动物之间的距离，应该使用更长焦距的微距镜头，例如这里的105mm微距镜头（尼康D70s，105mm微距，ISO200，1/160秒，f/5，微距闪光灯）。

题外话

→成像比例1:1。这枚1979年10分面值的第纳尔硬币,是用一只微距镜头按照1:1的成像比例拍摄的。这枚硬币现在展示的部分实际上比2厘米宽一点(尼康D300,105mm微距,ISO200,1/60秒,f/8)。

成像比例

微距摄影的目的是尽可能把题材拍得大一些。到底素材被拍成多大,要由成像比例来决定。如果实际的题材和传感器上的画面一般大,我们就说成像比例是1:1。如果您用带DX传感器的相机,拍满一个尺寸大约为24×16mm大小的物体时,这个成像比例就达到了1:1。

这就是说充满画面的被摄主体在实际上大约为24×16cm大小。小于传感器

的物体被全画面展示时,我们就说是1:1的成像比例。一个12×8mm的物体以2:1的成像比例被拍照的话,我们通过使用近摄接环就能达到这个成像比例。

105mm f/2.8 DG 微距镜头实际价格大约为450欧元(约为3728元人民币)。这个价格相当实惠,且又能提供极好的照片质量。它还可以安装在全画幅相机上使用。

更长的焦距

在焦距更长的微距镜头上,我的选择是一款腾龙SP AF180mm f/3.5 Di LD IF 微距镜头。这主要是因为它特别低廉的价格和优秀的图片质量。不说实话,这款镜头的对焦速度并不算惊人,但是图片质量非常好。对于650欧元(约为5386元人民币)的价格来说,您出这笔钱时也未必情愿。如果您是拍摄大量微距照片的话,这笔投资也还值得。最近对焦极限在这个镜头上是47cm,对于拍摄昆虫等小动物们来说,这个距离足够不会惊动到它们,从而保证拍摄成功。

还必须提及的一点是，这款镜头很重（照片中的这款重920克）。

由于画面视角相当狭窄，这种镜头上总是有一个相当大的遮光罩，您可以在上面的镜头图片中看到。因为分量重的关系，还另外增加了一个镜头卡环来保证在使用三脚架时的重量平衡。下面这幅照片就是用这款镜头拍摄的。

腾龙镜头

腾龙镜头的名称上带有Di的适用于全画幅，带有DiⅡ镜头适合于用DX传感器的相机。

↓食蚜蝇。这张照片用腾龙180mm镜头拍摄（尼康D200，180mm微距，ISO 200，1/640秒，f/8）。

缩略语

尼康镜头上使用了很多缩略语，这些缩写在镜头和使用说明中都能看到。

AF-D

Autofocus with Distance Information，这里说的是自动对焦镜头，这种镜头上可以一起测出对焦距离，因而可以在3D矩阵测光上使用。

AF-G

这种镜头上已经不再装光圈环了。

AF-I

Autofocus with integrated Motor，这种镜头内置了一个对相机进行电子操控的对焦马达。

AF-S

Autofocus with Silent-Wave Motor，这种镜头上也内置了一个超声波对焦马达，而且该马达工作时声音小，速度快，准确性高。

ASP

使用磨成非球面形的透镜，可以减少枕形和桶形的畸变，这些畸变在使用广角镜头时特别容易出现。

镜头质量

另外，镜头上额外增加的字母还告诉我们镜头的质量，这一点在您购买镜头时尤为重要。

CPU

Central Processing Unit，是指那种带微处理器的镜头。

CRC

Close Range Correction，使用Micro-Nikkor 镜头时，在临近范围内也可以达到很高的拍摄效果和更短的最近对焦距离极限。

DC-Nikkor

Defocus Image Control，使用这种镜头时，为了在人物肖像摄影中得到一种希望得到的"柔焦镜头效果"，常常在图片的前景和背景上加强模糊程度。

ED

Extra low Dispersion，为了纠正色像差造成的图像问题，可以使用专门的玻璃，这些玻璃在尼康产品上的名称叫做ED玻璃。

IF

Inner Focusing，使用这样的镜头时，通过移动小型镜片组来进行内部对焦，这样可以减小机械磨损，加快自动对焦的速度。

NIC

Nikon Intergrated Coating，这种镜头使用一种多层镀膜，以便尽可能减少反射光和杂光。

PC-Nikkor

Perspective Control, 为了避免建筑物摄影时出现变形, 您可以使用PC镜头。这样的镜头可以移动光轴, 可以部分旋转, 以便平衡那些斜线。

RF

Rear Focusing, 在这样的镜头上也可以实施内部对焦, 不过这时要移动镜头靠近相机部位的镜片组。这样, 对焦速度将继续加快。

SIC

Super Integrated Coating, 这种镜头比NIC镜头调得更为精准, 同时又使整个色彩重现时更加鲜亮。

VR-Nikkor

Vibration Reduction, VR镜头可以平衡由于透镜组的抖动而产生的震动。这样, 在保证照片清晰的情况下, 曝光时间可以延长3级。

微距镜头

除了尼康60mm微距镜头之外, 尼康的镜头系列中还包括其它的三款镜头: AF-S Micro 85 mm f/3.5G DX VR镜头, 价值450多欧元 (约为人民币3728元) ; AF-S IF-ED VR 105mm f/2.8G 微距镜头, 价格接近850欧元 (约为人民币6600元) ; 以及Nikkor 200mm f/4 D ED镜头, 这是一款焦距最长的微距镜头, 价格高达1400欧元 (约为人民币11000元) 。

变焦镜头

最开始, 单反相机只有固定焦距的镜头。后来, 当第一批能够覆盖较大焦距范围的镜头问世之初, 很多摄影家都是持怀疑态度, 因为人们都认为, 使用这种变焦镜头, 拍摄出的照片质量一定会很糟糕。

另外, 较小的相对光圈也遭受了指摘。但是很快, 持批评意见的人们都默不作声了, 因为用变焦镜头拍出的照片质量越来越好。

即便在精确到每个像素观察照片时, 有可能在认识上存在各种不同看法的话, 今天, 在购买变焦镜头这件事情上, 您肯定不会犯任何错误。

就连那些价格低廉, 又能覆盖很大变焦范围的镜头, 今天都能提供一种良好, 乃至优秀的图片质量了。

究竟值不值得或许为了让图片质量提高10%, 而花出双倍的价钱, 可能只是那些以摄影维持生计的人才对这个问题感兴趣, 而且这样的人肯定会越来越少。选择镜头的时候, 重要的事情应该是尽量覆盖更多焦距。刻度盘末端处210或300mm的焦距已经足以胜任大部分工作任务。如果您想覆盖10mm的超广角镜头, 最短焦距应该在17mm左右。

不同的光圈值

在变焦镜头上, 您会发现例如这样的名称: f/3.5-4.5 和18-70mm。造成有两个光圈数值的原因是——最大光圈在镜头变焦时会有变化。因此, 第一个数值指的是最短焦距时的光圈值, 第二个是最长焦距时的光圈值。价格昂贵的镜头上最大光圈是完全一样的。

标准变焦

一支标准变焦镜头是AF-S DX 18-70mm G IF-ED f/3.5-4.5镜头。这款镜头经常随着尼康配套器材提供使用。我们已经从镜头的标牌上知道，这款镜头是为使用DX传感器工作的相机准备的，因此它不适合全画幅相机使用。

这款镜头标价大约为250欧元（约为人民币2071元），颇具价格优势，而且能够提供卓越的图片质量。在它的焦距范围内，镜头既适用于风景拍摄，也适用于人物拍摄。

这种镜头上还有一个M/A开关。在M/A模式下，它可以自动对焦，也能转成手动对焦。

如果您是用一款全画幅相机，并且打算为了获得优秀的图片质量，而将很多钱投资到一款大光圈的变焦镜头上去的话，AF-S 24-70mm f/2.8G IF-ED镜头对您来说是一个很好的选择。尼康公司对这款高级镜头标价1700欧元（约为人民币14085元）。使用全画幅相机时，通过更大的传感器，可以体现出广角端的视角优势。

↓德国北部小城吕贝克（Lübeck）。17-70mm的变焦镜头可以用于多种场合（尼康D300, 38mm, ISO200, 1/32秒, f/9）。

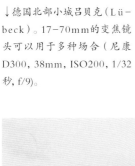

↓德国特拉夫明德港。当您准备拍摄一个距离较远的物体的一部分时,远摄变焦镜头就变得特别适用。在观察者看来,局部拍摄的照片总是特别具有观赏价值(尼康D300, 155mm, ISO200, 1/320秒, f/9)。

远摄变焦

当您使用标准变焦镜头而感到长焦端不能满足时,为了得到更长的焦距,您这时候需要另外一支变焦镜头了。这只镜头的初始焦距应该达到70mm,这样,整个焦距范围才能实现无缝对接。

当然,尼康公司在这个环节上也提供有各种各样的镜头。如果您使用例如覆盖17-55mm焦距范围的标准变焦镜头,他们就提供与之相适应的远摄镜头,其焦距可达55-200mm。AF-S 55-200mm f/4.0-5.6 DX G ED型号的镜头,花上250多欧元(约为人民币2070元)即可得到。除了价格低廉之外,值得推荐的地方还在于重量仅为255克。这款镜头对DX传感器来说是最佳配置。初涉摄影的朋友们将不会对它的拍摄能力感到任何失望。

↑远摄变焦镜头。尼康的这款70-300mm镜头，能提供一种出色的成像效果（照片来源：德国尼康有限公司）。

↓适马镜头。我很喜欢使用这款镜头工作，而且拍过很多照片（照片来源：德国尼康有限公司）。

在70-300mm镜头范围内，您还会有更好的选择余地。下面是尼康向您推荐的又一款令人感兴趣的产品，型号为AF-S VR 70-300mm f/4.5-5.6 G IF-ED的镜头，价格为600欧元（约为人民币4971元）。它表现出了极好的光学效果，能很好地适用于体育和动物摄影。被改进过的影像稳定器，允许更长的曝光时间，而且不会出现因为振动相机而使照片模糊不清的情况。另外，对于这个等级的镜头来说，745克的重量也算是相当轻的。该镜头既适用于DX传感器的相机，也适用于全画幅相机。

顶尖级质量

在长焦领域，我为自己选择的是一款适马镜头。该镜头1300欧元（约为人民币10771元）的价格已略显昂贵。100-300mm f/4 EX DG APO HSM IF的品质保障了卓越的图片质量，并且通过光圈的九个叶片，产生出极具魅力的焦外模糊效果，图片的前景和背景上会产生柔和的过渡，可以说使用这款镜头如同作画一般。由于使用了最大为f/4的光圈，镜头的通光能力也非常好。

由于这款镜头上安装了HSM驱动马达，对焦非常迅速。不过，需要考虑的是，这款镜头1440克的重量可绝对算不上"轻量级"。

这款镜头您还可以在全画幅相机上使用。

老古玩

由于尼康相机具备良好的兼容性，即使是很老的Nikkor镜头，您仍然可以在您

的尼康数码相机上继续使用。我直到今天依然兴致勃勃地用着一款已经使用20多年的老镜头。下一页右上角的照片就是这只镜头。70-210mm f/4-5.6的品质不错，虽然通光能力不算太好，但它还是能够提供极好的图片质量——这是它的独到之处。

大焦距范围

尼康公司还提供一种很有魅力的镜头，您可以使用这款镜头，覆盖从广角直到远摄的整个焦距范围。超级变焦镜头AF-S 18-200mm f/3.5-5.6 DX G ED VR II，整只镜头565克的重量也很轻巧。不足700欧元（约为人民币5800

元）的低廉价格，使它受到了很多用DX传感器相机工作的影友们的青睐。特别是旅行中或者新闻摄影中，对摄影师最大的帮助莫过于是免去来来回回拖拽装备的劳顿。

经过改进的第二代影像稳定器还能保证在弱光环境下的拍摄。

↓绿头鸭。这张照片出自于100-300mm适马镜头（尼康D300，300mm，ISO400，1/800秒，f/7.1）。

超远摄焦距

如果焦距再长的话，腾龙公司有一种富有新意的超远摄变焦镜头，其价格也颇具魅力。这种200-500mm f/5-f/6.3 Di LD腾龙镜头（见上图）花上900欧元（约为人民币7457元）即可购得，并且提供着不错的图片质量。

如果折算成135画幅的焦距，这个镜头可以达到750mm的最长焦距。如果考虑到在这个焦距上得到的狭小像角，当然就需要一个特别大的遮光罩了。

↓超远摄变焦拍摄的落日（尼康D200,500mm, ISO100, 1/1600秒, f/6.3）。

很久以来，我一直都很喜欢而且也经常使用这支镜头工作，它可以在各种情况下使用。它的最近对焦距离为2.5米，这样在拍摄动物照片时，能保证有足够的距离。

或许您必须考虑到，使用这款相当沉重的镜头（1226克），没有三脚架是不可能的。除非您有特别强大的臂力，以及运用极短的曝光时间（必要时可以提高ISO值）。

还要说明的是，这款镜头在使用最长焦距时，最大光圈只有f/6.3。这个情况在一些相机上有可能会导致自动对焦的速度变得更加缓慢。

诱惑无限

如果您从未感觉过囊中羞涩，或者您已经献身于专业摄影，追求使用更佳设备几乎是永无止境的。人们时常会给自己提出新的期望：买一只更好的镜头怎么样？但是通光能力好的远摄镜头通常都有高达几万元的骄人价格。如果再配上一个内置的影像稳定器，尽管它很有实用价值，但是仍然要花去很多钱。接下来您可能又会看到一款尼康变焦200-400mm

f/4G镜头，您又得为它不情愿地掏出6500欧元（约为人民币53853元），更何况这还远远不是最昂贵的镜头。

专用镜头

另外更有一些执行专门任务的特殊镜头，为这些物品同样可以花去大把大把的钱。

例如尼康公司就为固定焦距提供着24mm、45mm和85mm的所谓移轴镜头。这些镜头每款都要1800欧元（约为人民币14913元）。24mm的镜头的最大光圈为f/3.5，另外的那两款为f/2.8。尼康公司把这些镜头称为PC-Nikkor（表示Perspective Control——透视控制镜头）。

建筑艺术摄影师都不希望在拍摄建筑物时看到线条"倾斜"的现象，这些线条应该是与照片的边缘并行排列。而要想做到这样，就必须将相机在手里握正。

相机哪怕稍有倾斜，都会造成这些线条违背人意地相互交叉。而恰恰相反的是，相机又是非得斜握不可，因为握正的话，建筑物就照不完整。在下面的两张

照片中,您已经看到了这样两种效果。上面的照片中,是直握加装了超广角镜头的相机拍摄的。这样,教堂内立柱和照片边缘左右两方都是平行的。下面的照片里,相机是向上面仰起来的,这样就出现了明显的扭曲变形。没有经验的摄影者或许会认为,这些倾斜线条是人为制造的轰动效果;而建筑艺术摄影家们却总是想方设法来规避这一令人烦恼的效果。

PC-Nikkor镜头的设计是可以让每片镜片向上和向侧面移动。移动时,不必倾斜相机就可以改变画面的效果,这样就不会再出现线条倾斜的现象。

PC-Nikkor是倾斜加移动式镜头。将镜头倾斜,可以改变景深平面,从而改变景深(沙姆定律)。这样,例如在微距摄影时,就可以扩大清晰成像的范围。在微距摄影方面,即便在光圈数较大时,这种镜头的景深范围按常规说一般都很大。

↓德国Wolfenbüttel市的St.Trinitatis教堂。相机倾斜时,会拍出严重扭曲变形的照片(尼康D70s,10mm,ISO 200, 1/50秒, f/4)。

闪光器材

自摄影术发明以来，摄影家就一直梦想着，除了自然光以外，他们还能用上一种人工光源。早在19世纪中叶，人们就会使用镁粉，在点燃它的同时，瞬间会得到一束亮光。到了20世纪20年代，人们又学会把镁条放在一个充满氧气的玻璃泡里面，用电来点燃它。后来的闪光工具，就是根据这个基本结构，在近50年时间里广为流传。业余摄影爱好者也使用这种办法，而且能够最多闪光达四次，之后就可以抛弃它。吸引人的是到了1940年前后，Harold E.Edgerton发明了一种能够成批生产的玻璃管状闪光灯。使用这种装置时，不用点燃任何东西，因此可以有效避免当时一直反复不断发生的事故。当玻璃管闪光时，在一个充满着稀有气体的管子里，一个很强的直流电流导致火花放电。1948年，随着玻璃管闪光灯之后，又有了Mannesmann公司发明的第一款电子闪光灯。

20世纪60年代中期，研制出了一种有小测量孔的闪光灯。测量孔能测出从被摄主体反射出来的光，光量达到了足够一张照片充分曝光时，测量孔就停止闪光灯向外发光。

控制闪光灯光线时，最重要的一点是当快门打开时，闪光即被点燃，这就叫做闪光同步。能够在最短曝光时间闪光且能让画面完全曝光，就叫做闪光同步时间。

现在，测量孔已经不再设置在闪光灯里面，而是改到了相机的机身内。这样，就形成了通过镜头的TTL闪光测光（Through the Lens）。

能够自动计算出为了得到一张正确曝光的照片所需要的光量，一直是尼康公司孜孜不倦的追求。他们在实际应用中的i-TTL闪光技术，工作一直可靠而且精密度高。以前照片上相形见绌的各个环节慢慢地都

↑PC-Nikkor镜头。这些PC镜头都需手动对焦。使用这些镜头时，还可以避免发生透视原理上的扭曲变形（照片来源：德国尼康有限公司）。

↓最初的闪光灯灯泡。您在这里看到的闪光灯，它和我第一台相机上使用过的闪光灯（Agfa Clack型）完全一样。用这种闪光灯灯泡时，只能闪一次光，光线被反射罩分散。

闪光指数

说到闪光灯的时候，您就会碰到"闪光指数"这个概念了。"闪光指数"能说明闪光灯的最大闪光功率。

闪光指数可以通过算术方法来计算。为了把闪光指数标准化，通常是用ISO100的灵敏度表示。不过也并不是所有的生产厂都遵守这一点。如果作为基础值时就把灵敏度定得很高，常常会出现容易使人误解的数值。

使用闪光指数，就能够计算出相机达到拍摄主体之间的距离，达到这个距离时，闪光灯能够发射出足够的光量。闪光指数越高，能够被照射到的距离就越远。反过来也可以说，距离较短时，光圈就相应缩小。今天我们已经不必再来计算这些数值了，相机会自动地测出相关的调整数据来。

在有效闪光指数上，还须注意照射角度。用广角镜头拍摄时，闪光灯的能量范围要比远距拍摄时更短。变焦反射闪光可以根据所使用的焦距做出相应的调整。

一个正确的说明必须考虑到所有的因素。例如在D300相机的使用说明中就这样写道，闪光指数17，相对ISO200，20℃；闪光指数12为ISO100。我们在这里是从一种理论计算的光圈f/1出发的。光圈为f/1时，闪光灯的影响范围在这个例子中就是ISO200时的17米和ISO100时的12米。一只两倍闪光指数的闪光灯会发出四倍的光量。

已经成为过去。在照片的光线上做出一些细微的变化也已经成为现实。就提高照片自身鲜亮程度而言，也已经有充足的环境光源供人们使用，例如可以通过使用闪光灯，来改变阴影部分的光线。逆光中拍摄人物肖像照片就是使用这种方法的一个例子。

i-TTL技术的基础，就是建立在对测量闪光进行评价，以及这样来得知必要的闪光灯光量的。由于调查评估都是在极高的速度之下进行的，您在拍摄之前几乎看不到任何测量闪光的情况。

提供使用的环境光与有关对焦距离的信息一样，都在曝光测量中被考虑进去，这样才能产生合理曝光的图片结果。

外接闪光器材

尼康公司在自己的供货范围内，提供着各种不同的外接闪光灯产品。最为物美价廉的一款是SB-400，价格约为150欧元（约为人民币1243元）。由于其低廉的价格，这一款产品在数码相机入门级使用者中间很值得推荐。通过它的紧凑型结构，闪光灯自重仅为127克，自身轻盈且便于携带。与价格昂贵的其它尼康闪光灯的区别是：使用这款闪光灯时，您没有任何其它可以匹配的地方，但是这种i-TTL自动闪光灯能够得到支持。它的闪光指数在ISO200时35mm焦距段为30。

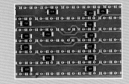

另外还有一款相当便宜的闪光灯是闪光指数30（ISO100）的SB-600型闪光灯,它的价位大约在270欧元（约为人民币2237元）。曝光测量使用的是全自动i-TTL曝光自动模式。它的使用也极其简便,因此很值得向初学者推荐。

相对新型的SB-900型闪光灯是尼康公司功率更为强大的产品。它的闪光指数在ISO100时为34,不过其价格也明显高于其它产品（约为人民币3728元）。这款闪光灯可以满足专业人士的需求,焦距范围可达17-200mm,照明效果非常出色。

这款闪光灯还支持闪光曝光补偿和闪光曝光信息储存。另外,您还可以在使用闪光灯同时编制曝光顺序。

请您注意,在将外接闪光灯推入闪光灯热靴插座之后,一定要拧紧固定螺栓。这时内置的闪光灯便不能再继续使用。外接闪光灯是可以在所有曝光模式下使用的。请您在情况需要时仔细阅读闪光灯使用手册内有关必要调节的信息。

一旦由于光线昏暗相机无法进行自动对焦时,闪光灯上的AF辅助光将被激活。它会发出一束红色光束,以便稍后能够确定焦距。在闪光灯的背面您会发现

选择适当的型号

哪种闪光灯型号适合您,这要看您使用闪光灯的频繁程度,以及您在哪些领域使用闪光灯。如果您只是偶尔使用,那么一款内置的闪光灯在很多情况下已足够了。对于活跃的摄影者,如果他们经常使用闪光灯,而且必须为较大的空间来照明,选购一款SB-900型闪光灯还是值得的。

LCD显示屏上有各种功能显示出来,用来让您调整闪光功率。总共向您提供三种曝光形式(中央偏重,均匀程度和标准曝光),以便您来调控光的分配。SB-900型闪光灯在闪光之后将会很快充电供下次继续使用。

　　外接闪光灯都有自身供电功能,相机的内置电池这样就可以得到保护。闪光灯通常都要配备四节碱性电池。

↓大麻蝇。如果距离特别近的话,您可以使用内置的闪光灯。这种闪光灯工作很稳定,拍出的效果也很自然。因为通过i-TTL闪光控制,自然的环境光也被一起考虑进来了(尼康D200,105mm微距,ISO100,1/250秒,f/5,内置闪光灯)。

闪光中的一些概念

说到闪光的时候，我们想谈一谈尼康闪光灯上出现的一些提法。

Advanced Wireless Lighting

若干只闪光灯被无线式释放，Advanced Wireless Lighting安排主闪光灯和辅助闪光灯之间的联系。在使用多只闪光灯拍摄时，AWL会提供很多舒适方便。

Creative Lighting System

在CLS模式上，闪光灯和相机彼此联系在一起，可以进行更为精确的曝光测量。所有较为新型的尼康相机（从D2系列开始）和尼康闪光灯都支持CLS模式。相机和闪光灯都支持CLS模式时，还能有各种专门的功能可供使用。

色温信息

使用CLS模式的相机和闪光灯时，还可以转送为了进行精确白平衡所需的色温信息。

FP高速闪光同步

实施FP高速闪光同步时，使用闪光灯灯光，还可以把更短的快门速度也调整为相机的同步时间。这样，也可以在大光圈时使用闪光灯，这样做对于画面结构（景深）很有意义。

FV闪光测量值存储器

使用闪光曝光测量值存储器，可以在一个特定的画面里，对闪光曝光测量进行测定，并且将其存储下来，即使快门时间、光圈、焦距或灵敏度发生变化时，闪光灯仍然可以拍出曝光极佳的图片结果。

i-TTL闪光控制

运用更新型的i-TTL闪光控制时，会比使用以前那种D-TTL测光能够发出更强更短的测量闪光。这样还可以对闪光曝光度进行更为精确的测定，在图片的前景和背景中会形成均衡的曝光。

主控闪光灯

使用若干只闪光灯一起拍摄时，主控闪光灯控制着辅助闪光灯。

辅助闪光灯

辅助闪光灯可以无线式摆放，通过一个安在相机上的主控闪光灯来控制。辅助闪光灯可以是60°角范围内分布在主控闪光灯的左右。

广角AF辅助光

新式的AF辅助光，比以前的所有闪光灯照明的范围都要大。这样，当光线不充足时，也可以让画面中心点以外的物体得到适当的曝光。

第三方产品

尽管尼康公司一直反复强调，只有自己生产的闪光灯才能够与尼康相机完美地匹配，但实际上也还是有一些其它厂家生产的很不错的产品。

这些公司提供的闪光灯不仅极富魅力，而且价格低廉。我很喜欢用的就是一款美兹闪光灯。如果您是在寻找一款价格适宜的闪光灯，我建议您不妨看一看44MZ-2数码闪光灯。这种闪光灯价格大

约为150欧元（约为人民币1243元），操作简便，闪光指数在ISO100时为44。

我还喜欢用的一款闪光灯是54MZ-4i，价格大约为350欧元（约为人民币2900元），在ISO100和105mm焦距下闪光指数为54，最大照明角度可以支持24-105mm的焦距范围，这已经能满足很高的要求了。这个闪光灯另外还有一个可以关闭的小型反射器，使用一个灰滤光镜可以减少它的闪通光能力。

购买某款闪光灯时您还应该注意，要让这款闪光灯支持各种闪光自动设备，以便您能充分利用尼康新型产品提供的诸多机会。比如您应该在产品使用说明中仔细阅读一下，是否支持i-TTL模式。对于富有创意的拍摄来说，如果闪光灯支持对后帘闪光同步，那就是很有实际意义的。

SB-R200型闪光灯

尼康公司为微距摄影也提供专用的闪光灯。价格在500多欧元（约为人民币4143元）的RT闪光灯系列里，包括有两种SB-R200型的外置闪光灯。两种闪光灯都是作为辅助闪光灯，或者通过内置的闪光灯，或者通过SB-800外置闪光灯实施无线式控制。

闪光灯被固定在配接环SX-1上，配接环装在镜头前端外缘固定。此外，在套装内，还随之提供有一种在微距范围内用于对主体实施正面照明的超短范围的装置。

↑微距闪光灯。尼康公司还提供RT闪光灯系列产品，最多每组可装8只闪光灯（照片来源：德国尼康有限公司）。

为了进行环境照明，您最多可以同时安装8只SB-R200型闪光灯，如右上角图中所示。每个附加的SB-R200型闪光灯价格不到190欧元（约为人民币1574元）——不过，算下来这仍然是一笔不小的开支。

微距闪光灯

如果您常常要靠近被摄主体拍摄的话，那么下面这款"珍品"就值得向您推荐了：适马微距闪光灯EM-140 DG，我的选择当中也有这种型号。我经常用它来

←吐信的蛇。这里使用的是适马微距闪光灯EM-140DG。微距闪光是用于微距摄影领域中的良好照明（尼康D200, 180mm微距, ISO200, 1/250秒, f/5, 微距闪光灯）。

最近摄距

　　最近摄距在镜头数据中一直是给出说明的, 请您在购买新镜头时注意这个数值, 如果您想尽量接近被摄主体拍摄的话。

拍中摄微距作品。它定价不足400欧元 (约为人民币3314元), 完全称得上物美价廉。

　　通常情况下, 在微距摄影中, 都是使用所谓的环形闪光灯, 这时候闪光管是围绕在镜头周围的。这样会出现一种没有阴影的画面, 但这种画面看起来总是不太自然。

　　如下图中所示, 微距闪光灯很特别, 只有两个闪光管, 分别放在镜头的左右。这样就形成了阴影, 它的作用更显自然。

　　如果微距摄影更加吸引您的话, 您还可以去看看《微距摄影和近距离摄影——大师培训班》这本书, 这是我的另外一部著作。

　　我亲身经历了这样一件事: 我刚买的一款微距闪光灯与新型尼康相机不兼容, 这两个家伙彼此不相匹配。于是我不得不把闪光灯寄回了适马公司。当时人们告诉我要等四个星期, 并请求我拿出相应的耐心。我还没来及发脾气的时候, 就在他们说完话的第二天, 新的闪光灯就寄到了我的手上。前后仅仅只用了四天工夫, 莫不是他们当初把四天错写成了四周? 不管怎么说, 我们可以从这件事情上看到适马公司的良好服务。

　　为了能够合理地使用微距闪光灯, 自然必须得有一个相应的微距镜头。那个必须另行购置的适配器接环, 就是用来在滤光镜螺纹大小彼此不相同时, 闪光灯仍然可以通过它安装好而继续使用。

微距摄影附件

　　如果您热衷于微距摄影的话, 还有一些附件也很有意义, 或者说是非常必要的。如果您不准备在刚刚进入微距摄影时就投入大量资金, 还可以考虑一些廉价的附件来替代。

　　微距摄影中一直有一个根本性的问题: 每只镜头都有一定的限度, 碰到这个极限的时候, 您无法再靠近您渴望拍摄的物体。原因很简单, 距离再近时, 您再也无法调清楚了, 这个极限被称之为最近摄距。

近摄镜和反接圈

进入微距摄影世界还有一种极为便利的办法，这就是使用近摄镜，直接把近摄镜拧到镜头螺纹上即可。使用这种近摄镜时拍摄的比例被扩大，因为您可以接近被摄主体。如果您使用标准镜头拍摄，可以达到1:1的成像比例，甚至更大。您在下面照片中的右边看到的就是这种近摄镜。

理论上说，可以同时使用几个近摄镜，但是这种作法会造成图片质量变差，因此不宜推荐。

近摄镜的度数是按屈光度来计算的，在这方面应该注意的是，便宜的近摄镜常常会发生色差。因此还是应该选购高档的近摄镜。近摄镜还有一个缺点：它必须与镜头上装滤色镜的螺口相匹配。如果几只镜头的滤色镜口径各不相同，您还得购买好几种近摄镜，或者安装适配器。

近摄镜的另外一个不足之处还在于您必须靠近要拍摄的物体，拍摄静物时一点麻烦都没有，而您一旦靠近昆虫拍摄，大概它早已逃之夭夭了。

使用反接圈时，您同样可以实现较大的成像比例，达到这个目的只需花费

40欧元（约为331元人民币）。使用一个反接圈，就可以把一个普通的广角镜头"反转着"安装在相机卡口上，并且固定在镜头的螺纹上。F面这张照片中您可以看到一个这样的反接圈。英文叫做Retroring。使用这种反接圈，您就会达到实际上大于1:1的成像比例。

使用简易的反接圈时，只能靠手动来完成调整。由于不能实行自动调整，所使用的镜头上还必须得有一个光圈环。没有这个光圈环，只能在光圈完全打开状态下拍摄，不过这样只能获得一个很小的景深。

近摄环

为了达到成像比例大于1:1的效果，还有一种很有意思的东西，这就是近摄环，它同样极为便宜。不过，人们应该把简易的近摄环与自动化的而且价格明显更贵的近摄环区别开。自动的近摄环具有自动曝光和自动对焦功能。而使用简易型近摄环时，所有功能都必须通过手动来完成。

近摄环的薄厚还有区别。它们可以任意组合起来使用。近摄环被装在镜头和相机之间。尼康生产的近摄环有

↑反接圈。使用反接圈——这里是连接在一款D300相机上——镜头被反转过来连接在卡口处，以便达到较大的成像比例。

↑使用反接圈拍摄（尼康 D300, 35mm反向安装, ISO 200, 1/300秒, f/11, 成像比例约为2:1）。

↓使用近摄环拍摄（尼康 D300, 105mm微距+36mm近摄环, ISO200, 1/60秒, f/8）。

此我们用不着担心它会有损图片质量。近摄环只是用来加大镜头与传感器平面之间的距离，这样就会使您更接近被摄主体，因此成像比例就被扩大。近摄环组合得越厚，成像比例就越大。不过，必须要说的缺点就是近摄环也吸收光，这样就必定延长了曝光时间。在1:1的成像比例时，大约要失去两挡光圈。

左图中，您看到的就是在增加一个近摄环进行反接拍摄时，图片被放大的情况。而您在前面第102页上看到的仅是成像比例为1:1时的硬币照片。左上角照片中，成像比例大约为2:1。

PK-11A, 8mm长; PK-12, 14mm长; PK-13, 27.5mm长和PK11, 52mm长, 价格在50至250欧元之间。我很喜欢使用，而且我也很想推荐大家使用由肯高公司生产的近摄环（http://www.kenkoglobal.com）。

近摄环上面没有任何光学镜片。因

近摄皮腔

传统的近摄皮腔就是"可变式近摄环"，因为可以实现无级差式的调整距离。尼康公司生产一种近摄皮腔，型号为PB-6，价格大约在550欧元（约为4457元人民币）。机身上可以装20-200mm之间焦距的镜头。使用这种近摄皮腔，可以实现超过10:1的大成像比例。不过自动化的功能在拍摄时都不能实现。

第三方生产厂家产品

要想了解微距相机附件，我建议您浏览一下路华仕公司的网页（http://www.novoflex.de）。这家公司在微距摄影方面提供许多附件，这其中也包括近摄皮腔。此外您在那里还可以看到翻拍台和其他一些引人注目的附件。

←近摄环组合。在尼康D300相机与适马105mm微距镜头之间，安装有肯高80mm的近摄环。下面的照片就是使用这组组合设备完成拍摄的。

↓方糖。这是一块加入了一点儿水彩滴湿了的方糖。使用了80mm近摄环，成像比例为3:1（尼康D300，105mm微距+80mm近摄环，ISO200，1/2秒，f/11）。

增距镜

如果您想使用更长的焦距,并且不准备购买新镜头的话,可以用一种增距镜来实现。

为了能够继续使用自动对焦,必须使用相应的增距镜。尼康公司生产三种不同规格的增距镜,见下页图,价格大约在400欧元左右(约为人民币3314元)。其中,TC-14 AF-S E11加长了1.4倍的焦距,TC-17AF-S E11甚至达到1.7倍;如果使用TC-20AF-S E11型,您可以把焦距增长2倍。

其中第三种增距镜(TC-20AF-S E11)是世界首款有非球面镜片的增距镜,能提供卓越的图片质量,价格大约为500欧元(约为人民币4143元)。

使用增距镜的不足之处在于您要失去大光圈。例如当您使用最大的增距镜时,200mmf/2的镜头会变成400mmf/4的镜头,取景器也会变暗。如果把增距镜装在小光圈的镜头上使用,会使自动对焦出现问题。最近摄距在使用增距镜时,不会发生变化。这样,成像的比例才能扩大。

选购增距镜时,不要只考虑省钱。虽然各个生产厂商都制造廉价的增距镜,但是由于镜片品质不高,图片质量也会下降。

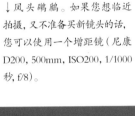

↓凤头鸊鷉。如果您想临近拍摄,又不准备买新镜头的话,您可以使用一个增距镜(尼康D200, 500mm, ISO200, 1/1000秒, f/8)。

三脚架

当拍摄中环境光线不足，而您又不想让拍摄的照片模糊不清时，可以使用三脚架。夜间拍摄时，三脚架也是必不可少的工具。

三脚架的样式和价位有很大差异。究竟哪一款更适合您，这还得看您的需要，以及您打算出多少钱而定。如果您不经常使用三脚架拍摄，自然也就用不着花大价钱去买高档三脚架。

独脚架

如果拍摄时可利用的空间狭小，例如体育比赛中，您可以考虑使用独脚架。我买过一款腾龙 Monopod 1 MP 1的独脚架，价格大约40欧元（约为人民币331元）。把它完全收起来，只有50cm长，很适合放在摄影包内携带。完全展开时，高度达1.64米。这个独脚架重量仅有453克，外出旅行摄影时不失为是一个好助手。

这种独脚架顶部是一个很实用的球形云台，调整相机时很方便。支架下端的橡胶套在需要时也可以换成一个防滑钉，插进土里去起到稳定的作用。

↑增距镜。尼康公司生产的三种型号的增距镜（照片来源：德国尼康有限公司）。

↓独脚架。地方狭小时，腾龙 Monopod独脚架很实用。

曼富图

意大利曼富图公司（http://www.Manfrotto.de）也制作了多款三脚架产品，其中也有高级产品。该公司隶属英国Vitsc集团。

紧凑型三脚架

如果只是偶尔使用一下三脚架，花很多钱去买一个又大又贵的三脚架就很不值得了。胶片相机时代，我使用的是一种Cullmann公司生产的紧凑型三脚架。我很容易就把它放进摄影包里，因为收到一起它也只有20cm长。

之久，但是跟今天生产的坚固耐用的三脚架几乎没有任何区别。这种三脚架还可以改装，在它的下端换上防滑钉，可以直接插到地面里使用。

这种三脚架有一个快速装卸系统，可以保证相机顺利地开始工作。先要将快速联接器拧到相机底部的三脚架螺纹口上，紧接着再将带着快速连接器的相

↓装饰砂砾。如果您想保证绝不出现任何因相机抖动而模糊不清的照片的话，您一定要使用三脚架（尼康D300，55mm微距，ISO200，1/5秒，f/16）。

这个三脚架全部拉出来时，只有75cm长。即使上面这个被拍成照片的Cullmann公司（http://www.cullmann-foto.de）生产的三脚架已经有二十多年

机推到三脚架的底座里，即可大功告成。不过我一直都是在我经常使用的尼康相机底部拧着一个快装板。如果需用三脚架拍摄，我很快就能收拾便当。

专业型三脚架

如果您经常要使用三脚架拍摄的话，选购一种贵一些、重一些的三脚架也很值得。不过这样的三脚架，即使能折叠起来，也还是显得又大又笨重，因而不是任何地方都能轻易使用。

三脚架的重量对于它的稳固性，进而对十减少因为抖动形成的照片模糊不清具有重要作用。

三脚架越重，照片上出现模糊不清的可能就越低。

专业用的三脚架都有奢华的高档支架，因此都很牢固。这些三脚架都是按标准组件制作，并且通常还都使用其它辅助手段增加稳定性。

在三脚架的最下端①处，重要的是三脚架在每一个基础面上要能够立稳——通常把三脚架着地的位置上改成斜面，来平衡地面的不平，为此通常都是用橡胶套去代替防滑钉。因为橡胶在光滑的表面上适应性更好，到了室外，防滑钉就是一种不错的选择了。

标准的组件结构②可以保证进行任意高度调整——三脚架应该升高到人眼睛的高度。支撑拉杆③也起到提高三脚架稳定性的作用。中轴④可以拉出去，以便继续提高三脚架的高度，不过这样会降低稳定性。使用带有调整功能的旋转头⑤，相机就可以在拍摄中更加精准地调整了。

被称之为三向云台的⑥可以使相机呈三轴方式在精确调整时来回摆动、倾斜。其它一些型号的三脚架，是用一个在独脚架的照片里展示的那种球台来达到灵活性的。

另外，在展示的Cullmann三脚架照片中，还安装着一根横梁⑦。在近距离拍摄时，当相机要沿着地面方向摆动时，这根横梁就起到作用了，即使只是一只昆虫趴在草茎上也能把它拍到。

旧式三脚架

这里所说的三脚架都已经用了20多年了。不过今天的型号与它们相比变化很小，结构原理仍然保持和原来的一样。高档的三脚架在设计时也是考虑到长期使用的需要。

水平器

价格高的三脚架，在三向云台上常常装有小型的水平仪，以便进行调整。这个装置在实际工作中很有用。

三向云台与二向云台的区别就在于拍摄竖幅照片时可以把相机竖过来，这种设计十分实用。

多功能手柄

尼康公司只是在专业相机上加装了一个马达，中等价位以上的相机都有一个单独的多功能手柄。最近几年生产的多种尼康相机都可以与其相接。例如MB-D10既可以与D700，也可以与D300s相机实现对接。这样，您就可以在更换新机型时节省一部分开支了。

多功能手柄的优点颇多：您可以更好地将相机握于手中，尤其是竖幅拍摄时，手柄上附带的快门会提供帮助，因为这时候您已经不必再费力地扭动手部关节。另外，附设的多功能选择钮和调整轮也会很有帮助。最近一些年，由于安装了多功能手柄，在连续拍摄时的速度也能够提高了。

遥控快门

为了避免在曝光时间较长时，照片上发生模糊不清的现象，建议您使用遥控快门。这种快门分为廉价型的有线连接遥控快门和远红外遥控快门。根据所用相机的不同，遥控快门的类型也不相同。您在下图中看到的就是我在D70s相机上使用的连线式遥控快门。

偏振滤光镜

人与昆虫不同的一点是，人感觉不到偏振光。光线通常是向各个方向传播的。偏振滤光镜就是把光进行偏振，使它只在一个平面上传播。当光线从光滑的表面，比如玻璃或者水面，或者大气层被反射时，就会产生光的偏振。

偏振滤光镜的作用就是将光线调整成一定的角度，使偏振光在这个角度上不能穿透过去。

人们通常将偏振滤光镜分为直线型滤光镜和圆周型滤光镜。使用圆周型滤光镜时，直线的偏振光会直接转化为圆周型偏振光。

在下面的两幅照片中，您在上图中看到的是没有使用偏振滤光镜的效果，在下图中则使用了偏振滤光镜的效果。

题外话

滤光镜

在数码时代，滤光镜早已不像在胶片时代里那么重要了。原因很简单，很多效果都可以在照片拍摄完毕之后，使用某种图片处理程序去模拟了。

不过，也有一些滤光镜是我们模仿不了的。因此直到今天，这些滤光镜也仍然有它们的生命力。

例如偏振滤光镜，在风景摄影时可以降低雾气或水蒸气的影响，同时又能减少或者完全防止在光滑表面上形成的反光。此外，也有一些摄影家们喜欢使用偏振滤光镜，为的是让天空显得更加蔚蓝，拍出的照片色彩更为靓丽。

使用中灰滤光镜是为了减少光量。当您出于形态塑造的目的，打算使用较大的光圈，而最短曝光时间又不足以供照片准确曝光时，就有必要使用中灰滤光镜。

渐变滤光镜有些是单一颜色，有些是加深的颜色。使用这种滤光镜，为的是让天空和白云看上去更美丽。使用时应该注意让加深颜色的部分挡住天空。

红外滤光镜是不能经过图片处理来模拟的。它们能只让红外光透过去，以便形成令人惊讶的结果。在这些效果中，绿色的树木会呈现近于白色，因此图片会给人一种超现实的感觉。

特殊效果滤光镜
大多数出于胶片时代的特效滤光镜，例如星光滤光镜，都能够经过照片处理软件来模拟。

如果您过去曾经用过胶片式单反相机的话，那么今天仍然可以使用现有的滤光镜。不过您应该注意的是，相关镜头上使用的是哪种螺纹。每种镜头的螺纹直径您可以在镜头的底部看到。滤光镜的直

径（此处为67mm）在左边照片中用箭头标出来了。

螺旋式滤光镜

螺旋式滤光镜有一个缺点，那就是只能在口径相同的镜头上使用。否则您必须使用直径大小不等的转接环。于是您又会很快凑齐大大小小林林总总的这种附件。

高坚滤镜

为了能够灵活使用滤光镜，您可以考虑使用高坚公司的滤光镜系列产品。在这里，滤光镜镜框同镜头螺纹相对应的支架是组合在一起的。

高坚公司的滤光镜都有精确的同一个规格，都是长方形，可以方便地插进滤光镜夹具里面去。

该公司能够相应地提供大量的、用于各种拍摄任务的滤光镜。用于黑白摄影的彩色滤光镜就是其中一例，渐变滤光镜是另外一个例子。除此之外，还有各种各样的滤光镜可以把图片以任何方式去让它失真或者变形，棱镜滤光镜可以折射光线。有关高坚公司滤光镜系列产品的详细信息您可以在下列网址查询：http://www.hapa-team.de/cokin.htm。

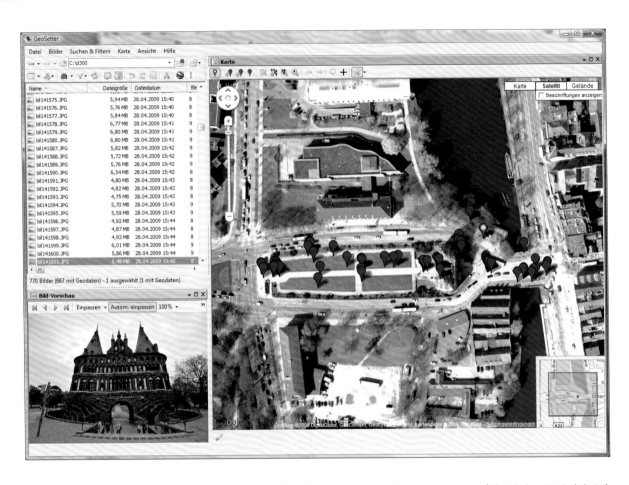

GPS全球卫星定位仪

不久前，在照片拍摄中使用GPS全球定位仪又成为了新的时尚。这样就可以找到拍摄地点的经度、纬度和高度的坐标，以及UTC世界标准时间，并且把这些数据传送回相机。根据这些Exif数据，随后就可以确定这张照片是在什么地方拍摄的。通过专门的程序，例如Geo Setter，便可以读出这些数据。

一些更为新型的尼康相机都支持这种GPS功能系统。

例如您可以通过一个接点连接一处设在Garmin的GPS接收器，该接收站在2.01或者3.01版本内与GPS标准NMEA0183完全吻合。

一些时候，尼康公司也生产GPS GP-1型接收器。这种接收器是安装在闪光灯热靴上，例如在D300s相机上就是通过10针x连接与相机接在一起。这种GP-1接收器价格大约为200欧元（约为1657元人民币）。

↑地理标志。GPS全球定位系统的数据，可以在特定的程序里进行读取，例如这里使用的就是Geo Setter程序。这幅画面上显示的是德国吕贝克市街头情况。

Solmeta DP-GPS N2 定位仪

　　我本人一直以来使用一款Solmeta
DP-GPS N2卫星定位仪, 价格在240欧
元(约为人民币1988元)左右, 比尼康的
同级产品略微贵一些。

　　这个定位仪与尼康GP-1型的不同之
处在于有一个指南罗盘, 这样就连拍摄时
的方向都一起被记录到了原数据中。这个
全球定位仪也是安装在闪光灯热靴处, 通
过10针接口与相机接在一起。

　　还有一点不能不说的是GPS接收器
也需要用电。因此, 相机上能提供关闭

状态选择就很重要了。D200相机当时
还不具备这个选项, 只有新型相机才有
这个功能。

↓德国不伦瑞克(Braun-
schweig)市城堡。GPS定位仪的
数据可以在拍摄完毕之后, 用
来确定这张照片是在什么地方
拍摄的(尼康D200, 18mm, ISO
100, 1/250秒, f/8)。

无线局域网

专业摄影会用到无线局域网，以便将照片从相机传输到计算机上。

尼康为专业相机（如D300(s)和半专业相机D700）提供相应配置。

利用无线局域网适配器WT-4（适用于D300(s)，D700和D3系列），一方

面您可以在一个无线网络里传输照片，另一方面您还可以对相机进行远程遥控。至于供电，可以使用尼康电池，也可以使用电源。此设备约670欧元（折合人民币约5355元）。

取景器附件

尼康不再生产可替换的取景器，不过，尼康提供用于拍摄特殊场景的取景器附件。比如，花180欧元（折合人民币约1440元）就可以买到一个DR-6转角取景器（见右图）。

在接近地面的地方进行拍摄，若想对照片的清晰度进行精确测量，便要用到这种取景器，摄影师可以从上方通过取景器察看拍摄对象。

取景器可将照片比例由1:1改为1:2，当然，1:2的比例，只能看见照片的中间部分。如果被测对象偏离中间区域，则无法对清晰度进行测量。

麦克风

此前，相机的录像功能大受欢迎。然而，相机的录音功能却不怎么受欢迎，因为该功能效果不佳。对焦声音也会因被录下来而影响拾音效果。

如果想实现更好的录音功能，就不得不使用外接麦克风。

2011年，尼康ME-1外接麦克风问世。这款麦克风可以接在所有具备摄像功能的尼康数码单反相机上，以及Cool-pix P7000和P7100上。

转角取景器
转角取景器DR-6可与D300(s)的目镜相连接。

↓猕猴桃。从下方向猕猴桃打光。拍摄桌面照片，必须精确测量清晰度，转角取景器能够派上用场（尼康D300，105mm微距，ISO200，1/20秒，f32）。

↑麦克风。安装在D7000上的麦克风ME-1（照片：德国尼康有限公司）。

立体声麦克风可推至闪光靴，并通过耳机接口与相机相连。通过相机进行供电。

夹式海绵挡风设备和可接入低阻滤波器能够减少噪音，包括风声和对焦产生的声音。

拾音效果虽然比不上专业麦克风（专业麦克风要贵得多），但也不错。

电源适配器

所有尼康的数码单反相机均可配备电源适配器。一些型号适用于多种相机，另外一些型号只适用于个别相机。

右图所示的EP-5A电源既可用于D3100，也可用于Coolpix P7100。

使用时，可将电源适配器推至电池格层，然后与电源相连。桌面摄影中可以利用电源持续供电。

桌 面

如果您经常拍摄桌面照片，那么，有些附件是必不可少的。各种规格和尺寸的拍摄桌和复制三脚架都能够买到。

价格因规格和尺寸而异，从几百欧元到几千欧元不等。德国摄影器材公司Kaiser Fototechnik（http://www.kaiser-fototechnik.de）生产各种型号的拍摄用桌。

桌 面
桌面在这里特指桌面摄影。桌
面摄影是产品摄影的重要组
成部分。

←翻拍架。相机安装在翻拍架上，日光灯灯管提供充分的照明。

您在左边这幅图中看到的就是我已经用了十几年的翻拍架。左右两侧是两个日光灯。底下是背光拍摄用的拷贝台。我就是使用观片灯箱来翻拍传统的幻灯片，以便能把这些幻灯片用到数码摄影上。另外为了进行录像拍摄，还又安装了一台监视器。

下面的照片中，您看到的是一个凯撒摄影技术公司制造的摄影工作台。这个型号为Table-Top-Studio digital的工作台上会形成一个内置的凹形槽，它的价格大约为830欧元（约为人民币6877元）。

工作室照明

对于产品拍摄来说，日光灯管极其重要，只有这样才能产生柔和的光线并让色彩重现。日光灯管工作色温大约为5000K，这个色温一般情况下与日光差不多。

如果您是为了制作效果更加明显的艺术照片而使用黄色光的话，您可以使用卤素灯照明。凯撒摄影技术公司制造的型号为Videolight150的卤素灯工作时的色温为3400K，这样就能形成黄色光。这种工作室照明灯价格大约为100欧元（约为人民币808元）。工作室的照明灯都可以固定在架子上，架子上面都有螺旋接口。

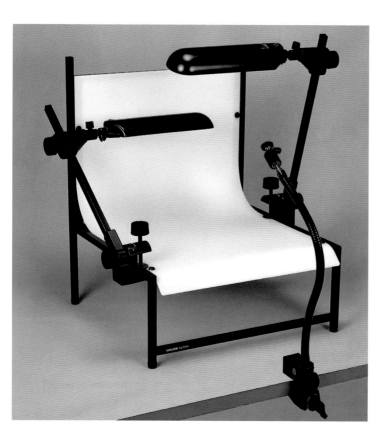

←摄影工作台。只有这样的工作台才能真正用于桌上静物拍摄，才能保障极佳的照明。

右图中您看到的就是几款较小型的尼康摄影包。

第三方产品

在摄影包产品方面，很值得登陆第三方产品网页去浏览一番。您在这里会发现很多种摄影包，背包、滚轮包和摄影箱产品。有一家名为乐摄宝（lowepro）的公司，也生产大量的摄影装备。每次我要长途旅游拍摄，需要携带大部分装备时，我都使用这家公司的Sling Shot300AW摄影背囊，大约为70欧元（约为人民币566元）。它有一个十字形肩带，背着很舒适。右图中间这款背包就是这个产品。

摄影包

您要是去摄影旅行时，针对不同的拍摄环境，您肯定还需要若干种镜头，另外还得有备用电池，以及其它的存储介质。因此您应该准备好一个摄影包。

摄影包也有很多不同的规格大小和价位。究竟哪款适合您，这还得看您的需要而定。随身携带的装备越多，摄影包当然就必须得更大。不过包的分量也会越重，最终酿成只能拖在地上走才行。因此，在这件事情上看来还得找出一种折衷的解决办法。

尼康公司也生产摄影包。有一种型号为CF-EUO2的摄影包，价格大约为30欧元（约为人民币243元）。如果您外出拍摄旅行时携带东西不多的话，这种摄影包就很实用。花费不足50欧元（约为人民币414元），还可以购得一款CF-EUO3型摄影用背囊，用它可以携带一些较大的设备。

这两种包的颜色都保持尼康公司的代表色黑与黄，尤其适合"尼康产品追星族"使用。

另外一家久负盛名的制造商是天域（Tamrac）公司，这家公司也提供许多特殊的摄影包专用产品。

还有一家Hama公司也是各式各样廉价型摄影包的生产厂家。

较为短途的摄影旅行中，我经常使用一个无商标的摄影包。这个包是我花20欧元（约为人民币162元）买到的。

尼康D200，180mm微距，ISO100，1/200秒，f/7.1

4 基本操作

　　尼康公司生产的各种型号和不同价位的相机在使用方法上面存在着一些小小的差别。在本章中，就着重来介绍一下这方面的情况。

　　本章中所有照片均由米夏埃尔·格拉迪亚斯提供。

操作方法

尼康公司做得很明智的一点是, 各种数码相机在操作方法上都能与过去的胶片相机相吻合。最初在研制新型数码相机时, 情况还不是这样。那时候, 大家都以为数码单反相机一定会与胶片相机看起来完全不一样。

幸运的是人们后来改变了自己的看法, 从而让那些从使用尼康胶片相机到使用数码相机的用户转变起来很容易。即便就是数码相机早已行销市场的时候, 也自然有一些影友仍然在

继续使用胶片相机拍摄, 他们一直对进入数码摄影行列持观望态度。

不过这两种相机就其本身来说, 还是有着本质的区别——以今天的观点来看, 数码单反相机简直就像是一部"会摄影的电脑"。您在这一章会了解到数码单反相机的基本结构。许多电脑中早已为人们所熟悉的模式如今都可以在一部DSLR里面发现。

基本操作

在制造各种不同价位的相机上, 尼康公司一直有这样一种理念: 相机的价格越贵, 机身上就要有越多的按钮。直接按下一个按钮, 就能启动一个功能。价格便宜的相机虽然也具备很多这样的功能, 但真的要去使用它们的时候, 还是先要从菜单里调出。

这种办法当然是要麻烦一些, 而且还要耗费时间。这常常会令那些不准备为相机花出大把大把钱的用户们更要具有宽容心。对那些业余摄影爱好者来说, 速度还算不上是什么大问题。与之相反的是那些专业摄影人士, 他们必须要做好时刻拍摄的准备, 因此他们非常看重那些额外的独立操作功能按钮。

另外, 在这一章里, 您还会了解到, 可以怎样利用从取景器或者液晶显示屏上发现的那些信息。在这方面上, 尼康各种型号相机中还是存在一些差别的。例如一些专业级相机上甚至会有两个液晶显示屏, 而初学者使用的相机上其中一个就被免掉了。

菜单描述

在尼康数码相机的发展过程中, 对相机在菜单上的描述已经发生了十分明显的变化。这主要是由于后来的数码相机与早期数码相机相比, 在清晰度方面有了更为明显的提高, 现在已经达到了VGA标准（最初的数码相机清晰度仅有640×480像素）。

通过清晰度的提高，不仅仅是菜单显示得更清楚，在入门级相机上，尼康公司还设计了图表式的说明，这样就使新入门的摄影爱好者很容易在使用菜单时知道应该如何操作。

这一章里，我要向您介绍一下，如何正确使用这些菜单，以便能够很快在菜单里找到自己想要的功能。与其它照相机生产厂商在相机菜单的设计上完全不同的是，尼康相机的菜单更注重的是层次清楚，一目了然，让用户使用起来也会感到得心应手。即便是初学摄影，也一样能够很快掌握菜单使用的要领。

一旦您弄懂了本书后面罗列的那些基本原理，那您将对所有尼康相机的使用规则做到融会贯通。

局限性

在这一章里，我想做到，而且也能够做到的，只是让这一章内容作为使用手册的代用品。因为，如果不这样做，这一章的内容就会远远超出这样一本书的范围。

您如果想要了解手中尼康相机的所有功能，我可以推荐您来看一看有关各种尼康相机的书籍。

摄影手册

一旦您的摄影手册不慎遗失，或者您是购买的二手尼康相机没有使用手册，您可以登录尼康网页hffp://www.nikon.com.cn进行下载。

↓极速赛车。专业摄影中，重要的是能够在关键时刻迅速抓拍到关键镜头（尼康D200，390mm，ISO 200，1/1250秒，f/6.3）。

相互比较

您从这一页左边的D3000数码单反，以及下一页D300s相机上可以看出，入门级尼康相机与半专业型尼康相机上操作按钮的数量上有着多么巨大的差异。另外，相机尺寸的比例也不完全吻合。由于D300s相机太大，不得不把照片缩小了。

尼康D3000相机部件名称

1. AF辅助照明灯/自拍指示灯
2. 红外线接收器
3. 反光镜
4. 卡口
5. 肩带环
6. 镜头解锁按钮
7. 连接孔
8. 电池盒
9. 三脚架螺纹口
10. 播放钮
11. 菜单按钮
12. 缩小播放按钮
13. 放大播放按钮
14. 闪光灯热靴
15. 屈光度调节钮
16. 曝光锁定/图像保护按钮
17. 指令拨盘
18. TFT显示屏
19. 多功能选择拨盘
20. 存储卡槽
21. 存储卡存取指示灯
22. 删除按钮
23. 功能按键
24. 内置闪光灯开盒闪光修正
25. 电源开关钮
26. 快门释放钮
27. 曝光补偿按钮
28. Info信息钮
29. 模式选择拨盘

尼康D300S相机部件名称

1. AF辅助照明灯／自拍指示灯
2. 前置调整拨盘
3. 景深预览按键
4. 反光镜
5. 卡口
6. 功能按钮
7. 麦克风收音孔
8. 闪光同步连接端口
9. 光圈啮合顶杆
10. 十针连接端口
11. 镜头解锁按钮
12. 对焦开关
13. 电池盒
14. 多功能手柄盖板
15. 三脚架螺旋孔
16. 其它器材接口
17. 删除钮
18. 播放钮
19. 菜单按钮
20. 保护按钮
21. 缩小播放按钮
22. 放大播放按钮
23. 确认钮
24. 拍摄信息显示按钮
25. 闪光灯热靴
26. 屈光度调节钮
27. 测量同步选择钮，测量值存储器
28. 后置调整拨盘
29. AF启动键
30. 存储卡槽
31. 多功能选择拨盘
32. 对焦选择锁定开关/测距区域选择
33. 实时显示按钮
34. 存储卡存取指示灯
35. AF测距区域控制钮
36. 扬声器
37. 内置闪光灯开盒
38. 闪光修正
39. 拍摄模式选择拨盘一解锁按钮
40. 影像质量调整按钮
41. 白平衡调整钮
42. ISO调整钮
43. 拍摄模式选择拨盘
44. 快门与电源开关钮
45. 曝光补偿按钮
46. 曝光测量方式按钮
47. LCD显示面板
48. 肩带环

↑大与小。您在这里看到的是中高端数码单反相机D300s和入门级相机D3000（右）在尺寸规格上的区别。

上图中，您看到的是前面已经详细介绍过的两款相机的实际比例大小。入门级相机D3000比起中高端数码单反相机D300s要略小一些。

专业型相机

↓专业级相机。尼康专业级相机在显示屏下方另外还有一个小的LCD显示屏。

尼康专业级相机在操作方面表现出了与非专业相机不同的品质。

除了固定为一体的马达以外，主要区别是专业型相机在显示屏下面，还另外有一个LCD控制面板显示屏。在这里，可以进行特别重要的调控，例如当时的ISO值，画面质量或者白平衡。

开关按钮

数码单反相机虽然都设置有开关钮，但是并不需要用完即关。在待机状态下，相机消耗电流很少，您尽管可以让它继续保持接通状态。这样您就可以随时使用了。

凡是有LCD控制面板的机型，您都可以利用这个开关的第三个挡位来让控制面板暂时亮起来，这个用法非常实用。下面照片中您看到的箭头所示就是这一个挡位。

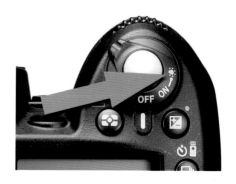

LCD控制面板

您所进行的调整都在LCD控制面板显示屏上来监测。所有重要的参数都在这里显示出来，其中有一些参数调整显示的时间会长一些，另外一些只有再次调整后才显示。

到底能显示出哪些参数，会由于相机的不同型号而略有不同。您在下页右上看到的就是D300s相机的LCD控制面板显示屏。

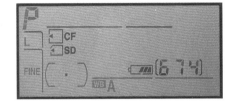

↓街头艺人。尽管入门级相机具备的操作按钮比较少，但这绝不表示您用它拍出的照片就一定比专业相机逊色（尼康D70s, 210mm, ISO200, 1/320秒f/5.6）。

模式选择拨盘

尼康入门级相机和中高端相机在曝光模式方面是有区别的。

由于入门级相机除了有程序、快门和光圈自动控制以及手动调整之外，还提供有各种不同自主题材的程序。因此这种相机还具备有一个模式选择拨盘。您可以利用这个拨盘来选择您喜欢的曝光模式。

模式选择拨盘的位置因尼康相机型号的不同而有所不同。带LCD控制面板的相机，拨盘在取景器旁边左侧处；不带LCD控制面板的相机，例如下面照片中展示的D3000相机，模式选择拨盘在右方。

不具备自主题材程序的相机，例如右上图中的D300s相机操作按键，这项选择可以通过MODE按键来操作，紧跟着您就可以在LCD控制面板上检查您所做出的调整。

电子助手

在胶片相机时代,快门释放完毕之后,所有事情基本上都完成了,所差的仅仅是把胶卷过到下一张上,为下次拍摄做好准备。但是在数码时代,这项工作这时候才仅仅是开始。数码相机在没有使用者施加影响的情况下,需要自己来完成许多任务——这样做或许会给一些人带来许多缺憾。从打开相机的电源开关,到最后取出储存着曝光完毕的照片的存储卡,这其中的很多工作都是"电子助手们"为了拍出一张尽善尽美的照片而完成的。现代化相机的电子设备实际上替您完成了前期准备工作。有些工作是显而易见的,而有些工作您根本就没有注意过。

DSLR的结构

自从单反相机不用再装胶卷,用数字式影像传感器取而代之,一些情况发生了巨大的改变。此间,由数码单反相机逐渐演变成了小型电子计算机,这种小型电脑也可以承担处理图片的任务,并且还能录像。

自动化功能

除了常见的自动曝光功能(程序、快门和光圈优先功能)之外,所有的尼康相机都能提供各式各样的测光方法,从而拍摄出完美的画面。绝大多数情况下使用的3D矩阵测光能保障特别均衡的曝光。完美的曝光是通过420段RGB红绿蓝三色传感器计算出来的。在这当中,来自所有图片范围的信息从各自不同的意义上接受分析。图片被分为若

↑RGB红绿蓝三色传感器。

干个区域。在计算适当的曝光时,除了亮度以及色彩信息以外,也应该把拍摄距离一并考虑进去。分析数据时,还要追溯到集成的图片数据库。数据库里面包括着日常生活中拍摄场合的大量的题材。

在特殊的光线环境中,您可以考虑使用中央重点测光,或者点测光。这时候测光的重点都是被放在图片的中央区域上。

另外,在对焦时,还有一个安装在相身内部的附加传感器可以提供帮助。根据相机型号的不同,会有很多自动对焦方式,测距区域各自不同地为对焦做好准备。入门型相机上通常只有少量的,一般也就3个或者5个测距区域用来测距对焦。中等价位的相机常常就会有9个至11个测距区了。准专业型相机,例如尼康D300s相机,测距区域甚至多达到51个,覆盖了图片的很大区域。

有个别的自动对焦传感器是与相机成为一个整体的,这也会成为一个问题,很多使用者都喜欢用的Live-View实时显示拍摄模式的单反相机,在对焦时会发生困难。因为这时候射入的光线被反光镜折射到了自动对焦传感器上。由于反光镜在实时显示拍摄模式下是朝上翻起的,对焦速度很快的自动对焦传感器便无法得到使用,这样就只好利用画面中图像的反差进行对焦。自然,这样做的结果会是对焦进展非常缓慢。

清洁传感器

数码单反相机带来的不仅仅全是优点,在更换镜头时,灰尘和污物还常常会落

↑您在上图中看到的是安装在D3x相机上的Multi-Cam3500传感器。

到灵敏度极高的传感器上。这种情况对胶片相机不会造成任何影响，因为未料及的脏东西会随着换胶卷被弄掉。近几年来陆续有效果各异的传感器清洁系统装进了相机内。人们试图用这种办法把灰尘从传感器上"抖掉"。对此，人们采用的办法是让安装在传感器前面的低通滤波器振荡起来。

照片拍完不等于大功告成

与传统摄影最重要的区别还在于按下快门之后要做的事情。那些您在稍晚时候在显示屏上看到的画面，已经远不是您拍摄的照片。当然有一个例外：如果您是使用原始数据规格RAW的话，这时候您看到的还是未经自动优化的照片。可是，一旦您使用了按标准格式预先设置的模式，并且把结果作为JPEG文件存储到存储卡上，这当中会发生很多您完全察觉不到的事情。

内置图像处理器的电子元件板看起来就像是一个小型电子计算机，而且它实际上就是具备这种功能。照片拍摄完毕之后，就在图片最后被优化处理，并且以JPEG格式存入到存储卡之前，在这里仍然有各种不同的任务被闪电般地迅速处理完毕。使亮

度、对比度、色彩饱合度、色调，另外还有图像的清晰度之间相互协调。在这些步骤上所采用的方式类似于自动的图片修正，与图片处理程序Photoshop中的那些自动处理程序一样。这样，相机的薄弱之处就得到了平衡。一旦照片的噪点太多，可以使用内部优化系统，通过减少噪点的方法来克服这种不良现象，甚至镜头的光学缺陷也可以这样来进行弥补。不过需要注意的是，如果连拍速度要达到每秒钟5至7张或者更高时，图像处理器必须很快地工作，当然它也会这样的。数码相机内具备的内置缓冲器存储会提供帮助。拍出的图片首先被存放在相机内置的存储器里面进行优化（这段时间内还能继续拍摄照片）。在这之后，画面才会被转移到存储卡上去。

尼康的图像处理器名为EXPEED。您在下页上图看到的就是安装在D90相机电子元件板上的图像处理器。

内置的图像处理器还能提供另外一种工作方法，不过这种方式只能在一定条件下才能介绍给大家使用。

一般来说，每一台数码相机持有者都有一部电脑，也都有一套图片处理程序，因此，最好在图片存到电脑上之后再对它们进行处理，不一定非要在相机中对图片进行处理。

使用电脑上的图像处理程序，完成这样的任务会更加简单、便捷，而且处理得更为细腻。

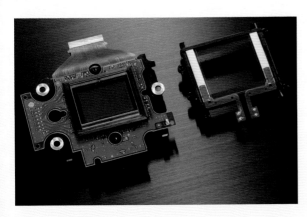

←D300s相机使用的清洁传感器设备。

↓D90相机电子元件板。这块
主板安装在D90相机内。主板
上还设置了EXPEED图像处
理器。

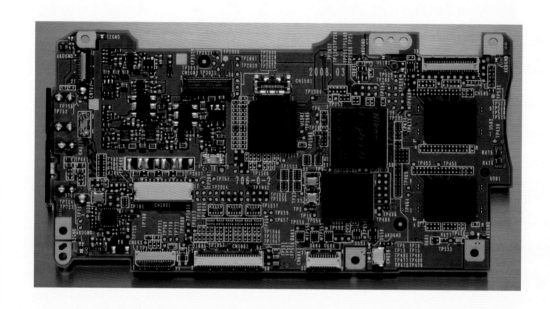

测 光

中高端尼康相机上有一个测光系统选择钮，使用这个选择钮，可以将相机调整到3D矩阵测光、点测光或者中央重点测光模式。

在D3相机上（左图），这个选择钮被设置在取景器的右侧，D300s相机（右图）在取景器旁边。小型的尼康相机上，这个选项是设置在菜单里。D200、D300s、D700相机上的这个选择钮还有另外一项功能：可以使用AE-L/AF-L按键储存已经测定的曝光值。所有其它的尼康相机都能提供这项很实用的选项。

当您要拍摄的题材不是位于画面中心时，就有必要将曝光参数存储下来。

自动对焦启动

大型尼康相机都提供有一个AF-ON按键。一般情况下，当按下快门按键第一级时，自动对焦系统便启动了。

AF-ON按键可以作为启动对焦的选择键，这一点在实时显示拍摄模式(即Live-View选项)下很重要，因为在这个模式下，快门不能用来启动自动对焦系统。

←乡间小路。使用3D彩色矩阵测光，在大多数情况下您都会取得准确的曝光效果，只有在少数特殊情况下，使用另外两种测光方式时，才能具有优势（尼康D200，10mm，ISO100，1/250秒，f/8）。

调整拨轮

　　尼康相机使用调整拨轮来调节各种选项。压下一个按键之后，通过拨动这个调整轮，来挑选所需要的选项。这个方式非常实用，因为我们可以迅速拨动调整拨轮做出改变。

　　从中等价位以上的相机开始，尼康设置了两个调整拨轮，相机的正面和背面各有一个。入门级相机上，正面没有这个调节拨轮。

　　这样，因为理想中的曝光组合，必须和使用曝光补偿按键结合起来选择才行，而如果在手动曝光模式下工作的时候，不使用调整拨轮就会给您增加很多麻烦。

　　其它类型的尼康相机上，曝光时间的调整是使用正面的调整拨轮来完成的。右边照片中，箭头处展示的是D300s相机的调整拨轮。

调整拨轮

　　小型尼康相机的正面没有设置调整拨轮，这并不是什么重大缺陷。因为大家并不经常使用手动模式拍摄照片。正面设置了调整拨轮称得上是"锦上添花"，而并非"雪中送炭"。

取景器

所有尼康相机都"喜爱戴眼镜的人"。如果您不愿意戴眼镜拍摄的话，也可以通过使用屈光度平衡来弥补您视力的不足。究竟能够平衡到什么程度，会由于相机的不同而有所不同。视力不足的程度较为严重时，这能使用特殊的矫正镜片，可以弥补屈光度为-5至+3的矫正值。根据相机型号的不同，您可以把这种型号的目镜遮光罩，换成专门为戴眼镜的人准备的目镜遮光罩。

如果您在夜晚拍摄，也可以不用目镜遮光罩，而是使用目镜挡板来代替它。这种目镜挡板能够防止散射光侵入。散射光能够对测光产生负面影响。专业级相机在这里表现得有所不同，因为目镜挡板是固定在取景器里面的。这个方法比起把单独的目镜挡板插在上面要简单得多，而且目镜挡板也不至于丢失。

左边的图中，您从左面箭头处看到是D3s相机集成的目镜挡板，右面箭头处是平衡屈光度的调整拨轮。在这种型号上是设置在取景器的右侧。

↓柏林西方大剧院。夜晚使用三脚架拍摄时，为了避免散射光的侵入，应该使用目镜罩（尼康D200，18mm，ISO 100，9秒，f/20）。

操作方式选择拨盘

那些不具备主题程序, 当然也没有模式选择调整拨轮的相机, 在取景器的左侧就设置有拍摄用操作方式选择拨盘, 以及一些用于其它模式的单独按键。

使用操作方式选择拨盘, 您可以将相机调整到是拍摄单张照片, 还是连续拍摄。自拍的功能也是在这里调整。在D300和D700相机上, 还可以从这里启动实时显示拍摄显示拍摄模式。更为新型的相机, 对于这些功能有一个特定的按键。

在较大型的相机上, 尼康公司始终坚持的做法是, 防止绝大多数操作由于不经意发生误操作。因此, 操作方式选择拨盘也有一个锁定装置。您在下面照片的箭头处看到的就是这个锁定装置。

根据相机型号的不同, 在这个操作元件上附加的按键提供着各不相同的选项。中高端相机在这个位置上, 可以对ISO数值、图像质量和白平衡进行调整。专业型相机上, 您在这个位置上看到的是连拍和闪光调整。

闪光灯

在取景器的左方, 同样也设置了一些操作按键, 不过这些操作按键由于相机型号的不同而在功能上有所区别。有一个按键负责打开内置的闪光灯, 闪光灯打开之后, 还可以从这个按键上去调整闪光灯补偿值。

另外的按键根据不同的相机型号提供完全不同的选择。例如在D300s(见上图)相机上, 您会在那个地方看到一个功能键, 在D90相机上, 在这个位置上设置的是闪光曝光补偿按键。

由于专业级相机不具备内置闪光灯, 取景器的旁边也没有这些开关。

箭头标志

为了使人看清楚镜头应该如何安装到卡口处, 在镜头和卡口处都设置有标志。

镜头解锁装置

所有尼康相机在卡口的左侧都有镜头解锁装置。按下按钮以后, 将镜头朝左方向旋转, 镜头就会从卡口处脱开。在这个环节上, 尼康公司选择了有别于其他相机制造商的另外一种方式。其他公司制造的镜头在安装时与尼康镜头的方向恰恰相反。

基本操作

焦点开关

从尼康D90(见下图)相机开始,较大型的数码单反相机,自动对焦就是通过相机左下方的一个选择钮来激活的。小型相机则须在菜单里去调整。

中高端尼康相机,通过这个自动对焦选择钮不仅可以接通或者断开,而且还可以在几种不同的对焦模式中进行选择。

S模式下适用于拍摄静物,主体处于运动状态需要连续不断地调整时,可以使用C模式,M选项下可以实施手动对焦。下图箭头处您看到的是D700相机的对焦开关。

焦点测定方式

小型尼康数码单反相机上,几乎所有自动对焦模式都是在菜单内进行,而大型的尼康数码单反相机对焦模式都是通过开关来完成。下面照片中的这个开关(D300s相机)就是用于AF对焦点选择控制。

您在这里可以选择三种对焦点控制方式,常规情况下可以启用最下边的模式,即中央单点自动对焦控制,这时候您可以自主

选择应该使用哪个自动对焦区域来对焦。自动对焦区域的选择是通过多功能选择按钮来完成的(这种情况也适用于小型尼康相机)。为了防止误调,在这里设置有一个对焦选择器锁定开关,如同下面图片箭头处显示的D300s相机上这样。

只有中等价位以上的尼康相机,例如D90相机,才具备用于自动对焦区域选择的锁定开关。如果您使用的是入门级相机,则必须注意避免不经意间选错了自动对焦区域。

使用自动对焦种类开关的中央选项按钮,可以激活动态自动对焦区域控制。在这种情况下,虽然预先确定的只是一个测定区,但是当被摄主体移动时,环绕其周围的自动对焦区域也会被顾及到,清晰度同时再次被相应地调准。最上面的选项被称之为自动对焦区域自动控制,通过它可以激活所有自动对焦测定区域。相机自动选择对于清晰度调整所必须的对焦区域。这时

候始终是朝着距离相机最近的那个物体调整清晰度。

功能按键

现在流行的尼康相机上都有一个功能按键,它的位置由于相机型号的不同而有所差别。在D3000和D5000相机上,这个功能按键设置在取景器左边,而在D90相机上,是在镜头卡口旁边的左上方。较大型的尼康相机在卡口旁边左下方可以找到它。下页照片中箭头所示就是D300s相机这个功能按键的位置所在。这个功能按键很有用处,因为您只需按动一下功能键,便能快

自动对焦点的选择
对焦点的自动选择在拍摄快速运动的物体,例如鸟类时,很有帮助。

↓冬日风景。拍摄静物时可以使用S模式(Single Shot)。在这一模式下,只有当拍摄主体的清晰度调好之后,快门才能释放(尼康D300, 55mm, ISO 200, 1/320秒, f/10)。

→饕餮。如果是调整较大的光圈值，只有按下缩小光圈按钮，景深才能在取景器里得到评估（尼康D200，105mm微距，ISO100，1/250秒，f/9，内置闪光灯）。

速使用之前设定好的功能项。相机越大，您能够选择的功能也越多。有的相机上没有测光选择按键，这时候您利用这个功能按键，就可以迅速地在3D矩阵测光和点测光之间实现转换。

景深预览按键

同样是在相机的正面，还设置有一个景深预览的按键。所有中等价位以上的尼康相机都有这个按键，但是入门级相机上没有。景深预览按键的位置在所有型号相机上的位置并不相同。

由于光学取景器中显示的是最大光圈下的影像效果，这时从取景器里看上去明亮又舒适。只有当按下了景深预览按键时，才能在刚刚被调整过的光圈上来判定景深。下面照片上您看到的就是D90相机的景深预览按键，它被设置在卡口左下方处。

AF辅助照明灯

所有带有内置式闪光灯的尼康相机，在相机正面的左侧都设置有一个自动对焦的辅助照明灯。使用这个辅助灯光，即使光

线很弱情况下，也能实现自动对焦。辅助灯射出来的是一束光线，它可以保障在自动对焦模式上调得更为清晰。除此之外，这种自动对焦辅助光还可以起到自拍器指示灯的作用。越是临近自拍快门释放的时刻，这个灯光闪烁得越快。

红外线接收器

入门级相机有一个集成的红外线接收器，它被设置在手柄处正前方。如果您不想使用电子快门线遥控，而更喜欢使用无线式红外线遥控器工作的话，这种红外线接收器就是非常重要的了。下图中，您看到的就是D3000相机上的红外线接收器。

较大型的尼康相机上都没有集成式的红外线接收器。因此，您在这种情况下，还需要另外一种的无线式快门遥控器。有一款型号为ML-3的快门遥控器，价格在200欧元以上，可以使用10针连线连接在所有型号的相机，例如D300上使用。这个系列产品中，除了红外线快门以外，还有一个单独的红外线接收器，它与10针连线相连，然后插接在闪光灯热靴上。快门释放的距离可以达到8米。此外，这个型号的快门遥控器还提供一种光控功能。

小麦克风

新型带有录相模式的相机上，在相机正面上还设置了一个小麦克风，如同下图的D300s相机。

↑快门遥控器。这是尼康ML-3型快门遥控器。

传感器平面

此外，所有尼康相机在它们的顶部还标有一个符号，这个符号代表传感器平面。

精准测量
如果您要计算出到被摄主体之间的精确距离的话，必须测出直到传感器平面的距离。

↑存储卡。存储卡有各种不同的存储速度。读卡速度越快，价钱越贵。

存储卡插槽

存储卡插槽设置在相机的右侧。CF或SD/SDHC卡就是插在存储卡插槽内使用。

一些相机型号，例如D200和D300，还有一个存储卡插槽的锁定装置将它锁住。新型号相机取消了这个锁定装置。D3和D300s相机首次使用了两个存储卡插槽，D300s甚至可以选择使用一张CF卡或者一张SD/SDHC卡。

如果要将存储卡取出相机的时候，会有一个指示灯亮起来。这个灯设置在相机的背面。

扬声器

带有录相模式的相机，在底部有一个小扬声器。在上面这张D300s相机图片上，右侧取卡指示灯下面就是这个扬声器。

连接其它电器设备的端口

相机左侧，在一块小盖板后面，设置有连接其它设备的端口。端口因相机型号不同而有所差别。下图中是D300s接线端口。

D300s相机上有一个A/V端口，是用来连接电视机的。另外还有一个HDMI（HDMI表示High-Definition-Multimedia Interface）端口，专门用来连接高清晰度电视。

不过您还需要一个C型的插头，这个插头必须在专业商店自行购买。

另外，您还会在这个地方发现一个用于外接麦克风的端口，在带有录像模式的小型尼康相机上是没有这个端口的。这一点之所以重要，是因为内置的麦克风品质并不都是很优秀的。

对于执行某些任务来说，给相机通过一个转换器来供电也是非常有意义的，这样相机可以在较长时间内得到电流的支持。这个情况例如在静态拍摄，比如桌上静物摄影，或者类似情况下就非常有实用价值。但是相机适用什么样的适配器，这个您还得另行选购。

D300s相机上的小盖板后面，最后一个端口USB插口是用来连接打印机或者个

人电脑的。如果相机已经连接到了电脑上，您就可以使用随机提供的软件将照片发送到计算机上。如果您没有读卡器的话，这个情况就变得很实用了。

三脚架接孔

您在相机底部会看到三脚架的接孔和电池盒。三脚架接孔并不是仅仅用于连接三脚架进行拍摄的。尼康所有能够安置多功能竖拍手柄的相机，都可以在三脚架接孔处连接多功能竖拍手柄。为了能够在D300s相机上建立起接点，必须将设置在电池盒旁边的橡胶盖板取掉才能看到隐藏在盖板后面的这些接点。

目镜传感器

D60相机在取景框下面设置有一个目镜传感器。当您将相机举到眼前时，相机察觉到这个情况，会自动关闭显示屏的显示。如果您这时候透过取景器观察被摄主体时，显示屏的画面不会对您构成干扰。

多功能竖拍手柄

中等价位以上的尼康相机都设置有这种很有实用价值的多功能竖拍手柄。

↓小憩。这个场面折射出了许多的恬静（尼康D70s，38mm，ISO200，1/320秒，f/9）。

但是如果您轻轻按快门按钮，显示屏
也会被断开。后来的尼康相机就没有再设
置这个目镜传感器。不过，取消它也并没有
造成什么影响。

Live-View
实时显示拍摄模式

Live-View实时显示拍摄功能在较为
新型的尼康相机上，是通过一个新增加的
按键来实现的。D300相机的这个模式采
用的是在操作方式选择拨盘上来完成的。
对于一些经常喜欢使用Live-View功能摄
影的用户来说，单独设立一个按键当然会
更加实用。这个按键因相机型号不同设置
的位置也不尽相同。下图箭头处是D5000
相机的实时显示拍摄显示拍摄按键。

菜单的操作

您在相机背面看到的那些其它按键，
都是用于菜单操作的，由于相机型号不
同，这些按键也有所不同，而且它们的位
置也不一样（上图显示的是D700相机）。
不过所有尼康相机菜单的操作原理是统
一的。

多款尼康相机在显示屏左上方处设置
有两个功能按键，上图箭头处显示的就是
这两个按键。通过播放按钮可以启动照片
回放，而带垃圾桶符号的按钮则表示删除
照片。

使用MENU键可以启动菜单功能。多
功能选择拨盘上的箭头按键可以选择各种
功能。一旦选定了您所希望的选项，就可以
通过OK键来启动它。

带有放大镜的按钮可以用来放大或缩
小视图。新型的尼康相机上，视图可以放大
到让人们识别出每一个像素点的程度。与
早期尼康数码单反相机不同的是，现在的
液晶显示屏对照片清晰度的显示可以达到
优秀的水平。

使用缩小键可以用来展示照片全貌，这一点因为在图片数量很大时，能够迅速确定目标，这就显得很实用。老型号的相机一次最多只能展现9张图片，而现在的新型相机已经能够同时展示出72张图片以及一张日历卡。

有钥匙图标的按键您可以用来保护照片，防止不注意时将照片删除掉。

现在有一些流行的机型，针对各种功能还提供非常翔实的辅助文本。通过使用带有问号图标的按键，可以调出各种功能。新型号相机也有一个标有"i"字母或者"info"的按键，这个按键很实用。启动这个键之后，会调出一个有关重要菜单一览表其中很多参数都可以进行便捷的调整。

可变式按键

有些相机，本身按键并不多，例如D90相机，显示屏左侧按钮大多具备双重功能，如果您不是在照片回放模式或者菜单模式下，就可以使用这些按钮将相机调

整到适当功能上。还是以D90相机为例，可以使用放大播放按钮来调整您所希望得到的图片品质。

如何使用菜单

最近这些年以来，对显示屏进行的改进可以说最多。最初几款尼康数码相机显示屏只有小小的2英寸，而今天显示屏已经扩大到3英寸，清晰度提高到92万像素，这已经是达到了VGA标准。

由于新型显示屏尺寸扩大，菜单的描述也做了很大的改善，因此随着时间的推移，对菜单的使用也就日臻完善。随着清晰度的改善，现在已经可以做到把菜单的结构由图解式发展为程序化，这项改进使尼康公司尤其在中低档相机上有了极好的收益。

逐步习惯

如果数码摄影对您来说是全新概念的话，那么在您熟练使用菜单之前，您还得需要花费一些时间。不过由于尼康相机的菜单结构合理，设置又极符合逻辑思维，因此，您的熟悉过程不会太久。

基本操作

本页的两张图片令人印象深刻，它们证明了菜单的发展状况。您在左图中，看到的是D70s相机原版规格大小的菜单界面图。当时，做出这样一个显示效果，清晰度要达到13万像素。D300s相机的菜单(右边)在这里也是原版规格尺寸。清晰度要达到92万像素时，才能做出这样精细的显示。

索 引

为了做到把菜单上全部功能一目了然地介绍出来，尼康公司设置了一个目录册。在这里，按照标题把所有功能归纳到了很多的索引上。随着时间的发展，又补充进去了其它一些索引。

在"回放"菜单里，您会找到用显示屏进行重放的所有选项模式，例如您可以播放幻灯片。

使用"拍摄"目录的功能，您可以改变拍摄的参数。这样，就可以规定影像尺寸或者影像质量了。

自定义功能指的是用于自动对焦、曝光和操作等方面的特殊设置。您可以选择是否应该把光圈调整、时间调整或者曝光调整的幅度改变到1/3级或者1/2级，操作步骤应该注意彼此相互协调。尼康生产的相机档次越高，在这个目录册里您能发现的功能也越多。

在"系统"菜单内，您可以找到用于编置整理相机或存储卡的功能，还有清洁模式选项，通过这个模式可以清洁影像传感器。

新型号的尼康相机还有一个"图像处理"菜单，随着时间的发展，这个菜单后来又得到了不断的补充。于是您在现今流行的相机上，在目录册里会发现许多对图像进行后续处理的功能，近年来，尼康公司又推出了许多从前必须在个人电脑上完成的数字式后期处理的功能，这样您就可以很快把一张彩色照片制作成黑白照片或者棕色照片。

最后的目录上，您会发现很多选项。利用这些选项，您可以更迅速地进入其它菜单的各种功能设置。

取景器显示

尼康相机各种型号之间在取景器显示上也表现出了一些差别,下图中是D3000相机的取景器显示。尤为引人注意的是,这里自动对焦点的数目非常少。

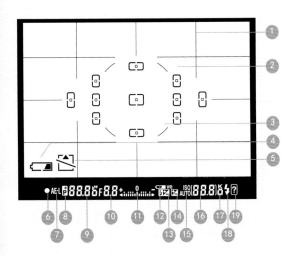

在D300s相机上您看到的又是如下的情况,特别实用的是这两种型号取景器里显示的光栅。当光线暗下来的时候,如果轻压快门释放按钮,这些光栅会亮起红光。

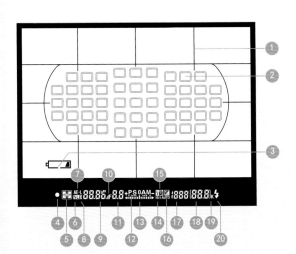

尼康D3000取景器显示屏

1. 光栅
2. 自动对焦点
3. 中央重点测光用标志
4. 蓄电池状态显示
5. 存储卡警示灯
6. 清晰度指示器
7. 曝光测量法存储器
8. 程序延迟
9. 曝光时间
10. 光圈数值
11. 曝光刻度盘,曝光补偿,焦点刻度盘
12. 电池状态显示
13. 闪光灯曝光补偿
14. 曝光补偿
16. 待拍照片,缓冲存储器剩余
17. "K"在多于1000时待拍照片
18. 闪光灯已备好显示
19. 报警装置

尼康D300s取景器显示屏

1. 光栅
2. 自动对焦点
3. 电池状态显示
4. 清晰度指示器
5. 曝光测定
6. 曝光测量值存储器
7. 闪光灯曝光测量值存储器
8. 闪光同步
9. 曝光时间
10. 光圈等级
11. 光圈数值
12. 曝光控制
13. 曝光刻度盘,曝光补偿
14. ISO自动
15. 闪光灯曝光补偿
16. 曝光补偿
17. ISO灵敏度
18. 待拍照片,缓冲存储器剩余
19. "K"在多于1000时待拍照片
20. 闪光灯已备好显示

题外话

取景器再大一些

由于传感器增大,全画幅相机也当然会有更大的取景器,这一点也得到了很多使用者的钟爱。取景器变得越大,越能更好地观察拍摄的场景。

基本操作

处理方式

为了在目录之间进行更换，您首先得按下多功能选择左侧的箭头按键，接下来就可以使用上面或下面的箭头按键在目录之间进行选择。

点击了您希望的目录之后，就可以或者使用右侧的箭头按键，或者使用OK确认键，变更到可以使用的功能上。每一个被选中的功能都会用颜色来明确地表示出来。

→菜单的画面。这里的前三幅菜单界面是D300s相机上提供的。其它型号的相机菜单描述形式会有一些微小区别，不过操作方式是一致的。

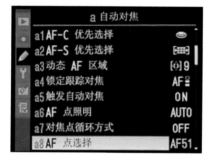

使用OK确认键，或者多功能选择右侧的箭头按键，会调出功能选项。如果需要继续选择的话，在这一行上的末尾会出现一个朝右指向的箭头。在一些功能上，您更是必须对一个"平台"多次继续深入地点出来更换。

在最下面一行里，为了提供帮助，显示的是为了实施所要采用的步骤，您应该按下哪些键。

调整拍摄

在尼康的中低档价位相机中，拍摄调整也是通过菜单实施的。这是因为这些相机的机顶上没有LCD显示面板，或者其它附加的按键。调整拍摄的显示，在这些相机上是通过图标来表示的，这样更使人们一目了然。

下面这张菜单的图片出自于D5000相机。菜单右侧罗列着所有重要的照片参数，实际的曝光调整都在中间区域显示，右下角您看到的是待拍照片的张数。

一旦需要调整时，您必须按下"i"或者"info"键，然后就可以使用多功能选择的箭头按键可以在各个选项之间进行转换。

撤消全部选择（Set）/调整 （Zoom）/变焦 （OK）/确定

当一个选项被切换时，会有缩略图显示出来，以便能够对相关选项的作用效果进行评估。这种辅助的调整方式对于入门级摄影爱好者特别实用，因此，在半专业级相机上就没有再设置它。

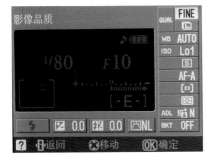

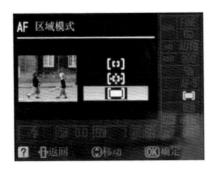

↓斑马纹母蜘蛛。如果您已经越过了入门级摄影阶段的话，那就可以投身于紧张的专业摄影阶段，例如微距拍摄了（尼康D300，180mm微距，ISO200，1/400秒，f/10）。

本书第二部分中，将向您介绍有关摄影的基础知识。您会了解到，哪些因素对曝光完美的照片起着重要作用，怎样清晰地为画面对焦和制作照片，胶片摄影和数码摄影究竟存在哪些关键性差别。此外，本部分内容中，还会向您介绍关于色彩和构图的重要作用。

第二部分
如何拍好照片

尼康D70s, 56mm, ISO320, 1/200秒, f/7.1

5 曝光

一张照片的完美曝光是摄影的关键所在。越是关注曝光的完美，才能越是节省数码摄影图片后期制作的时间。在这一章里，您会了解到有关这个问题必须注意的几个方面。

本章内所有照片及图表均由米夏埃尔·格拉迪亚斯提供。

曝 光

影响图片曝光的有三个因素：光圈，曝光时间和感光度。通过改变这三种因素，您可以决定让多少光投射到传感器上。

一般新型的照相机为了拍出曝光准确的照片，都具备功能强大的自动程序。尼康相机恰恰就是具有这样一种优秀的测光体系。

有一位专家曾经说过，只有在阴影部分（照片上暗的部分），和明亮部分（照片上明亮区域）中，能够区分出细微差别的照片，才能称得上正确曝光的照片。这样的照片能表现出对现实的"真实刻画"。

可能性

尼康相机表现出了各种不同的测光方法，以便得出正确的曝光。此外，您可以随时介入到这些测光方法中。下面我就来讲一讲您会有哪些介入的可能，以及应该注意的地方。

基本原理

如果您在观察照片时觉得某张照片太亮或者太暗，或许会认为，是相机测出来的快门速度与光圈的组合不正确。但是造成照片太亮或者太暗，常常还会有另外的一些原因。

测光中并没有什么奥秘可言。尼康相机要检测的，就是被拍摄物体和周围环境反射出来的光的强度，接下来要计算合理曝光所必需的光量。然后，在考虑到被调整过的感光度情况下，来选择快门时间及光圈的组合。这样，通过计算所得出的光量就能够在这样的组合情况下投射到传感器上面。

如果落到传感器上的光太少，这样在照片的阴影部分就无法再分辨出细节。而反过来，如果到达传感器上的光量太多，在照片的明亮部分就看不出任何微小的差别。对前一种情况，我们会认为"照片太暗"，后一种情况下则是"照片太亮"。

对一些没有表现出大面积的黑暗，或者更大明亮部分的题材，您在测光时总会得到极佳的结果。

与之相反，如果一个非常明亮，或者非

常昏暗的主体占据了画面的主导地位时,这种情况下在测光时会发生困难,因为这时候测光就集中到在画面上起主导作用的这个主体。这样,自然而然的结果就是,照片的剩余部分曝光错误。

折衷解决

这种"自然法则"是改变不了的。因此,适当的曝光从根本上说,就是一种折衷的选择。

无论哪种测光体系,都是要尝试着去得到一种在一定程度上的折衷曝光。亮部和阴影这两种画面成分即便不能十全十美,起码也要得到尽量正确的曝光。

为了实现上述这个情况,就要求助于一种题材数据库,所有常见的情况都要包含在这个数据库里面。这样就保证了您可以在绝大多数正常情况下不会出现任何问题。

所有尼康相机的自动曝光功能都是十分优秀的,这足以能够保证您即使在复杂的曝光环境下,例如逆光拍摄,或者雪天拍摄时,也能得到曝光完美的图像结果。只有极少数情况下,拍摄中还需要进行曝光调整。

↓德国沃尔芬比特尔市街景。在这样"常见的"环境下,您用自动曝光绝对不会出现任何问题(尼康D200, 17mm, ISO 100, 1/200秒, f/7.1)。

曝 光

光是什么

光不等于光线。一天之中，光在不断地改变着色温，而反过来，色温又改变着图片的色彩特征。日出和日落时的光呈红色，而午间呈蓝色。另外，天然的太阳光与人为制造的光在色彩效果方面，彼此也有不同。

我们通常把光看作为是人眼可以看得到的电磁射线，不过，这种说法只涉及到了全部射线范围内的一部分。

人们凭肉眼看得见的光，是以波长380（紫色）至750nm（红色）的范围之内的光。超出这个范围的是在短波范围内的紫外光，和更长波长的远红外线光，伦琴射线（X光）也是在人眼可以看到的光谱之外。

我们可以看到的这种光，是一种不同波长的混合物。使用一个棱镜可以把光分解为光谱色。"彩虹颜色"就可以替代这种光谱色，因为雨滴在大气层中的作用就相当于棱镜，把白色光分成了我们可以看得见的颜色，所以就出现了彩虹的效果。

什么叫颜色

"颜色"到底是什么东西？有人可能会以为，这是一个非常简单的问题。如果观察一朵红颜色的鲜花时，您会认为，这朵花是"红色"的。但是到了夜间再去看这朵花时，您又会觉得问题变得有些复杂化了，红色到了夜间不再是"红色"。1666年，依萨克·牛顿发现，可以把"白色"光分解成光谱色。他揭示了光与物质之间的关系，如果把分散开的颜色重新聚拢成一束，就会又形成白色光。另外，牛顿还发现，如果在聚光镜之前切断某一种颜色的话，就不会再形成白色光，而是另一种颜色。例如在聚光镜前面切断绿色（绿色在彩色光谱的中央），在聚光镜后面就形成了洋红色，它是绿色互补色。

这样，牛顿从中得出结论说，颜色是由于某一物体阻止了某些颜色而产生的，是这个物体吸收了这个颜色的结果，其它颜色相反地都被反射了。这些被反射的颜色，对

于我们的眼睛来说，产生了色调。我们可以再一次拿花朵这个例子来说明这个情况。白天，白色光照射到红花上，花朵吸收了所有的颜色，一直吸收到色彩光谱的红色区域。这个区域被反射，所以我们把这朵花视为红色，被吸收的光并没有丢掉，而是转化成了热。而到了夜间，任何光都没有了，花朵再也反射不了任何光，这时候她就是黑色的。

颜色之所以能够形成，是由于光和一个表面状态的配合而发生的。

整理色彩之间的细微差别

色谱里面，颜色之间的细微变化是无穷无尽的。为了摸清这些颜色，并且为它们命名，人们不得不制定了标准，以便能够将

这些颜色区别开，并且按照不同的因素对它们进行定义。于是人们提出了色彩模式，并且使用色彩模式，尝试过对那些凭肉眼可以感觉到，以及使用不同的设备可以重新复制的颜色进行确定。摄影工作者和画家们积极参与，一起来制定色彩模式。这样，就产生了诸如RGB，CMYK或者Lab这样的色彩模式。

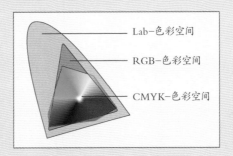

Lab—色彩空间
RGB—色彩空间
CMYK—色彩空间

感光度

作为第一项标准，必须首先考虑到ISO值。您把感光度调得越高，用于正确曝光所必需的光就越少。与胶片相机相反，现在的相机（以前的胶卷ISO值达到1600已经相当少见）都能提供很高的感光度值。

低档相机ISO值最高能达到3200，而专业相机D3s能提供到令人咋舌的ISO102400，中等价位的相机，最多达到ISO6400就已经封顶。

不过，ISO值越高，图片质量的缺陷也越多。胶片摄影时代使用的是胶卷，图片常常会发生"颗粒度"现象。当胶卷的感光度提高时，颗粒会变得越粗糙，感光乳剂的分解能力也变得越低。但是，那个时代的银盐颗粒也有一种美学价值，很多摄影家甚至还喜欢利用这一点作为塑造作品的方法。

后面的这一页上，您就会看到这样一个例子。这张照片摄于1989年，在拍摄那场马戏团演出时，使用的是柯达克罗姆P800/1600胶卷，感光度为ISO800（这是一

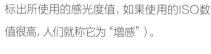

↑马戏团演出中。这张照片是1989年使用一种高感光度胶片拍摄的。下面这张照片是它的一个局部（尼康F801相机，胶卷为柯达爱克发克罗姆P8000/1600型）。

种可以使用不同数值曝光的胶卷，冲洗时要标出所使用的感光度值，如果使用的ISO数值很高，人们就称它为"增感"）。

ISO值

标准的ISO值在胶片摄影时代为ISO100，这个数值能够很好地适用于大多数拍摄环境，并且提供出高质量的图片结果。不过必须要有很好的光线（例如灿烂的阳光），才能在不使用三脚架或者闪光灯的情况下完成拍摄。在ISO200情况下，由于胶片的感光度提高了一倍，这时候您的回旋余地也相应地大了一些。

很长时间里，ISO400一直是最高的感光度。放大打印时，会出现眼睛能看到的颗粒。ISO1600在后来成为了只能适合于特定使用范围的新上限。在这些特定的使用范围上，例如在音乐会上拍摄时，不使用高感光度根本无法进行拍摄。这时候的颗粒太大，看起来很明显，所以不可能把照片放得很大。

到了数码摄影时代，相机制造厂商纷纷争相提高感光度。很多相机已经可以提供ISO6400，顶尖级相机有的甚至可以达到ISO12800或者ISO25600。D3s相机的感光度还要更高。使用了这么高的感光度之后，只有当人们不再狂热地追求照片质

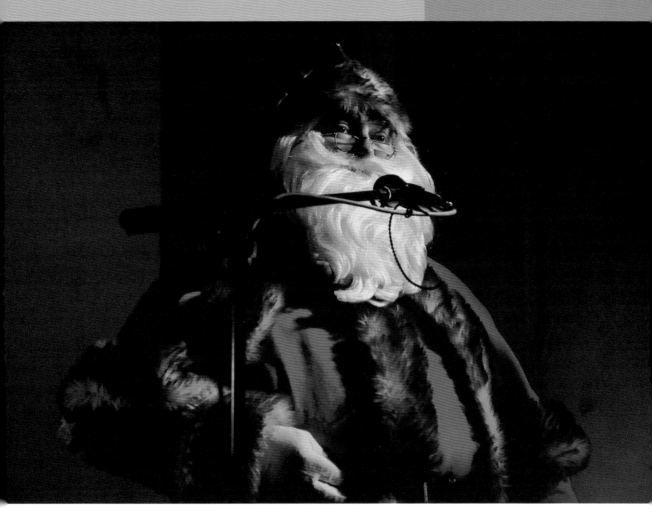

量时，这些图片才可以使用。因为放大照片时，图片的质量会降低。由此看来，人们一时还无法说出这场"ISO比赛"到底什么时候才能结束。

半页大幅照片

到了数码摄影时代，尽管已经不再使用胶卷，但是人们还是把ISO值作为标准来应用。从原理上讲，数码相机上的感光值与胶片相机是一样的，不过只是略有区别罢了。因此，有一些尼康相机感光度是从ISO200开始的，但是它们的图片质量绝对不比ISO100开始的相机拍出的质量差。这

只是由于相机制造方式不同而造成的（详见本书第77页）。

与胶片摄影时代胶卷的颗粒度不同的是，数码相机的感光度越高，它所表现出来的噪点现象也越明显。这个情况只是在某种条件下可以和胶卷颗粒去比较。因为我们都知道，数码照片都是由小"盒子"，即像素所组成的。胶卷上的颗粒与之相反，它们没有任何规律，而是任意排列的。与胶片摄影相比，这已经发生了很大的改变。前页和本页上的这两幅照片已经证明了这一点。

↑圣·克劳斯。拍摄这张数码照片时，感光度调得很高。下面照片中您看到的是这幅照片的一个局部（尼康D300，70mm，ISO 3200，1/250秒，f/5）。

确定色温

我们通常使用开氏温标来测量光的颜色，即使度数与温度没有直接关系，在定义光的时候，也还是使用这个单位。开氏零度等于-273.2摄氏度，这就是绝对零度。此外，人们是从一个黑色的，而且能吸收各种光的物体出发来考虑的，例如有可能是一块铁。

当这个铁块被加热到1000开氏度时，它的颜色就发生了变化。铁块开始发出微红色的光。温度提高到6000开氏度时，烧红的铁块泛出白光。这时候它的温度大约相当于日光。把铁块继续加热，光的颜色就越发变蓝，此时，温度还可以继续提高。

照片拍摄过程中，我们要和温度打很多交道。您肯定知道日光型胶片和灯光型胶片，这些胶片都是用来让您在即使光线有"色彩失真"情况下时，也能够再现各种颜色。在下面这个表格中，您看到的是一些开氏温度值。您能了解到哪些光源产生相应多少的开氏温度值，以及光都有哪些颜色。

开氏温度	光源	颜色
1000	烛光	红色/橙色
2000	100W以内电灯泡	黄色一橙色
3000	摄影工作室灯，照明灯管	淡黄
4000	霓虹灯	浅黄
5000	日出及日落，闪光灯具	白色
6000	午间阳光	白色
7000	薄云天气时阳光	微淡青色
8000	多云天气时阳光	淡青色
9000	浓云天气时阳光	蓝色
10000	无云，蓝天，黎明或黄昏	深蓝色

曝光时间

曝光时间是您能够控制让多少光量到达传感器上的又一个重要因素。

曝光时间指的就是数码相机的传感器置于照射进来的光线之下的一段时间。

光线愈暗，曝光时间就应该越长，这样才能形成正确曝光的图像。

曝光时间是以秒的一刹那来计算的，完整的表述是：1/8000、1/4000、1/2000、1/1000、1/500、1/250、1/125、1/60、1/30、1/16、1/8、1/4、1/2和1秒。另外，长时间曝光数值为2、4、8、15和30秒，再长的曝光时间就得使用相机的B门了。完整表述的曝光时间每次都是倍数关系，曝光时间翻一倍时，进入到传感器上面的光也就增加一倍。

白平衡

为了避免由于各种不同的色温而出现色彩失真，人们在胶片摄影时代使用过好几种不同类型的胶片（用于日光和灯光下拍摄）或者滤镜。到了数码时代，相机是自动完成这些补偿的，人的眼睛天生就有这种对颜色的适应能力。因此，在各种不同的光环境下，人的眼睛总是能够感觉到一张白纸是白色的。

数码相机内的自动白平衡功能，就是在图片中寻找最亮的点。这个点就被解释为"白"。当图片中这个最亮的地方根本不白的时候，就出现了问题，这时就形成了我们不希望出现的色彩失真现象。

在数码时代，人们也可以通过一种老办法来避免色彩失真。就是说，您可以把灰板做成一张照片，这样，在照片后期处理时就会很容易地制作出一张色彩逼真的照片，因为您可以把灰板当作比色板。还有一种可以替代灰板的办法是，您可以把一张白纸拍成照片，这样来调整色温。尼康的各种相机都具有自定义白平衡的功能。使用自定义白平衡，可以通过程序处理器精确地调整色温。

除了自动白平衡模式以外，您也可以通过手动方法预先设置您所希望达到的色温，例如灯光、直射阳光或者多云天气等光源情况的模式。这样就可以针对每一个拍摄环境都选择一个适合的白平衡数据。新型的尼康相机，例如D300s型相机，甚至能够提供一种功能，可以用它在一个系列包围曝光中，拍摄出具有各不相同的白平衡数据的若干张照片。

后期处理中的白平衡

如果您经常在复杂的照明情况下拍摄，还有另外一种完全不同的处理白平衡的方法，就是使用RAW格式拍摄照片。在RAW格式上，您能得到图片的原始数据。拍摄照片时使用的白平衡调整可以在后期，在没有质量损失的情况下进行调整。这样，为了得到最佳的图片效果，您可以在计算机上检测各种不同的白平衡调整效果。在JPEG模式下拍摄时，白平衡调整最终由相机来完成。

在现代化功能俱全的图片处理软件上，您也可以在图片中规定一个白点，借助于这个点来进行彩色调整。有些情况下，为在图片处理软件中确定色值，也可以使用一张灰板的照片，并不是只在相机里面做才行。

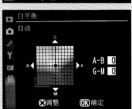

↑白平衡。尼康相机（这里用的是D5000）提供范围广泛的功能用来规定白平衡。在上面的菜单里，有一个色谱在帮助判断图片的颜色会朝哪个方向改变。

自动白平衡

在自动白平衡时，并不是像手工调节时那样覆盖同一个色温区域。使用D300相机时，自动白平衡可以从3500K延伸到8000K，而手工调节时可从2500K达到10000K。

1/2或者1/3

　　作为中间挡到底使用1/3级度,还是1/2级度,人们很难提出建议说究竟哪个更好。其实在很多情况下,这仅仅就是一个使用习惯的问题。那些以前用胶片相机拍摄曾使用过整挡调整的摄影者,估计会更喜欢使用1/2级度。初学者看来会很快习惯于今天常常按照标准而预先确定好的1/3级度。

速度的精细调整

　　新型相机除了整挡调整之外,还可以使用中间的数值,可以选择1/3挡调整,或者1/2挡调整。

　　曝光值在1/160和1/200秒时,指的就是完整挡1/125和1/250秒时的1/3挡。您若是调成1/2挡,那么中间值就是1/180秒。

　　为了能够利用这些非常短暂的曝光时间,必须要有充足的光线,例如晴朗夏日里灿烂夺目的阳光。

　　长时间曝光与之相反,适用于可利用的光线很少情况下,例如黄昏时分,或者在封闭的环境下的曝光。

　　为了能够在夜间拍摄时也有足够的光线进入传感器,您还需要利用曝光时间的最大值。天文摄影和显微摄影时,照片也需要长时间的曝光。曝光时间甚至可达数分钟或数小时之久。原则上讲,对于最长曝光时间没有限度的规定。在选择适当的曝光时间上,为了避免出现负面影响,还有一些事情应该注意。

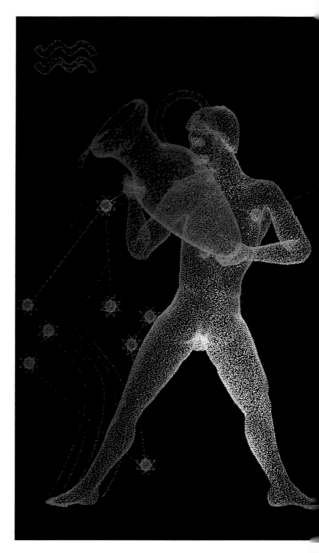

→戏水者–激光电影表演。如果可以利用的光线很少,就需要长时间的曝光(尼康D300, 105mm微距, ISO200, 1秒, f/11)。

快 门

为了能够控制投射到传感器上面的光量，在传感器前面设置了一个快门。数码单反相机里设计的是帘幕式快门。

曝光时，快门门帘自上而下切过画面。根据调整的不同快门释放时间。短暂时间之后，紧跟着快门第二门帘落下。这样就形成了快门开口，光就穿过这个缝隙投射到传感器上了。

缝隙的大小取决于曝光时间的长短，曝光时间越长，开口就越大。

从左图上您看到的是一次短曝光时间，中间的那张是较长的曝光时间，这时候缝隙已经相应地变大了。

闪光同步

由于快门有缝隙，这样在使用闪光灯拍摄时就发生了一个问题：缝隙只开启传感器上一部分的时间里，画面还没有得到完全曝光。

为了避免出现这种情况，在使用闪光灯拍摄时，不能使用过短曝光时间，而只能选择当第一个快门帘到达下沿的时候，第二个快门帘随即启开的曝光时间（右侧第三幅所示）。我们就把这个曝光时间称之为闪光同步时间。

震 动

当曝光时间太长时，相机就会发生震动，这样常常会导致图像模糊，使用三脚架就可以避免发生这种现象。

作为不成文的规则，人们常常说，曝光时间一般不低于镜头焦距的倒数。

当您使用一个75mm镜头拍摄时，这样就相当于是全画幅时112.5mm的焦距。为了拍摄出清晰照片，您应该把曝光时间最长设定在1/125秒。

增大焦距的时候，必须缩短曝光时间。例如您是使用一只300mm的镜头（相当于135相机的450mm），那您就应该使用1/500秒。为了达到这个等级的曝光时间，必须要有充足的光线，例如在耀眼的阳光下。

不过，这个简便规则也并不适用于每个人。手上功夫稳健而又富有经验的摄影师在这样的情况下，常常可以再坚持一至两挡曝光而不会发生震动。因此，您也可以自行测试一下，您有可能在哪一个曝光时间段上会拍出不清晰的照片。

运动中的模糊
运动时的模糊可以作为艺术创作手段来使用。当飞转的车轮在照片上看起来模糊不清时，您就是给奔驰中的汽车赋予了强烈的动感。

↓花枝累累。使用长焦镜头时，例如拍这张照片，使用的是300mm镜头，必须使用短时间曝光，这样才不会出现因为花枝抖动而使照片模糊不清（尼康D300，300mm，ISO 200，1/500秒，f/11）。

运动着的物体

另外一点需要您注意的地方是，一定要避免运动导致的模糊不清。当被摄主体动起来的时候，即使您做到对焦正确，相机也握得很稳，照片上仍然会有部分区域看起来很不清晰。曝光时间必须调成多短，要根据被摄主体运动时的速度而定。

拍摄一个动作迟缓的动物时，曝光时间可以比拍摄一辆急驶而过的汽车放得更长一些。再比如拍摄一只悠然戏水的鸭子，曝光时间可以设定1/250秒，焦距200mm就足够了，而在拍摄一辆高速奔驰的赛车时，就需要1/2000秒。

在这种情况下，无法总结出某一个规则。您只能自己来尝试，到底曝光时间应该是多少才合适。在数码摄影时代。拍完照片之后即刻可以回放，您可以轻而易举地检查曝光时间是否合适，而在胶片摄影时代，做到这一点真是难上加难。

长时间曝光

曝光时间太长时，还会出现另外的问题。例如当曝光时间超过8秒钟时，会让照片上产生严重的噪点现象。尼康相机因此提供有一种功能，可以从相机内部，在拍摄完照片之后，对图像进行降噪处理。由

于实施降噪处理，图像的记录时间会延长
50%—100%。因此在记录下一张图像之
前，您必须等待较长时间。

消除噪点过程中，相机在拍完照片之
后，是在快门处于关闭情况下，来接受另外
一张图像的。这样做的目的，是为了得到噪
点的分布情况。接下来就会使用这个噪点
分布情况，从已经拍摄的图片里计算出噪
点。由于这种消减噪点的方法使用起来效
果相当好，因此，应该一直把这个功能设定
为开启状态。

光 圈

能够控制曝光的最后一个要素，就是
光圈。有关光圈的技术细节描述，您已经在
第三章自第92页开始掌握了。

调整光圈是具有重要意义的，因为这
样您就可以用各种方法去创作图片了。光圈
值越大时，图片中的景深也越大。

完整的光圈系列是由以下的数值构
成，即f/1、f/1.4、f/2、f/2.8、f/4、f/5.6、f/8、
f/11、f/16、f/22、f/32、f/45和f/64。

光圈值上还有中间值，由于计算方式
有所不同，这些中间值非常混乱。当您调整
成1/2挡时，光圈f/8和f/11之间的光圈数是
f/9.5。在1/3挡时，在光圈f/8和f/11之间却是
f/9和f/10。您更愿意使用1/2挡还是1/3挡，
那就完全凭您的兴趣了。

↓德国布伦瑞克市（Braun-
schweig）市政厅夜景。进行
夜晚拍摄时，为了减少图像
的噪点，应该让降噪模式一
直设定在开启状态（尼康
D70s，24mm，ISO200，25
秒，f/13）。

复杂的计算方法

↓小蓝蜻蜓。下面那幅照片上，光圈被缩小了两挡。上面这张照片的背景拍摄得远不如下面那张清晰（尼康D200, 105mm微距, ISO200。上图: 1/1000秒, f/2.8, 下图: 1/250秒, f/5.6）。

这些光圈值，是通过在每个更大一级的光圈数值上有一半的光量透过光圈开口到达而形成的。数值是通过光圈的相对开口横截面除以焦距而得到的，每个更高一级的光圈值都是乘以根号2，大约是1.414而产生的。

光圈值的计算方法常常带来很多误解，比如人们经常说到f/4或者f/8。乍一听起来给人的感觉好像是第二个数字8比第一个还大。这种理解是错误的，因为这时候在光圈f/8时，只有f/4光圈一半的光线透过镜头射进来。由于实际上在这里涉及的是一个分数，所以说数值更大是不对的，因为f/4等于0.25, f/8只等于0.125, 所以第二个数字更小。

这种混乱是全方位的，因为对光圈数的写法上就有许多完全不同的形式，例如1:4, f/4或者F4。您在本书中会发现"f/4"这种提法，因为这是一种流行的方法。

在这一点上，重要的事情是一定认识到——光圈值越"大"，光圈开口越小。

画面塑造

对于所使用的光圈值，同样有几个方面必须注意。在前面这个对开页的照片上，证明了被调整过的光圈对画面效果全有影响。

根据光圈孔大小的不同，对于照片上清晰成像的范围就会产生影响。不过在这一点上，还要看您使用的是哪个焦距。当您使用的镜头焦距很短时，例如广角镜头，景深范围就很大了。焦距越长，景深范围就越小。如果您是使用长焦镜头，例如200-300mm焦距的镜头，景深范围这时候可以缩小到只有几厘米。另外一点必须注意的是，如果您在近距离，或者微距范围内拍摄时，景深范围在这样情况下会缩小为只有几毫米。

一旦您需要在1:1的成像比例下拍摄昆虫时，要想把这个小家伙完全拍清楚也是很困难的，因为景深范围非常小。您可以使用光圈来改变照片中清晰成像的范围。把光圈开得越大（这时要调小光圈数），成像的清晰范围就越小。反之，把光圈缩小（这时是调到最大光圈值），景深范围才能扩大。

通过景深的改变，可以很好地塑造画面效果。这常常是一种艺术手段。您可以从艺术创作的角度出发，有意识地开大光圈孔径，从而使图片中只有较小部分成像清晰，其余部分模糊不清。有创新意识的摄影家们，几乎在他们拍摄的所有照片中都使用这种方式。

在这里，您必须逐渐积累经验，知道在各种镜头上调整光圈时，会有多大程度

↓计算机主板背面。照片拍摄时，差了两挡光圈。另外，从这两张照片上，能够清楚地看到对光模糊圈产生的影响（尼康D70s，105mm微距，ISO100。上图：1/125秒，f/2.8；下图：1/80秒，f/5）。

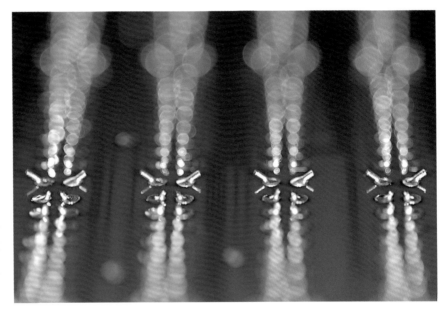

景深

如果您使用的尼康相机带有景深预览按键的话，您应该使用这个功能。按下这个键以后，您就可以在取景器里面对景深进行预估。

的影响。虽然我们可以用景深公式计算出来清晰成像的范围，但是又有哪一位摄影家，为了计算景深范围，会带着一个计算器坐在他要拍摄的主体前面去算呢？

有时候会出现这样的情况：由于考虑到质量方面的原因，您无法自由选择到底要怎样调整光圈。左下角的照片就是给我们展示了这样一个例子。这张照片是用全画幅尺寸CMOS的尼康D700相机拍摄的。拍摄中使用了一支已经用了二十年的廉价旧镜头。使用这支镜头在完全打开光圈下拍摄时，在照片的角落上会出现很不美观的渐晕现象（本书第93页上对此已经有过描述）。为了避免发生这种渐晕现象，看来必须要使用像f/8这样的稍小光圈。

另外，如果将这样的镜头搭载在用DX型传感器工作的相机上，图片质量再差一些也没有任何影响，因为这时候被利用的只是像场的中间范围。

如果您使用一款全画幅的相机拍摄，必须始终注意要让镜头具备优秀的成像能力，或者您需要调到更大的光圈值上。

模 糊

被调整过的光圈不仅仅对景深，而且对被称之为衍射而产生的模糊现象都有着重要的影响。

衍射现象就是光束在进入到镜头时受到衍射，并且落到了"错误的"画面区域上，这样就出现了不清晰的画面印象。越是缩小光圈，这个效果就越明显。当光圈完全打开时，因为衍射而发生的模糊现象就没有什么影响了。

由于衍射而发生模糊的现象，也和相机上的图像传感器的大小有关系。所以紧凑型相机不能使用小光圈，因为这种相机上一旦发生因为衍射而造成了画面模糊，照片就都不能再使用了。

最佳光圈

另外还有一个问题，也是因为光线衍射所造成的。如果您想放大图像中的景深范围，就必须缩小光圈，与此同时，光线衍射造成的模糊也起着很大作用。因此，您必须找到一种折衷的解决方法。我们就把这种折衷方法称之为"最佳光圈"或者"有益光圈"。作为建议，我们可以这样说，大家应该去尝试使用一下光圈f/11，不过在这个光圈级数上，镜头和镜头之间也会有区别。

到底哪种镜头使用哪种光圈就能够提供出优秀的图片质量，您可以查阅测试报告。登录http://www.photozone.de网站，您可以看到很多关于镜头方面的详尽的测试结果。

↓渐晕。拍摄这张照片使用的是全画幅尺寸D700相机和一支廉价的广角变焦镜头（尼康D700，18mm，ISO200，1/2500秒，f/3.5）。

测 光

感光度、快门速度和光圈这三个重要因素您现在已经从细节上了解清楚了。为了做出适当的调整，您现在还需要有一个测光表。

我刚开始使用单反相机的时候，测光表还不是内置在相机里面的。测光是使用外置的测光表进行测定。这种人工式测光表，一直到现在，仍然在摄影工作室里由专业摄影师们使用。下页图片中您看到的就是两种测光表。

所有测光表都是以一处中间的灰色调来校准的，因为这个数值反映出来的是光的平均反射值。这个平均的灰色调反射出18%入射光。

所以一些摄影人士常常使用一种所谓的灰阶板。当他们在拍摄时由于对比度太高而很难对曝光进行测定时，往往就使用这个灰色梯度板，以便得出正确的曝光值。

从原理上说，这也可以是一种简易的测光标准板，因为它只是显示出了灰色调。您在下页图片中看到的是另外一种更好一些的Kodak灰色梯度板。

两种测光方式

使用手持式测光表工作时，通常有两种不同的测光方式，即入射光测光模式和反射光测光模式。当使用相机内置的测光表测光时，只能对反射光进行测量。

↓Halchter小镇附近的塔上风磨。即使想要达到一个大的景深，用光圈f/11来拍照也就足够了（尼康D300，50mm，ISO200，1/800秒，f/11）。

↑手持式测光表。上图左边，您看到的是一个上世纪80年代产自前东德的简易型测光表。右边是Gossen（高森）公司生产的价格更贵一些的产品。这种测光表今天还能买得到（http://www.gossen-photo.de）。

进行入射光测量时，您可以走近被摄主体，并且朝着相机的方向来测量入射式。这时候测量的是照射到被摄体上的光。

测量反射光时，情况恰恰相反。这时候是相机测量被摄主体反射出来的光线。当您拍摄亮度均匀的题材时，这种测光方法非常可靠。

由于测光表是按照18％的灰色设计的，这样，您会得到三张完全相同的浅灰色照片。

在这样的例子中，您不得不使用从相机上测出来的曝光值。正是由于这个原因，相机上都提供相应的补偿办法。

胶片相机时代，这个问题要远比现在困难得多。因为那时候只能在冲出胶卷之后，才能对画面结果进行评估。在数码摄影时代的今天，这个问题已经变得无足轻重。拍完照片之后，马上就可以评估图像结果。如果照片拍摄的不成功，您可以随即删除，改变曝光之后再重新拍一张。

麻烦事儿

测光表"看"不见任何拍摄场景，它只能区别出明亮程度。因此，拍摄某些场景时，还需要您"助"上一把力。典型的例子就是在雪地上拍摄一只白猫，或者拍摄一块占据着整个画面的黑纱。

您可以很轻松地自己来检查曝光设定中的基本问题：取来一张白纸、一张灰色纸和一张黑纸，并且将这三张纸用自动程序（光圈优先、快门优先或者程序自动）中的任何一个程序，在整个画面上拍摄下来。在这样的实验中，对焦是否正确已经并不重要。

在观察这些照片结果时，估计您会感觉大吃一惊：如果您没有记住拍摄过的这三张彩色纸的顺序，那么您将无法再从这些照片结果上，把拍摄的顺序重新确定下来。

直方图

使用数码相机时，您可以在拍摄完照片之后，马上在显示屏上对图像进行评估。

但是有时候，当您在明亮的日光下评估图像质量时，常常很难对结果做出鉴定。另外，在鉴定的时候，从哪一个角度去观察显示屏也会有重要的影响。

为了进行精准的判断，尼康相机提供有一个叫作直方图的选项，这个直方图您在前面这张图片上已经看到了。这时候，对所有画面中实际上存在着的色调值都用图解形式做了描述。如果画面太明亮，或者太黑暗，在直方图的边缘处就会缺乏色调值。在这样的情况下，必须使用补偿过的曝光值重新拍摄照片。

直方图里面，右边表示的是明亮的色调值，左边表示的是黑暗的色调值。画面上针对一个色调值存在的问题越多，色调值的峰值也越高。如果在曝光时有哪些方面

不正常的话，您可以在照片制作程序中找
到相应的选项，以便对色调值进行修定。

　　右下方的图片中，您在右下角的小图
中看到的就是大家熟悉的照片制作软件
Photoshop里色调值的补偿功能。

色调值

　　照片上的每一个像素点
都有一个值。它由红绿蓝色调
组合成，被称为色调值。当三
个色调值完全相等时，就呈现
出灰色的色调。

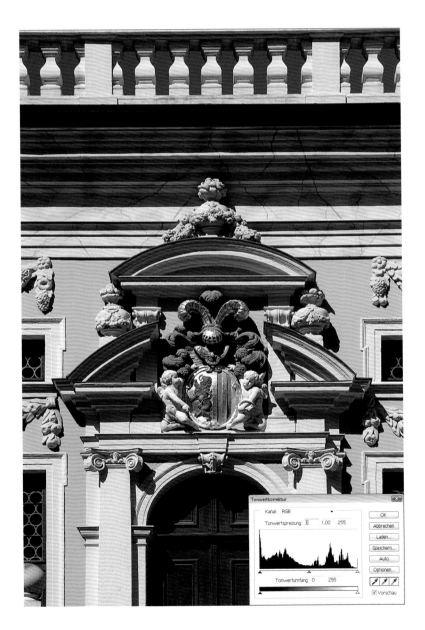

←德国莱比锡旧证券所。在曝光
平和的照片上，色调值在自左向
右的直方图里一直都能看到（尼
康D200，70mm，ISO100，1/320
秒，f/9）。

曝 光

曝 光

题外话

感光度

感光度每提高一个完整等级时，例如把ISO200提高到ISO400时，曝光指数的等级也提高一级。这时候，您可以或者缩小一个完整等级的光圈，或者缩短一个完整等级的曝光时间。

另一种称谓

有时候，您还会看到色调值的另外一种称呼，叫作EV。它来源于英语的Exposure Value（曝光值）

曝光指数

运用曝光测量就可以知道究竟应该使用多少光量，在考虑到感光度的情况下，对胶片进行正确的曝光。

测量的结果并不是某一个光圈值，或者是某一种快门时间，而是一个被称之为LW的曝光指数。曝光指数0等于调整成光圈1和快门速度为1秒。曝光指数提高到1时，就等于增加一倍的光量，提高一半，光量就增加一半。

不过，曝光指数本身并不说明任何事情：曝光指数12就什么也不表示，因此还必须始终注意感光度。ISO100时曝光指数12的表现力很强。在这个例子上，有相当多的光提供使用。在阳光明媚的蓝天下，您会发现ISO100时的曝光指数为15。如果曝光指数固定不变了，您就可以给自己挑选出任意一组适合于这个曝光指数的组合来进行曝光了。

下面的表格中，作为例子，我把ISO100时曝光指数12单独做了标记来进

行说明。您可以从这个数值上发现，您是喜欢例如在1/30秒和光圈f/11上，还是更喜欢在1/60秒和光圈f/8上对照片进行曝光。表上其它的快门/光圈组合，也同样可以形成照片上正确的曝光。到底选择哪一组组合，起决定性作用的是照片的塑造标准。这就是说，您是想对一个动作来定格，还是想要得到一种特定的景深。

题材程序

题材程序指的就是相机能够独立地得出针对某个特定情况而假定相符合的快门速度与光圈的组合。例如，相机要"知道"，在拍摄运动的场面时，应该使用短的曝光时间，所以要调整到短曝光时间的组合。在我们这个例子中，就应该是1/500秒，光圈f/2.8。

如果在直方图右边看到的是一处空白，这就说明画面太暗，曝光时间应该延长；如果在左边有空白，则说明画面太亮而应该相应地缩短曝光时间。

LW	2 s.	1 s.	1/2 s.	1/4 s.	1/8 s.	1/15 s.	1/30 s.	1/60 s.	1/125 s.	1/250 s.	1/500 s.	1/1.000 s.	1/2.000 s.
f/32	9	10	11	12	13	14	15	16	17	18	19	20	21
f/22	8	9	10	11	12	13	14	15	16	17	18	19	20
f/16	7	8	9	10	11	12	13	14	15	16	17	18	19
f/11	6	7	8	9	10	11	12	13	14	15	16	17	18
f/8	5	6	7	8	9	10	11	12	13	14	15	16	17
f/5.6	4	5	6	7	8	9	10	11	12	13	14	15	16
f/4	3	4	5	6	7	8	9	10	11	12	13	14	15
f/2.8	2	3	4	5	6	7	8	9	10	11	12	13	14
f/2	1	2	3	4	5	6	7	8	9	10	11	12	13
f/1.4	0	1	2	3	4	5	6	7	8	9	10	11	12
f/1	-1	0	1	2	3	4	5	6	7	8	9	10	11

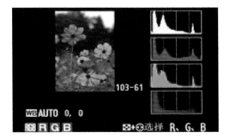

尼康相机上提供了一种模式, 在这种模式下, 画面亮度太强的部分会被标出来。这样, 我们便可以知道, 这些部位表现过于苍白, 已经看不出来有任何细腻的色彩变化。那些地方闪着黑色和白色的亮光而被突出, 您在下面这张照片上可以看到这一点。如果画面上很大部分都有光闪烁, 那么这张照片就要重新拍摄了。此时, 您应该缩短曝光时间。

之所以出现这样的区域, 是由于数码相机只能反映出特定的对比度范围。因此, 对比度范围之外的所有亮度范围, 在充满对比的情况下, 被减少到最大限度的白色和黑色。这样, 便无可挽回地失去了这些色调值。即使在电脑上借助于图像处理功能, 也无法重新恢复这些色调值。

在这个问题上, 观点是各式各样的。但是有一点大家的认识是相同的, 就是在拍摄这样的照片时, 最好应该缩短曝光时间。这样在画面的明亮部分中, 还能留住那些 "图样" (还能看到一些细节)。使用电脑上图像处理功能, 即使已经失去的黑色色调值不能再重新复原, 仍然还可以再把照片调亮一些。画面深度一般对观察者影响不是很大, 这与人的感觉有关。一般情况下, 人们都把在黑暗的阴影部分中看不到任何细节描述当作是正常现象。

出于这个原因, 所以我建议, 为了提高明亮区域的价值, 应该对那些对比度过于丰富的题材减弱曝光。

评估光量

在确定了一张曝光优秀的照片需要的光量之后, 根据使用的自动曝光程序的不同, 您会面临着诸多选择。

● 如果您已经启动了程序自动化模式, 相机就可以自动决定, 在考虑到被选择的胶片感光度情况下, 调整到哪个快门时间和光圈。不过这时候您仍然有可能进行干预, 但是以后您的机会更多。自动程序模式对于入门者非常适用。

● 如果您使用的是相机的快门优先程序, 可以调整由您选定的光圈, 与之相适应的时间值由相机来测算出。有创意的摄影家很喜欢使用这种程序。

对比度

我们把照片上明亮和黑暗的部分之间的区别, 称之为对比度。如果照片表现出来的对比度很微弱时, 它们给人的印象会很平淡无力。照片上明亮部分与黑暗部分之间强度的差别, 被称为对比度范围, 或者叫动力来进行描述的。对比度范围越大, 对照片来说也就越好。

↓德国中部山脉哈尔茨山山前地带。尼康入门级相机具有用于各种不同主题的题材程序，例如用于风景摄影的程序，尼康相机会"知道"，对于大的景深来说，必须使用大的光圈值（尼康D200，18mm，ISO100，1/640，f/5.6）。

● 如果某一特定的曝光时间由您决定的话，您可以使用光圈优先程序。当设定了曝光时间之后，相机就会自动测算出与之相适应的光圈。体育摄影和动漫摄影都可以使用这个程序。

● 如果您还有完全特殊的场面要拍摄，当然可以在手动模式下进行调整。这种情况下，如果逆光很强时，有可能会发生光的衍射问题。

● 如果您有一部尼康入门级相机，也可以使用相机提供的题材程序。这些题材程序是为各种不同主题设计的。这时，相机会自动针对选择的主题范围，决定是需要一个更大的光圈值，还是需要一种特定的曝光时间。这些程序非常适合进入数码摄影入门级的爱好者使用。如果您已经在这方面获得了较多经验的话，那就应该尽早换用另外一种曝光程序了。

做出决定

根据所有这些说明，您应该考虑以下的事情，并分别做出决定：

● 为了使用自己期望的光圈和快门时间组合，拍摄出没有晃动的照片，应该调整到哪一种感光度？环境光越少，感光度应该选得越高。

● 在考虑到焦距和通向被摄主体距离的情况下，应该达到哪种景深？要让景深越大，光圈也应该调得越小。

● 如果不能使用三脚架，在考虑到所使用的焦距情况下，应该使用哪个快门时间，以减少颤抖发生的危险？选择的快门释放时间越短，就能越早地对运动进行"定格"。曝光时间如果长一些的话，反过来又能捕捉连贯性的动作。

做出所有这些决定时，必须考虑到与得出的曝光指数相适应的光圈/快门释放时间的组合。对于一位不打算使用题材程序的入门级摄影者来说，愚蠢的事情在于，一个错误的决定可能已经种下了导致发生不希望得到的后果的祸根。

● 如果使用过高的感光度，会出现影响美观的噪点。此外还有可能通过使用测出来的曝光指数出现一种曝光/快门释放时间组合，而使用这个组合，将达不到您所希望的图像效果。这时候，如需了解您的尼康相机为了达到您能接受的图像效果，应该提供多少ISO值，事先进行测试会很有帮助。

● 正在转向使用数码相机的用户，可能首先会在估计各种不同的光圈开口如何影响图像时遇到困难，这时景深预览按键会很有帮助。

● 如果使用了错误的曝光时间，可能会造成由于颤抖或者晃动使图像不清晰的情况。另外，在选用快门时间上，拥有一些经验也是十分必要的。您可以立即使用1/320秒，十分清晰地拍下一辆赛车。而要拍摄一只慢慢爬行的蚂蚁，如果是要拍摄成充满画面的效果，再用这个快门时间，可能就会变得很困难。

最后一个例子听起来可能会让人大为惊讶，但是也很容易解释：如果您从远距离，用远摄镜头拍摄一辆飞速驶过的汽车，在汽车跃过画面之前，肯定要延续上几秒钟。

但是只有几毫米大小的蚂蚁，在它挪动上几毫米之前，也只需要很短一瞬间。如果把它用整幅画面拍下来的话，这短短一瞬间的时间已经足以让它穿越画面了。

注意距离

为了避免因为抖动而导致图像不清晰，还应该时刻注意从相机到被摄主体的距离。当您使用广角镜头，从几厘米距离外拍摄一个骑摇摆木马的孩子时，即便您使用很短的曝光时间，也依然会存在因晃动发生模糊不清的情况。相反，使用远摄镜头拍摄一列从旁驶过的火车时，较长的曝光时间也可以拍摄出非常清晰的画面，这是由于距离比较远的缘故。

像素计数

　　网络论坛上经常会有许多关于噪点现象的讨论, 在这方面, 今天的数码相机都能提供出一种在胶片相机时代令人吃惊的品质。当我们在正常距离内观察数码照片的时候, 在使用高感光度拍摄的照片上, 图像的噪点几乎不构成任何影响, 而批评者们喜欢放大很多倍数来观看这些照片, 这并不值得推荐。

三项决定, 三个例子

　　在考虑到被调整的感光度情况下, 选择正确的光圈和快门组合时, 一定要把很多因素一起考虑进来, 这一点您现在已经感觉到了。

　　任何一位未来的摄影家都回避不了的一点是, 积累经验是绝对必要的。很快您将发现, 事情并不像刚开始时可能会表现的那么难。

　　在很多情况下, 根本用不着您自己去做出决定, 因为那些决定已经自然而然地得出了。我这里以三张照片为例。第一张照片是"凯尔特人"乐队演奏爱尔兰音乐会上拍摄的。在大多数情况下, 音乐会上拍摄时都不允许使用闪光灯。因此, 第一项决定就这样做出来了: 必须提高感光度。我拍摄这张音乐会照片时, 使用的是D300相机。这款相机即使在高感光度情况下也能提供非常优秀的图像质量。这样, 我就决定了把感光度调整到ISO1000。我是因为觉得自己能够稳定地托住相机拍摄才这样做的。于是就很有把握地选择了1/30秒曝光时间, 50mm的镜头, 拍摄距离为5米。最后一个参数光圈6.3是自动得出的。为了对这个曝光时间更有利, 我本来还可以把光圈孔径再开大一挡。

　　在音乐会上拍摄时光线很暗。当时还可以做出另外一个决定: 在这样的情况下, 无论使用哪种自动曝光程序都一样, 拍出

的照片在曝光上都会有错误。原因就在于，自动曝光程序总是试图去达到一种中间的灰色值。由于这张照片上大部分地方都是黑色的，照片结果将会显得过于明亮。我又试着拍摄了几张照片之后，补偿了两挡光圈。这张照片就是在降低了这两挡光圈后产生的正确的图像结果。

富有创意的照片

第二个例子是拍摄一张从艺术角度上看要求很高的玫瑰花的照片。在这幅作品中，很多决定也是自然而然做出的，为了拉近与玫瑰花的距离，使用了105mm微距摄影镜头。

为了达到最佳的图片质量，我使用了尼康D200相机机的最低ISO值100。这张照片就是我用这款相机拍摄的。

我的目的是，尽可能让玫瑰花的大部分处于模糊的状态，只有花瓣的边缘部分拍摄得非常清晰。

为了达到尽量小的景深，就必须把光圈完全打开。我在这里使用的是适马镜头，最大光圈孔径达到f/2.8。

因为在拍摄这样的照片时光圈是非常重要的因素，因此我使用了光圈优先程序。

由于当时的光线很充足，相机测出的曝光时间就很短，仅为1/1000秒。这个短暂的曝光时间对于图片结果来说，没有太大的意义。

拍摄这个主题时，所有参数在处理这个任务的基础上，实际上都已设定好了。

分 类

即使D300相机的显示屏
又大又好,最好还是在把照片
存入到计算机之后,再来进行
分类。因为这样做可以更好地
对图片进行评估,在计算机上
删除图片也会更快。

拍摄第三张照片时,我的目的是要给正在戏水中的野鸭来定格。因为这个时候溅起来的水花非常微小,甚至凭眼睛无法事先看到。因此,我就需要使用尽可能短的曝光时间。由于当时拍摄时光线不是很充足,我还把感光度提高到了ISO 400。我在拍摄这张照片时,使用的是100-300mm f/4.0EX DG APO HSM IF 适马镜头。它的最大光圈孔径是f/4,这张照片我用的也是这个光圈。这样,得出的理想中的曝光时间为1/1000秒。

因为当时出现的情况无法预计,于是我就使用了D300相机的连拍模式拍摄了许多张照片,整个画面持续两分钟之久。

算下来我总共拍摄了70张照片,其中有10张很成功。在电脑上评估完之后,我把其余照片都删除了。这样的比例应该说是非常完美了。

在这张照片上,大部分功能和数据都是通过设定了工作任务之后,自己完成调整的。因此,在选择曝光调整时,也必须随时考虑到要完成什么任务。

测光方法

尼康相机为您提供四种不同的测光方法,以便您得到光圈和快门之间完美的组合。

矩阵测光

　　尼康公司在1983年随着FA相机的开发，采用了多区域的测光技术。最初，大家把这种方法称作为AMP（Automatic Multi-Pattern）方法。现在，尼康把它称为3D彩色矩阵Ⅱ型测量的多区域测光。这种测光方式，现在都是作为标准模式预先就设定在了相机上。

　　矩阵测光在今天已经是相当成熟的技术，您几乎可以在任何情况下都能得到优秀的画面效果。即使是在曝光困难的场合，例如拍摄雪景或者是逆光拍摄时，矩阵测光都能拍摄出几乎没有任何缺陷的照片。

　　这张照片上，完美的曝光是通过使用了一个1005像素的RGB传感器得到的。如果您是使用尼康G型或者D型镜头的话，在测光时，源于所有图像范围和图像结构的信息，以及到被摄主体的距离，都已经被考虑到了。

　　您在右上角的照片上会看到，测光时画面被分成五个区域。画面上的中央区域在测光时被考虑得最充分，其余的四个区域涵盖了画面的边缘。测光中，也会得到各个区域的亮度和对比度。

　　对画面结果要进行充分的评估。分析这些结果时，应该考虑使用内置的图像数据库中心数据。在这个数据库里，包含着平时各种拍摄条件下所能遇到的题材。这样，当图像区域内的亮度或者对比度的差别特别大的时候，图像会自动地得到补偿。这也是通常情况下进行逆光拍摄时，总能得到完美曝光的原因。

　　有一些摄影者，实际上并不清楚相机究竟是如何解释各种场合的情况，对这一部分人来说，这可能是这种测光方法的唯一缺点。不过，只要相机能够拍出完美的照片，这个缺点也就算不上什么了。

↑矩阵测光。矩阵测光在这里分为了五个区域（上图）。这种测光方法通常都可以提供极好的图像效果（尼康D200，13mm，ISO100，1/300秒，f/9）。

↑中央重点曝光。如果把明亮的或者是黑暗的被摄主体确定在画面的中央，则偏重中央的曝光测量就是正确的选择（尼康D70，105mm微距，ISO 200，1/640秒，f/2.8）。

中央重点测光

第二种测光方法是中央重点测光。这种方法同样也是考虑到整个画面，只不过是把测光的重点放在一个更大的中央区域上。上面这幅照片中，您看到的灰色区域就是标准的8mm大的测光区。那些网格线是在D300s相机上表现出来的。

较大型的尼康相机（从D90开始）都可以提供这样一种功能，就是在个性化功能中，能够改变测光区域的规格。例如在D300s相机上，您可以在四种规格不同的直径中间进行选择。下图就是这四种直径的显示屏图示。

如果您使用矩阵测光时得不到满意曝光的话，中央重点测光有可能就是您的最佳选择。当一个明亮的或者是黑暗的被摄主体占据了画面主导位置时，例如拍摄人物的肖像时，中央重点测光就特别适合。

点测光

尼康相机上第三种测光方式就是点测光。比点测光的区域更大时，人们称其为选择测光。

点测光正好与中央重点测光相反，因为这时候是不考虑周围环境的。

测光仅仅是在一个直径为3毫米的圆内进行。在带有DX型传感器的相机上，这个情况就相当于覆盖2%的画面。在全画幅相机上，这个圆的直径是4毫米，这相当于覆盖1.5%的画面。

这样，您就可以完全有针对性地在照片的一个很小区域里面确定曝光值。这种做法会对一些特定的场合很有帮助，一个例子就是拍摄月亮的照片。

这时非常实际的事情是，图片的中央并不是自动地被拉过来进行测光，而是那个圆一直是位于活跃的自动对焦测距区的中央。这样，您就变得非常灵活。只是当您使用不带内置的CPU的镜头时，测光才在画面中心进行。

纵然点测光是一种很可靠的测光方法，也还是需要您很有经验，因为只有一个很小的图片区域才进入到测光范围里来。因此，选择这个测光点时必须非常慎重。您也可以使用点测光来瞄准灰板。

如果是对画面上特别明亮或者特别黑暗的区域进行测光的话，您会得到明显错误的曝光值。因此，通常在这样的情况下，其它的测光方法就成为了更好的选择。

人工测光

过去，曾经有过许多狂热的摄影爱好者发誓一定要坚持使用人工测光，因为他们不愿意相信自动曝光程序。不过这一点已经在前些年中发生了变化，因为相机上提供的自动曝光程序已经相当可靠。

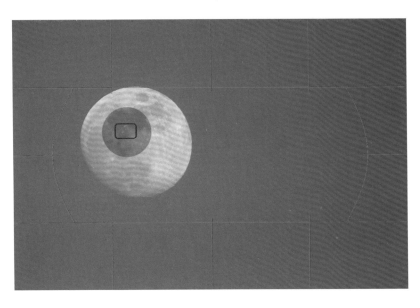

尽管如此，尼康相机还是提供了一种模式，以便能够通过手动来调整每个人所希望的曝光时间和光圈。

在少量的拍摄任务上，常常还需要使用这种测光方法，翻拍照片就是这种方法的一个例子。

另外还有一个例子就是闪光拍摄。当您在闪光拍摄中，准备使用完全特定的快门和光圈时，闪光灯会补充为这次拍摄时所必须的光量（只要您仍然还处于闪光灯光线所能达到的范围内）。我本人就经常在微距摄影中，在使用微距闪光灯拍摄时，利用人工测光这种办法。由于在微距摄影时，人与被摄主体之间的距离很近，如此微小的影响范围已经起不到任何作用。

人工模式下，机顶显示面板或者取景器里面显示的曝光值可以作为曝光的定位值使用。曝光不足或者曝光过度的程度是根据由相机所测出来的曝光值来显示的。

右面这张照片上，您看到的是D300s相机上机顶显示面板的实例。

如果实际调整的曝光度超出了机顶显示面板上能够显示出来的数值时，显示面板上会有灯光闪烁，达到两个光级的曝光不足，或者曝光过度，就会在显示面板上的曝光标度上显示出来。

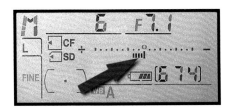

↑点测光。在某些情况下，点测光也会是一种适用的测光方式。不过这张照片是使用自动程序和矩阵测光拍摄的，从而证明了它们的可靠性（尼康D300，500mm，ISO200，1/1250秒，f/6.3）。

设 置

专业级相机上,取景器里面的曝光度显示区不是在下面,而是设置在照片的右侧。

您看到的下面这张照片,是使用微距闪光灯拍摄的。小蝈蝈正沿着一片花瓣向上爬。因此,我使用了手动调节模式,快门释放时间为1/160秒。为了能够非常清晰地拍摄到这个小家伙,我使用了f/6.3的光圈。为了使画面正确地采光,相机通过i-TTL闪光测光,支援了闪光灯上所需要的光量。

在这张照片上,我们看不到有闪光灯突然闪亮留下来的痕迹。尼康相机上闪光灯的功能非常完美,这也一直得到新闻摄影界人士的赞誉。

曝光时间较长的拍摄,也需要使用手动调整。例如您要拍摄30秒以上的较长曝光时间的照片时,就需要使用B门功能模式。当您把调整拨轮朝着最长的30秒快门时间继续向左边拨动时,就能找到这个模式。

程序偏移

如果您是使用自动程序拍摄的话,这时候相机会建议您使用一种光圈与快门的组合程序。但您并不一定必须采用这种组合,也可以使用另外的组合程序,这些程序都可以让相同的光量进入到传感器上。人们把这个功能模式称之为程序偏移或转移。

使用后边的转盘,您可以在不同的光圈与快门的组合之间进行选择。这样,既可

↓小蝈蝈。在使用闪光灯的情况下,光圈和快门释放时间都可以由您自己设定(尼康D70s, 105mm微距, ISO200, 1/160秒, f/6.3)。

以更多地侧重到某一快门释放时间, 也可以侧重到光圈。为了能够让人们知道这时候选择的是程序偏移模式, 在取景器和机顶显示面板中, 在P符号的右面有一个星号显示。您在下面这款D300s相机的机顶显示面板上会看到它。

如果您能很好地利用程序偏移模式的话, 可以说, 您已经不再需要使用时间与光圈的自动程序, 而只需转动调整轮, 直到出现了您所希望的曝光时间, 或者您所希望的光圈为止。

在拍摄后面的照片时, 程序偏移功能会保持不变。如需取消这个模式, 您只需继续转动调整轮, 直到星号消失即可。当然, 如果您短时间内关闭相机电源开关又立即重新启动相机, 取消程序偏移功能还会更快。

曝光补偿

在这一章里, 您已经了解到, 在一些曝光情况下会不可避免地产生曝光错误的照片。因此, 对于初学摄影的人来说, 重要的事情是应该先积累经验, 弄清楚必须在哪些情况下, 对测出来的曝光值进行补偿。

您在下面会看到这样一个例子: 这张蜻蜓照片的背景非常暗。由于相机的曝光测量表针对的是一个平均的灰度, 曝光就不可避免地使图片特别明亮, 因为背景就占据了这张照片的很大部分。因此, 在这里, 照片的曝光过度就必然出现, 而且是相差一挡曝光指数。

在判断必要的过度曝光, 或者曝光不足究竟必须要多大时, 除了利用您的经验之外, 没有其它可以利用的东西。随着时间的推移, 您将会不断地提高悟性, 逐渐意识到您的相机会在什么时候更容易拍摄出太亮或太暗的图像效果。

↓豆娘。因为照片的背景非常暗, 所以, 从曝光指数上对曝光进行补偿就非常有必要 (尼康D200, 180mm微距, ISO 200, 1/1000秒, f/8)。

　　大多数型号的尼康相机提供这样一种可能性：它们可以把照片的曝光指数上下降低或者提高五级来达到曝光过度或者曝光不足的补偿。这已经是一种很大的差额，实际上只有很少的情况让您在补偿的时候必须多补偿两级曝光指数。

包围曝光

　　如果在您的"摄影师生涯"刚开始时，还完全没有把握确认到底哪种曝光最合适时，您可以利用包围曝光的功能模式，除去小型相机之外，尼康相机所有型号均提供这样的模式。

　　这个模式又被称为分类（Bracketing）模式。在这个模式中，就是使用各不相同的曝光拍摄若干张照片，在每次按下快门的时候，都有一张曝光略有不同的照片被拍摄下来。曝光时间长短可以调整。您在本页的下面看到的就是按照这样的曝光顺序拍摄的三张照片。左边一张是按正常曝光拍摄的照片，第二张是曝光不足，第三张是曝光过度的照片。这三张照片依次在曝光上有一挡曝光指数的变化。

　　究竟照片要按照哪种顺序来拍摄，可以按照个人的调整来确定。

曝光存储

　　如果您是使用偏重中央的曝光测量，那么，曝光是在图像的中央进行的。但是被拍摄的物体不是位于图像正中间时，就有可能产生曝光错误的照片。为了避免发生这种错误现象，您可以把曝光用AE-L/AF-L按键储存起来。所有尼康型号的相机都提供这个功能按键。您可以把曝光正确的被摄主体瞄准到画面中央，然后按下AE-L/AF-L按键，接下来再将相机朝着您所希望的构图画面位置移动，并且按下相机的快门。

↓雏菊。这几张照片的拍摄中，使用的就是包围曝光功能模式（尼康D70s，55mm微距，ISO200）。

尼康D70s，300mm，ISO200，1/640秒，f/5

尼康D70s 105mm微距，ISO200，1/200秒，f/4.5，微距闪光

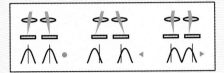

因为传感器能够辨识出错误的对焦存在于哪个方向上，有多么严重，因此它也能很快地完成修正，使对焦变正确，不用考虑把镜头"移来移去"。

这项技术工作起来非常快，并且十分精确，因此今天的自动对焦系统也能胜任在快速运动中稳定地对焦，这一点对于体育摄影是非常重要的。

一字型和十字型感应器

第一批自动对焦相机大多都只有一个一字型感应器，而今天的相机里都安装了许多感应器。例如在D300s相机中就有51个图像区域，安装了15个十字型感应器。

下面的示意图说明的是作用方式，z左图和中图显示的是一个简单的在水平位置上安装的一个一字型感应器，它只能把垂直一字型结构调清晰，而如果是水平一字型结构，则不可能对焦，如中间的插图所示。

右边的图显示的是十字型感应器的作用方式——这里把两个感应器连接在了一起，这样就不仅能抓住水平方向的结构，也能抓住垂直方向的结构了。

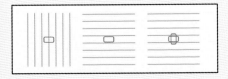

光 圈

对对焦的可靠性起作用的还有镜头的光圈，因为从镜头进来的光只有一部分能够到达自动对焦图像区域，如果镜头的光圈为f/2.8或f/3.5就没有问题，可以把照片调清晰，但是如果您使用的相机带有一只光圈只有f/6.3的远摄镜头的话，那么可能对焦速度会比较慢，如果射入镜头的光线很弱，对焦可能就会出错。

因为生产相位比较法对焦系统的成本比较高，因此主要在数码单反相机中采用这种自动对焦传感器，而精巧型相机则采用对比度辨识法来对焦。必须指出的一点是，只有当相机反光镜翻下来的时候，这种测量方式才起作用——因此如果您使用Live-View实时显示拍摄模式拍摄，它使用的是另一种测量方法。

对比度测量

对比度测量时用的是另外的作用方式，它只在精巧型相机中和单反相机的Live-View实时显示拍摄模式中被使用，因为这时反光镜是翻上去的。被摄主体的像距随之改变，直至可以达到最大的对比度，因为这时要检查许多点，所以这种方法费时较长，另外为此要进行一些计算，也同样会延迟一些时间。

对这种对焦方式也可以做如下描写：相机当然不"知道"被摄主体离相机多远，或者什么时候能拍摄得清晰，它只是在图像里寻找对比度，如果在画面中找到了垂直的或者倾斜的一字型，就

对 焦

会依照它来调节焦点，使得一字型尽可能反差鲜明地 —— 也就是说棱角尖一些 —— 被拍摄下来。通过追求一字型最高对比度的对焦，同时也算出正确的清晰度，人们似乎可以说，自动对焦把一字型"突出"了。

这种测量方法的缓慢导致目前Live-View实时显示拍摄模式在许多场合里使用有限，在使用这种测量方式时可以随意选择位置来测量清晰度，因为它不存在图像区域，这本来是这种方式的优点，但由于使用有限，这种优点也变得微不足道了。

自动对焦的难点

自动对焦的困难在于事情自身，与专门的相机型号无关，在下列场景中可能会发生自动对焦系统拒绝工作或者拍出对焦错误的照片来。

画面里的对比度越少，对于自动对焦系统的工作来说就越困难。例如在黄昏时或黑暗中进行拍摄，再有就是如果被摄主体与背景的颜色一致，都会使对焦产生困难——雪天的风景照就是这样的一个例子。如果您想拍摄结构组织柔和的物体例如云彩，同样会在对焦时出现问题，即使是例如在逆光拍摄时会出现的反射光，也可能会给自动对焦系统制造麻烦，如果有这种情况，那您就必须采用手动对焦了。

除此以外，如果从自动对焦系统内部来看，被摄主体对于相机来说有几个不同距离的点，这时也会造成对焦的困难。比如给笼子里的动物拍照就是一个例子，下面您将看到这样的一张照片。相机无法自动把照片调清晰，因为它不"知道"应该把前面部分还是把背景拍摄清晰，在这种情况下您必须手动对焦，为了不让笼栅在画面中出现，您必须尽量靠远笼栅，并且要使用不太大的光圈值。

再有，如果要把被摄主体非常多的细节都拍摄清楚，也会造成困难。一片鲜花盛开的草地或许就是这样的一个

↓九月的一个夜晚。如果结构组织很柔和如云彩，可能会使自动对焦产生困难（尼康D300s, 100mm, ISO200, 1/640秒, f/13)。

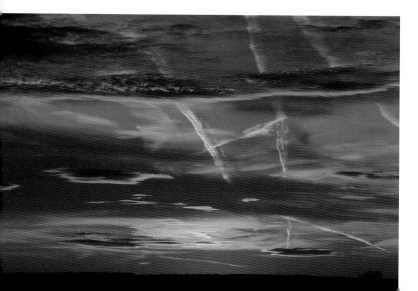

例子，自动对焦系统会感觉混乱，因为它不清楚该依照众多细节中的哪一个来对焦。

还有，由几何图形组成的题材自动对焦系统也不喜欢，摩天大楼的窗户外墙面应该是这种场景的一个例子吧！

类似这样的情况肯定还有很多——不过近年来，自动对焦系统技术也已经比较成熟，您偶尔才会遇到自动对焦系统失灵的情况。

如果人们能够理解到在一些场景中，自动对焦系统遇到困难是合乎自然规律的，那也就能够想出办法去解决它了。

有时候只需稍微转动一下相机，把它从那个糟糕的场景中移开就可以了，然后要把测量好的清晰度存储下来，再把相机转回到您所希望的位置上去，当然要注意的是测量的位置要保持与题材，即被摄主体的距离要相同。所有尼康相机都提供了这样的一种自动对焦值存储功能。

正确的对焦

即使您的相机具备自动对焦的功能，为了能拍出一张有正确的清晰度的照片，也还有一些事情需要您注意，尤其重

↓巨嘴鸟（鹀鹀）。这张穿过笼栅拍摄的巨嘴鸟照片，笼栅和使用了内置的闪光灯都没有对照片造成明显的影响（尼康D200，170mm，ISO400，1/250秒，f/5.6，内置闪光灯）。

要的是要正确确定照片中需要拍摄清晰的部分。如果您想拍摄放在照片前面部分的一个物体，但却把背景拍摄得很清晰，那就是失败了。您还应该注意的是要把想拍摄带有对焦区域的物体抓住，这事刚一听起来似乎挺容易——事实上并不总是那么简单，例如当要拍摄的物体快速移动时。

另外，有时候刚把对焦的事情搞定，但在打开照相机快门的一瞬间，那个要拍摄的物体却已经不在对焦区域里了。例如您想拍摄一个向您靠近的物体时，比如一个动物或者一辆汽车，就会出现这种情况。

从下面的两幅照片中您可以看出，对焦层面的不同对照片效果影响是多么大。左边的照片中，前边的那只鸭子拍得很清晰——而右边是后面的那只清晰，这张照片是不能令人满意的。

另外，您必须做出决定，您可以用缩短曝光时间的方法来"冻结"被摄主体的运动，或者用物体运动而造成的不清晰影像作为您的艺术塑造方法——两者都能收到十分吸引人的效果。

以右面的两幅照片为例，在上面的照片中，光圈被关掉了大部分，因而曝光时间较长，而在下图中光圈被完全打开，曝光时间特别短，上图中看出水是在"流下来"，而下图中水似乎"凝结"了。

凝结的水特别迷人，因为呈现了平时人们肉眼看不到的奇异景象，为了让水凝结起来，当然要使用足够的光源。

就这样通过使用不同的曝光时间，得到了完全不同但都异常迷人的结果。

特别需要注意的是要平稳地端住

一鸭子。使用了不同的焦点的同一个场景（尼康D3s，270mm，ISO200。左：1/640秒，f/6.3；右：1/500秒，f/5.6）。

相机，或者可以使用一个三脚架，否则的话，尽管对焦正确，但在打开快门的瞬间把相机"扭动"了一下，就前功尽弃了。然后就会出现不清晰的，因拍摄时振动而模糊的图像，被称为振动模糊。使用长焦距镜头时，发生振动模糊的几率比使用广角镜头时要。

↓小瀑布。使用不同的曝光时间，得到了完全不同的结果（尼康D200，105mm，ISO100。上：1/20秒，f/29；下：1/2000秒，f/2.8）。

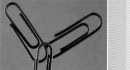

对 焦

清晰层面

每张照片中，只有一个区域能够被完全精确、清晰地拍摄下来——这就是所谓的清晰层面。被摄主体中，只有这部分的点在传感器上也以点的形式出现，下面的示意图中清晰层面位于①，根据这个层面对焦，它之前和之后的区域②里的图像还可以比较清晰地看到。照片中清晰度可以接受的区域称之为景深。所有在景深区域以外的部分③，都会不清晰，圆点也就会变成圈来显示——被称为光模糊圈（见本书第94页）。这种效果可以在有独特创意的艺术塑造中使用，如果被摄主体位于一个模糊的背景前面，这样的照片效果就特别具有美感。

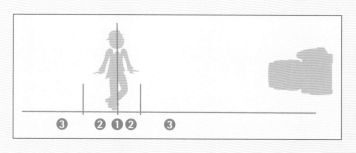

各种各样的场景

↓体育摄影。体育摄影如足球摄影的关键是快速对焦（尼康D300, 210mm, ISO200, 1/500秒, f/7.1)。

要依据具体场景和拍摄任务来确定照片中清晰的位置，如在资料摄影时人们希望有一个较大的清晰范围，而在有创意的摄影中，则更愿意把被摄主体与背景分隔开，人们把这称之为"随意处理"。

您在进行静物拍摄时，会花上时间细心地对焦，而在体育摄影时则必须快速地对焦。

因此在静物拍摄时一般不会出现次品，而在对移动物体拍摄后，删除一定数量的照片则是完全正常的。只有当需要删除的照片所占比例太大时，您得考虑一下是否哪个环节操作错误了。

一般情况下，您可以拍摄大量的照片，然后把对焦不正确的照片干脆删除掉，在数码摄影时代，这件事做起来完全没有问题。

景 深

照片中被清晰拍摄出来的区域就称为景深，也有时被称为"深景"，但是这种称谓并不正确，因为它表达的是景的深度扩展，有时也出现过"DOF"说法（Depth of field）。

景深的要素

在考虑照片中要清晰拍摄的范围多大时，有几个要素需要注意。下面的示意图中您可以看到三种可能性。

①您把光圈缩小得越多（光圈值越大），被拍摄清晰的范围就越大。下图①中，上面的光圈开得最大，中间中等，下面是最小的光圈。

②另一个对景深影响也很重要的因素是与被摄主体的距离，您离要拍摄的物体越近，景深范围就越小，这种情况在微距摄影时特别突出，此时的景深范围只有几毫米，同样的物体，如果从较远的距离拍摄，能够清晰拍摄下来的范围就会明显增大。

③最后一个要素是使用的焦距。如果您使用一个短的焦距，那么还比较清晰的范围就会特别大——它可以从照片的前区一直延伸到背景。使用的焦距越长，照片中的清晰范围就会越小。

题外话

范 围

在被摄主体之前和之后的清晰范围的大小，也随着所使用的拍摄距离有变化。近距离拍摄时，被摄主体前面的清晰区域与它后面的区域完全一样大。拍摄距离越远，被摄主体后面的区域就会越大，直至达到"无限远"。

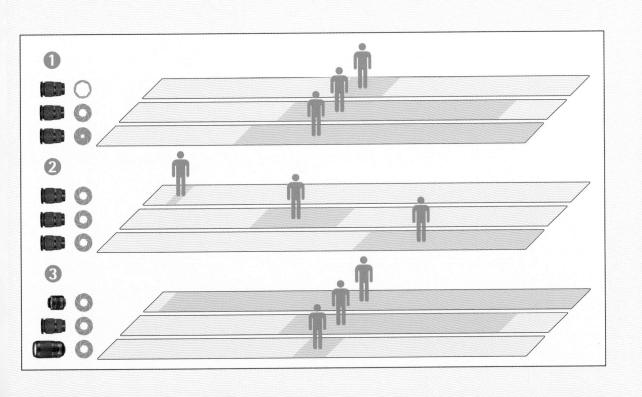

景深范围有多大, 可以用数学公式来计算, 实践中这一点没什么用, 因为人们在旅游摄影时, 谁也不会去使用一个袖珍计算器。

早期的镜头上带有景深刻度, 可以看出相机与清晰范围的距离, 今天的镜头已经没有这种标识了。

超焦距

假如您在风景摄影中想达到最大的景深范围, 就可以使用所谓的超焦距, 但需要使用数学公式来计算出来, 或借助于镜头上的景深刻度, 所以在今天已经没有什么意义了。

使用超焦距, 就可以把从焦距数的一半直到 "无限远" 范围内的所有景物都清晰地拍摄下来, 例如在左图中 (光圈 f/5.6, 黄色标记) 就表示景深从8米直到无限远。如果不把景深调到 "无限远", 而是调到8米的超焦距上, 那么就等于景深从4米直至 "无限远"。

典型场景

下面我想给您介绍几种各不相同的典型场景, 以及适合这些场景的清晰度调节, 在一些场景中您几乎可以易如反掌, 而在另一些场景中则难度要大一些。

↓哈尔茨山一瞥。在风景摄影时应该把尽可能大的范围拍摄清晰 (尼康D200, 70mm, ISO100, 1/250秒, f/6.3)。

风景摄影

在广为流行的风景摄影中, 人们大多希望能把很大的范围都清晰地拍下来, 因此人们都会使用一只广角镜头, 所以对焦没有任何问题, 广角镜头都具有一个很大的景深范围。

如左图所示, 如果您用一只简单的远摄镜头拍摄, 您必须确定照片中的哪个点是焦点。应该在照片的下部选择一个自动对焦区域, 避免对着天上的云彩对焦, 这时, 光圈不能全部打开, 许多时候, 合适的光圈调节值大约为光圈f/8至f/11。

另外您还应该把对焦开关调到S上，这样就可以保证，只有当对焦过程成功之后才进行拍摄。

建筑物拍摄

在给建筑物拍摄时——无论是全景拍摄还是细节拍摄——都应该使拍摄清晰的区域尽可能地大，这样才能显出建筑物的效果。全景拍摄时需要使用广角镜头，与风景拍摄一样，同时也推荐您使用中等光圈值。

对焦时要注意瞄准位于建筑物最前面的区域。为此您也可以使用自动的图像区域控制系统，即依据离相机最近的物体对焦，尼康相机会自动选择出图像区域。

如果您对建筑物作细节拍摄时，这个模式也适用。一般情况下，整个区域都能拍摄清晰。另外，您同样应该使自动对焦控制时在S模式中工作，以保证照片清晰的效果。

广告照片

拍摄广告照片时，大多数情况下也最好把整个区域都拍摄清楚。对于这个主题，您使用的焦距既可以较短，也可以较长。如果您使用一个较长的焦距（此时您必须注意使用较短的快门时间），那您应该尝试一下，用不完全打开的光圈拍摄。

↑无忧宫。即使在拍摄建筑物全景时人们也喜欢大范围都拍摄清晰（尼康D200，31mm，ISO100，1/320秒，f/9）

↓广告。进行这类摄影时，尽可能地把一切都拍摄清晰也同样重要（尼康D200，210mm，ISO100，1/750秒，f/5.6）。

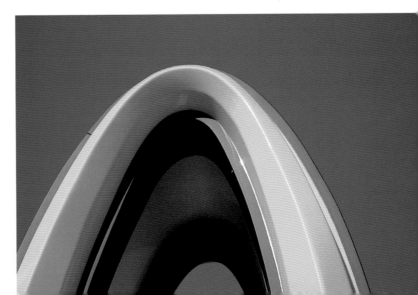

↑马戏团。拍人物时，无论如何都应该把眼睛拍摄清晰，此时周围环境都变得不那么重要（尼康D200，105mm，ISO800，1/80秒，f/2.8）。

↓打盹的银雕鸮。拍动物照片时也同样应该把眼睛拍摄清晰（尼康D200，180mm，ISO1000，1/350秒，f/5.6）。

较短的还是较长的曝光时间，如果必要的话，您还需提高ISO值。

拍肖像照片时，并不一定要把整个人都拍摄清晰，如果眼睛清晰了，身体的其它部位模糊一些对观赏照片的人没什么妨碍。对于拍肖像照来说，比较合适的是使用一只适中的镜头，焦距约为85mm。

如果使用自动对焦控制，适合使用C选项，当被拍摄物体移动时，对焦也会跟着进行调整。

拍摄团体照时对焦并不复杂，因为这时都会使用一只短焦距的镜头，它本身就覆盖了一个比较大的景深范围。

肖像摄影

进行人物摄影时，首先要看是拍团体照还是个人肖像照，拍肖像照时特别重要的是要把被摄人物的眼睛拍摄清晰。

为此您应该自己选定自动对焦区域，并且一定要把人物的眼睛包含在这个区域里，正确的光圈值要依据人物是在运动中还是静止的，据此决定您需要一个

动物摄影

原则上说，人物肖像摄影的准则也适用于动物拍照，您必须要明白，您无法告诉动物要给它拍个肖像照片了，让它保持一会儿不要动。因此您应该使用一个较短的快门时间，并且要把可能发生的情况考虑在内，例如也许动物出乎意料地突然从画面中跑了出去，那就需要多拍几张照片。

如果现场的光线对于一个较短的曝光时间来说不够的话，那您就必须提高ISO值，例如左侧的照片，这是在一家动物园内拍摄的。

体育摄影

体育摄影对对焦的要求非常高，可以说近乎苛刻——至少在那些高速运动的比赛时，还有拍摄室内赛事时您也要

与清晰度进行抗争，因为室内场地的灯光太暗，达不到短时曝光的光线要求。

　　体育摄影时您应该每时每刻都使用C模式拍照，这样就可以不间断地对焦，在许多情况下自动的对焦控制是一个挺好的选择，如果您拥有了足够的经验和大量的练习，也可以自己选择图像区域，以便亲自确认您所希望拍摄清晰的地方确实是焦点所在。

　　体育摄影中能否把画面上的一切都拍摄清晰并不重要，重要的是您在起决定性作用的区域里抓住的场景具有合适的清晰度。例如您在拍摄一场足球比赛的照片，只需要把正在抢球的两位主角拍摄清晰就足够了——在本书第214页您可以看到一张这样的照片。

　　您必须做出决定，是否用缩短曝光时间的方法来"冻结"被摄主体的运动，或者是用这种由于物体运动而造成的不清晰影像来增加照片的艺术活力，右上方的照片是我的相机在随着汽车一起移动，并且使用了一个（对于机动车体育摄影来说）比较长的快门释放时间。

　　这样从照片中大众Polo汽车的车轮处可以看出，汽车在高速行驶。

↑Polo杯赛。奥舍尔斯累本（Oschersleben,德国城市）的人们看到车轮在飞转，这让照片动感十足（尼康D200, 210mm, ISO 100, 1/320秒, f/9）。

↓大丽花蓓蕾。背景模糊的鲜花照片格外迷人（尼康D200, 105mm微距, ISO100, 1/250秒, f/5）。

↑在牧马场旁。创意摄影的目标是，把被摄主体与背景分开（尼康D70s, 300mm, ISO500, 1/640秒, f/6）。

↓金色苍蝇。微距摄影的对焦有时很困难（尼康D200, 180mm微距, ISO200, 1/320秒, f/9）。

拍摄大自然中的细节

在拍摄艺术照片时，人们总是追求被摄主体清晰可辨而背景模糊的效果，这时创意能得到最佳体现。下面照片中的蓓蕾就是这样的一个例子，在这样的题材中，非常重要的是为清晰度找准在照片上的位置——例如在花蕾前边的花瓣边缘上。光圈这时要开得比较大，以便使背景变得模糊一些。面对这样一个立于背景前的创意题材，观赏者的目光肯定会被吸引到"主要的东西"上去。

创意摄影

创意摄影追求的目标就是能够有选择性地使用清晰度，照片中只有那些摄影师所希望的地方才会拍摄清晰，以使照片产生一种美学的效果。

至于要拍摄哪一个物体，这并不重要，因为适用的是同样的原则。所以您必须使用单次区域控制来亲自选择自动对焦区域，当然这个区域应该位于您想放置对焦点的位置上。为了使题材确实能拍摄清晰，您应该使用S模式。

然后您只需测试一下，看看使用哪种光圈调节，和与被摄主体有多远的距离，能够出现所希望的模糊背景的结果。

微距摄影

对对焦来说，要求最高的领域就是微距摄影，因为在大幅的照片中也只有很小的一部分需要拍摄清楚，根据您所使用的尼康相机型号的不同，有时用手动方式对焦也能达到清晰的效果。例如我使用尼康D70s相机进行微距摄影时，就经常需要手动对焦，因为自动对焦系统达不到要求。而用尼康D200相机，大部分情况下都可以使用自动对焦，当然所有尼康较新款式的相机都具备这项功能。

微距摄影的目标与拍摄大型物体的情景一样，都是要把被摄主体尽可能地拍摄清晰，如果拍摄小动物，同样也要注意把眼睛拍清楚。

仕为较小的生物拍摄时，最好拍摄它的侧面，而不是它的正面，这样向深度发展的余地大，而且也可以规避清晰度区域太小的问题。

如果是给特别微小的动物拍照——例如蚂蚁——经常会觉得很难调清晰。您不妨这样试一试，把相机换到手动模式，固定好某个距离，调好清晰度，然后稍稍弯下身子拍照就能收到清晰的效果。如果不得不移动几毫米，那并不妨碍，由于照片规格相对较大，清晰度很容易调准过来。

夜晚摄影

黄昏时或在黑暗中摄影，因为能见度太差，对焦会比较困难，再加上题材有时不太合适，自动对焦系统也许就罢工了。这时您必须开启AF辅助光系统，它发出一束光，对焦系统就可以使用了。

夜晚拍照时，如果为了避免震动而使用了三脚架，那么此时的曝光时间长短就几乎无所谓了，因此您可以把光圈调节至您所希望的景深为止。

商品摄影

或许您想在网上开个小店，卖点什么商品，这时就需要有表现力很强的商品照片，来给未来的顾客留下一个非常好的印象。如果是在摄影工作室里拍摄这种照片，使用新的实时显示模式是个很好的选择，因为您可以依据这个模式精确地确定照片中清晰度的位置。实时显示模式的缺点是对焦速度慢，但在工作室里拍照时这个缺点也无大碍，周围环境灯光太亮对室内摄影也不要紧，但对在显示屏上观看的效果有点影响。

↑柏林的小酒馆。夜晚摄影时对焦偶尔会出点麻烦（尼康D200，62mm，ISO100，1/3秒，f/4.5）。

↓BMW车模。商品摄影应该有一个好的清晰度，以便给顾客留下一个好印象（尼康D700，55mm微距，ISO200，0.77秒，f/32）。

↑自动对焦驱动种类。使用没有对焦开关的相机时,可以在菜单里调节所希望的自动对焦驱动种类(这里使用的是尼康D5000)。

对焦系统

尼康各款相机都为您提供了众多的自动对焦选项,即使是小型款式相机也拥有巨大的对焦范围。使用大型款式相机,您不仅有更大数量的自动对焦图像区域,而且在自定义功能里您还有自动对焦更多的可能性。

激活自动对焦

根据您所使用镜头的不同,从手动对焦转变为自动对焦时,也有不同的可能性。

有一些镜头可以在您激活了自动对焦功能后,仍能手动对焦。下图中您看到的是一只35-105mm变焦镜头上的一个这样的M/A开关,把开关调到M位置上,则自动对焦关闭——与在相机外壳上调节的是哪种模式无关。

镜头制造厂家给这个选项赋予了不同的现实意义,例如使用180mm腾龙微距摄影镜头(见本书第103页),当手动对焦时,镜头上的大环就向后锁定,这个方法很实用,它可以使转换进行得非常快。

对焦开关

从D90开始的尼康各款大型相机的自动对焦启动方式由一个开关来控制,下图中您看到D300s相机上的这个开关,这里除了手动模式(M)以外,还提供了另外两种启动方式。

S标识的是一次性对焦(Single Shot)。在这个模式里,当您把快门按下一半时,相机进行对焦,当取景器里表示对焦结束的标识出现时,说明测好的距离已经存储了,这时您才能按动快门拍照。在这个模式里,只有当被摄主体真正清晰地显示出来后,才能释放快门,否则的话快门是锁住的。

在静物拍摄时想验证一下是否已调清晰,这个模式是理想的选择。

在C模式里(Continous),如果您把快门按下一半时,尼康相机会持续地对焦,人们称为高品位跟踪对焦。相机会预测出来,被摄主体在释放快门那一刻所处的位置,也就是说,相机在和人一起"思考",使用这个模式您也可以等对焦结束后再释放快门,否则可能会出现模糊的照片。

清晰度预置

几乎在所有互联网上讨论各种型号相机的论坛里,过一段时间就会有人提出清晰度预置或者对焦预置的问题来——这个概念是什么意思?它的实用性在哪儿?这个方法适用于哪些使用范围?是不是每一款数码单反相机都能使用这个功能?

不是每款相机都自动适合使用清晰度预置来工作,为此需要具备特定的功能,基本想法很简单:摄影师选定一个距离,预先调整好清晰度——等待要拍摄的物体进入设置的区域,并且影像可以被清晰地拍下来的那一刻,才会释放快门。

这种方法可以用在拍摄体育题材上,例如当一个摩托越野赛车手飞越一个土坡,或一匹赛马在跨越障碍物时使用。还有就是在微距摄影领域,当您想用一个非常小的景深范围拍摄昆虫时,用这种方法可能不错,但所使用的相机必须具备这种模式,即可以在调好清晰度后等待,直至要拍摄的物体影像清晰时才释放快门——尼康各款相机都具备有这种模式(即S模式)。一般情况下调节清晰度时,需要把快门按下一半,此时常规的标准模式不再起什么作用。不过还可以用另外一个键来实现清晰度调节,例如尼康相机的AE-L/AF-L键也具有激活自动对焦的功能,调节好您所希望的清晰区域后立即按下快门。启动了S模式,就等于已经预置了指令,然后您就等着所期待的被摄主体进入您预置的清晰范围后就大功告成了。

如果您想拍摄运动中的物体,这个模式是非常适合的。

较小型的尼康相机各型号直到D90,都附加有选项AF-A(自动),如果使用了这个选项,那么尼康相机就会自主决定,另外的两种模式中哪个更适合,被摄主体有多长时间不动弹,相机多长时间都处在AF-S模式中,一旦物体活动了,就会转换到AF-C模式。

题外话

清晰度存储

在S模式中,首先存储清晰度的值,然后您就可以使用这个值,精确构图后释放快门拍摄;而在C模式中由于它具有跟踪对焦的功能,因而不能这样做。

对 焦

↑自动对焦图像区域控制。在没有图像区域控制开关的模式里，在菜单里调节相关的模式（这里使用的是D3000）。

→对焦区域选择。在这种场景里使用的是单个区域控制（尼康D70s, 105mm微距, ISO200, 1/250秒, f/4）。

返回

如果另外的一个地方作为中心对焦区域被激活，从而应该立即返回到中心对焦区的话，您可以点按多功能选择器的中间键。

单个区域控制

使用尼康相机进行自动对焦时，您有多种不同的可能性，各款专业相机会通过一个专门的开关来控制图像区域。在各款小型相机中，通过菜单来进行选择，许多摄影师喜欢使用单个区域控制，因为这时他们能够对所使用的自动对焦图像区域进行最佳的检验。

究竟有多少种图像区域供您选择，取决于您所使用的尼康相机，一般来说，小型的各款式尼康相机比各种半专业机型所能提供的图像区域要少。例如从D3000到D90各款相机有11个图像区域，而D300s和D3系列相机有51个图像区域，在右上图中您看到的就是D3000和D5000相机提供的图像区域。

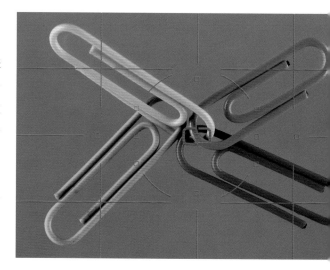

使用多功能选择器上的箭头按键来选择您所希望的图像区域，使用D90以上的大型相机，可以在选择后，用开关把图像区域锁定，这样可防止您在不经意间碰了它而发生错误。用小型相机时，您应该通过取景器随时检查，是否由于疏忽而使图像区域错位，激活另外的一个自动对焦图像区域往往就发生在瞬间。

在所有需要照片中有一个完全准确的对焦点的场景中，单个区域控制都值得您使用。右上图中的回形针造型就是一个这样的例子。

这种方法不太适合的领域是体育摄影，因为它的变化太快，极其容易使照片中的对焦位置变成错误的点。左边的照片就是这样的例子，正如图像区域标识所显示的那样，自动对焦区域并没有"逮住"任何一个运动员，而只是一片背景。

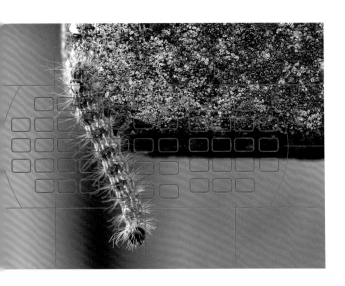

自动对焦区域控制

如果您想把对焦的事情完全交给相机处理，您可以激活自动对焦区域控制。

此时所有的对焦区域都是有效的，相机在使用那些被摄主体所在的离相机最近的对焦区域，因此，如果您不想依据物体位于照片最前边的部分对焦的话，就不适合使用这种对焦模式。如果您使用AF-S模式拍摄照片，在按下快门后约一秒钟，会在取景器中显示刚使用过的对焦区域，如下图所示，在AF-C模式里不会显示是根据哪些对焦区域进行对焦的。

←51个对焦区域。"大型"尼康相机款式，拥有51个自动对焦区域，这里您看到的是D300s相机对焦区域的排列顺序（尼康D300，105mm微距，ISO400，1/250秒，f/4）。

对焦区域数量

您对对焦区域内物体移动的预知性越少，就应该越多地调节动态对焦区域的数量，但是这样做也有风险，可能会发生照片上某个次要的部分被拍摄得很清晰的情况。

动态对焦区域控制

对焦区域控制的第二种方式与单个区域控制相似，也需要您选定有效的自动对焦区域，不过相机会同样顾及到邻近的对焦区域，如果被摄主体离开了原来调节的对焦区域，系统会追随它，并相应地跟踪校准清晰度。而原来的对焦区域并不改变，这种动态的对焦区域控制应该与AF-C模式一起使用，在AF-S模式里只有在有效的自动对焦区域中的物体才能调节清晰。

这就是在拥有自定义程序的相机中，在"体育"模式里的预先设置方式，这种方式特别适合用于体育摄影中的对焦区域控制，在使用具有51个对焦区域的各款相机时，可以在自定义功能里给出指令，说明您打算在清晰度跟踪校准时使用多少个对焦区域。

↓有效的对焦区域。在AF-S模式中显示出来在对焦时依据了哪些图像区域。

3D跟踪对焦

最后一个选项为3D跟踪对焦,它可能是在发生冷不防的移动中的合适选择——例如在给玩耍中的小动物或孩子们拍照的时候。当您在AF-C或者(如果可能的话)在AF-A模式中拍摄的话,都可以使用这个选项。

把快门按压到第一个作用点后,相机会存储位于有效的自动对焦区域周围的色彩。如果物体移动,相机会自动跟踪校准清晰度,一旦被摄主体移动到了取景器画面之外,您需要把相机重新瞄准物体,并且再次把快门按下一半。

自动对焦值存储法

如果您想避开各种各样的对焦系统,您也可以使用另一种方法来存储清晰度,不过这种方法只适用于静物摄影。

此外当您用自动对焦图像区域法不能抓住被摄主体时,存储清晰度的方法也值得推荐。

激活了AF-S模式,如果您把快门按压到第一个作用点,相机就会把对焦状况存储下来。

←绿头鸭。如果您信任尼康相机的自动对焦系统,您可以"托住"相机狂拍,日后从这一系列中挑出最佳照片。左边的3张是我从3分钟内拍摄的40张照片中挑选出来的(尼康D3s, 300mm, ISO400, 1/1000秒, f/6.3)。

如果您想把清晰度存储下来，而您却正在AF-C模式里工作，那么您就必须使用AF-L键来实现存储。

要想进行清晰度存储，您可以转动照相机到画面上显示您要拍摄清晰的地方，然后把快门按压下去一半。

把清晰度存储之后，您就可以把相机转回到您最终要拍摄的画面上，要拍摄的物体当然必须与刚才对焦的位置在同一个清晰层面上，并且在存储了对焦结果后不能再移动位置，在静物摄影时这是一个即快又可以信赖的方法。用这个方法在绝大多数"正常的"情景中，您都能得到完美的结果。

自定义功能

根据您拍摄时所使用的尼康相机型号的不同，您在自定义功能菜单里看到的对焦选项也各不相同，尼康型号越大，它的自定义功能设置的就越多，下面我将为您把值得一提的功能总结一下。

↓睡莲。如果要拍摄的物体不在画面的中心，您可以选择改变对焦图像区域，也可以使用对焦值存储（尼康D200, 180mm微距, ISO200, 1/640秒, f/11）。

对焦

对焦区域规格

在一些型号的相机里如D90或者D200，可以更改对焦区域的规格。如果能把好多对焦区域综合在一起，从而得到一个较大面积的测量范围，这样就很实用。

下面您看到的是以D90相机为例，上图是正常的对焦区域规格，下图是中间部分被放大了的自动对焦区域。

↓放大了的图像区域。在上面的插图里您看到的是D90相机正常的图像区域规格，下图是放大了的图像区域（尼康D90，105mm微距，ISO200，1/250秒，f/4）。

AF辅助光

如果用于对焦的光线太弱，您可以返回使用自动对焦辅助光，它在自定义功能里可选择开启或关闭。应该注意的是，这个辅助光不是在每个场景中都能使用的，例如在音乐会上摄影时灯光很弱，但您不可以使用辅助光，因为它射出的一道光线会干扰演出。

对焦区域数量

使用尼康各款可以提供许多对焦区域的相机，例如D300s或D3系列，在单个区域控制里的转换都比较麻烦，因此可行的方法是把对焦区域的数量减少到11个区域，这样在选择的时候就比在51个对焦区域时要好多了。如果达到了最后的对焦区域，例如您可以预先指定，应该跳到第一块对焦区域去。

自动锁定

各款大型的尼康相机都具有一个非常有用的自动锁定功能，例如您正在对焦时，突然一只鸟飞过您的画面，如果没有自动锁定功能，焦点就会从主要客体跳到鸟的身上。使用自动锁定功能，就可以设定相机保持在被摄体上而不往其它物体上转移。

尼康D70s，105mm微距，ISO200，1/400秒，f/5

尼康D200，18mm，ISO800，1/60秒，f/4

7 数码摄影的一些特点

　　数码摄影时代保留了许多胶片摄影时代的东西，却也与之有一些重大的区别。本章将为您介绍在拍摄数码照片时特别要注意的事情，以及哪些知识值得了解。

　　本章中所有照片均由米夏埃尔·格拉迪亚斯提供。

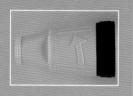
转 型

自从摄影术发明以来，至今并没有什么改变，即使数码单反相机的操作也与胶片时代的相机非常相似。在数码时代相机添加了一些实用的东西，例如可以立即回放照片以检视效果，或者菜单里选项的调整。

此外还有各种各样的东西在数码时代完全变了样子，例如对拍摄下来的图像文件的处理。

在本章我将向您展示JPEG和RAW文件规格都有哪些优点和缺点，也还会谈到尺寸大小和分辨率的特性以及各个不同的质量等级。

还有所谓的画面噪点也是一个在互联网论坛上经常被提及的话题，在本章我也会为您介绍这个问题。

此外，您还可以了解到，在使用流行的各款式尼康相机时，Live-View实时显示拍摄模式和录像功能的各种可能性与它们的局限性。

除此之外您还会了解到该如何把在胶片摄影时代的宝贝带进数码时代来，在这方面其实有许多可能性，部分还是物美价廉的，也就是说您的胶片时代的幻灯机和负片并不是毫无用处了。

至于您需要多长时间才能熟练使用数码单反相机，部分取决您选择了什么途径。许多用户在胶片时代结束后首先选择了数码精巧型相机，因为它比单反相机上市要早。精巧型相机与单反相机的"工作"原理不一样，肯定会有一段时间不太适应，还有重要的一点是因为单反相机独有的Live-View实时显示拍摄模式，以及它通过十分微小的传感器来调节景深范围的功能，而精巧型相机还没有配备那个小传感器。

如果您从胶片单反相机直接转型到数码单反相机，那么您只需习惯那些新开发出来的数码功能即可，这样的转型速度会很快。

如果您具备一定的电脑工作经验，那么完全可以用于摄影上，也就是说用于寻找吸引人的题材以及把它转化到照片上。也许您对电脑还不太熟悉，那还得用一段时间入门，一些"老"摄影家们为

了进入数码摄影时代都买了电脑。除了学习电脑的使用技术外，您还必须掌握的知识有：照片处理软件是如何工作的，您用它都能做哪些事情等等。

把拍出来的照片进行有用的分类归档也是一个重要的课题，关于这一点我将在本书的第三部分里作详细的探讨。

另外一点您也应该想到：相机的功能随着新型号的推出范围越来越广泛。菜单里也会越来越多地"塞满了"各种用处大和用处小的功能。您可以使用所有的这些功能，但不是必须使用。经常听到说，有的新进入数码摄影领域的人沉浸在这些诸多的新功能中，以及由此而产生的新的可能性里，乐此不疲，甚至都把"摄影"完全忘记了。

在本章里我还想提醒您注意，哪些课题范围确实重要，哪些问题您不必害怕，这里我想以人们喜爱的话题"画面噪点"为例，实际上会出现的问题比人们原来预想的要少得多。

↓桌上静物拍摄。进行桌上静物拍摄时，可以有效地使用实时显示模式（尼康D300，180mm微距，ISO200，1秒，f/32）。

比特和字节

电脑中所有的东西都以比特和字节作为计量单位，这种称谓是从哪里来的呢？它们是什么意思？尽管今天人们对这个复杂的问题已经司空见惯了，我还是想把它说一说：电脑只认识两种状态——开或关（1或0，黑或白），人们把这种最简单的信息称为比特（Binary digit）。用多个比特就可以描述更多的状态，2个比特就已经是4，您在下面的黑白色彩段中就可以看到1比特和2比特的表示方法。在上边的是1比特色段，只能有黑白两种颜色，下边是2比特色段，就是2×2，即4个状态，除了黑白以外，还能再补充两种灰色调。

那么4个比特就是2×2×2×2（2^4），等于16个级了，下图中就可见到了。

再往下算8个比特就是256个不同的状态（2^8），人的肉眼已经不可能把这么多级区分开了——如下图所示，出现了一个柔和的变化过程。

数码相机拍的照片由3个色彩基色组成：红、绿和蓝，其中每个都能分成256级，对于这3个色彩基色，人们也说24比特的照片（8+8+8=24比特），通过

这256级就出现了1670万细微的色彩差别（256×256×256），这也就是人们说的"真实的色彩"。

理论上说，色彩还可以用更多的比特进行更精细的分级，各款尼康相机在它的RAW格式里给每条基色都提供了12或14比特的分级，现在的问题在于输出设备，例如显示屏或打印机表现不了这样的色彩饱和度，也有许多文件规格只支持8个比特，同样还有许多图像处理软件只能加工8比特的照片。最小的能够存储的单位（大部分是8个比特）称之为1个字节——这样根据照片数据也很容易计算出文件的大小。如果您有一张规格为3872×2592的照片，进行乘法运算后，不仅得到了照相机（这里是D200）的像素值，而且如果您把结果再乘以3条色彩基色的话，同时还能得出文件的规格来。在范例中照片在每条色彩基色中包含有10036224像素，因此一张未压缩的照片有30108672个字节大，即相当于29403千字节（1024字节=1千字节）或者28.7兆字节（1024千字节=1兆字节）。一张照片真实的文件规格要比这个例子稍微高一点，可能是因为在图像文件中又加入了其它信息，例如照片的图像文件数据等等。

JPEG照片

为了节省空间，制造商们从数码摄影开始时，就努力把已经拍好的照片变得尽量小，缩小文件的最重要的手段是使用JPEG文件规格，可以使文件数据量迅速地减小。

另外各款式尼康相机还提供有其它方法，可以使照片在存储卡上不占用过多的存储空间。

但是需要首先建议重要的一点：这个缩小文件的选项您应该只在非常紧急的情况时才使用——最好是根本不用。做这个建议的理由很简单：万一照片质量存储的不够好，那么日后就已经不能再恢复它的原始质量了。

也许您在拍照片时想，反正自己也只是冲印小照片，也就干脆保存缩小了的照片就可以。但是日后一旦从老照片中发现自己拍了一张"世纪之照"时，您就只能把那缩小了的照片再去放大了。

目前存储器的价格已经变得非常便宜，您最好还是投入点钱，买上几张存储卡。现在流行的SDHC存储卡内存达4G，具有非常卓越的读写速度，只卖不到50欧元（约为人民币400元）。同样还有闪存卡，价格稍微贵一点。建议您随时预备好1至2个内存为4或8G的存储卡，在一个4G的存储卡上您可以存上10兆大画面的，题材不同的约800张JPEG照片。

↓德国派纳市(Peine)楼房外立面。照片中能看到精致的细节越多，JPEG文件就越大（尼康D70s, 46mm, ISO200, 1/320秒, f/10）。

压 缩

由于有许多的像素,从而产生出了巨大的数据量,研发者从一开始就尝试着通过压缩而使文件变小,并且尽可能地不损害图像的质量。数码摄影刚开始的阶段,文件巨大的问题还远远提不上日程,因为那时图像的分辨率很小。

压缩分为无损失压缩和带损失压缩两种,在无损失压缩中图像内容不会丢失,而在带损失压缩中情况则相反。

被广泛应用的TIFF文件格式也提供无损失压缩功能,TIFF文件格式除了可以支持RGB模式外,也支持CMYK印刷色彩模式,因而在压缩领域很流行。各款专业和半专业尼康相机也提供这个文件规格用于图像保护。

TIFF文件格式(TaggedImageFileFormat)最初来源于AIdus(后来被Adobe收购)和Microsoft。除了没有压缩的文件会规格很大以外,TIFF格式还提供有各种各样的压缩方法,左图中您看到一些选自Photoshop的存储选项,这里可以看出TIFF文件格式的整体能力。

无损失压缩的目标是把文件量减下来,方法是先检查文件(无论是文本文件、图像文件、还是音频文件都一样),一再反复出现的元素并把它们综合到一个值里边。

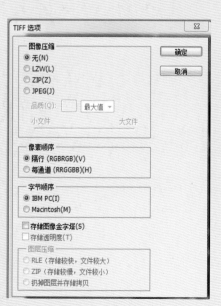

如果一幅画面中带有相同色彩信息的像素总是重复出现,这些信息就可以被综合成一个值,同时不会丢失任何画面细节,一片单纯蓝色的天空就是这样的一个例子,画面中不能综合在一起的细节越多,文件就会越大。

文件的大小主要取决于画面的内容,如果您确实不想丢失任何画面信息,那您就可以使用TIFF或者RAW文件格式。

使用带损失压缩,主要是用来删除多余的信息,从而把存储需求降到最小。处理音乐文件时可能删掉的就是人们不听的或不能区分的声音,处理数码照片时就是人们不能把它们彼此区分开的色彩细微差别。

人们把具有微小分辨率的色彩感觉为亮度差异,如果相关多余的值都被删除了,就得到了明显缩小的文件量。

JPEG

JPEG文件格式在带损失压缩领域被作为标准规格使用。

JPEG的名字来源于1992年推出这款文件格式的研发组的名字: Joint Photo-graphicExperts Group。这项规格的特点是: 压缩的度数是可变化的, 例如对那些图像质量非常好的, 但文件量也较大的照片的处理, 与那些图像质量较差同时文件量很小的照片一样。

数据压缩要有许多步骤, 其中几个步骤是带损失的, 照片首先被RGB色彩环境换算成YCbCr色彩模型点。这个色彩模型是根据PAL标准为数字电视机研发的, 它由3个基色组成: 在旁边的四幅图像中, 您看到左上幅是原始图像, 右上幅是Y基色图像, 存储了图像的基础亮度, 因此它是一幅黑白图像, 在Cb基色中存储的是色彩在由灰向绿直至红的方向偏离能走多远, Cr基色接收的是由灰向蓝至黄的方向偏离情况。这两条基色在下边的两幅插图中表现。

这个色彩模式与人的视觉方式相吻合, 因为人们更愿意把小的亮度差异感觉为色调差异或者色彩饱和度差异。

Cb和Cr基色的色彩偏离信号在压缩过程的下一步里被检查, 然后形成了一个8×8像素大的矩阵, 在其中, 像素邻近

的亮度差异被检查, 色彩差异越小, 其像素就越会被综合成一个色调。在像素被综合之前, 您可以使用压缩元素来决定, 究竟亮度差异应该多大。您把照片压缩得越小, 它相邻的像素就越会被综合成一个色调值。

由此产生所谓的不好看的"赝象", 压缩得太小, 会使赝象在图像里可以看出来——这样的照片就因为过分压缩而不能使用了。右下面的这幅图片就是示例。

↓细节。这幅图像剪裁来自上一排的照片 (左图中黄色花朵)。在上面的细节图像中只对画面进行了很少的压缩, 下面与之相反, 这里可以很清楚地看到8×8像素大的块和综合起来的色彩被放大了以后的影像。

质量等级

尼康各款相机提供了各种各样的质量等级，等级的数量按款型的不同也各不相等。

其中的一些与RAW图像有关，这样您也可以把一张RAW照片和一张JPEG照片共同保存。此外还有JPEG格式的各种质量等级，使用专业或准专业型号相机时，可以用TIFF格式来存储未压缩的照片，不过TIFF文件由于规模特别大而不太值得推荐，一些专业摄影师喜欢在摄影室内拍摄时使用它。

JPEG质量

使用"精细"选项，您会获得最佳的图像质量，因为这里的压缩比例只是1：4，由此产生的文件当然还挺大。使用"普通"选项能把图像大约压缩为1:8的比例，而在"基础"选项里的比例是1:6。不使用"精细"选项工作的唯一理由，就是存储卡上缺少存储空间，不过您最好还是再准备一张备用的存储卡。

↓远眺埃尔姆(Elm)。本书中的照片都存储为TIFF格式，网络回放时使用JPEG格式这是正确的选择（尼康D300，50mm，ISO200，1/640秒，f/13）。

图像格式

尼康相机共提供3种不同的图像格式，但是我的推荐只能是：应该以最佳质量为标准。如果您使用了大尺寸的照片，您也可以在以后任何时间里，借助一个照片处理软件来制作照片。下面您看到的是D300s相机，拥有一个1230万像素的传感器，它的三种L、M和S图像格式。

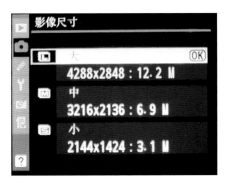

使用这种相机您可以得到分辨率为200dpi的最大规格照片，可以达到54.5×36.2cm，而且打印出来质量极佳，而只有310万像素的最小规格也只够用于一个27.2×18.1cm的规格照片，中间的690万像素的规格可以使一张40.8×27.1cm的照片以最佳质量打印出来。

JPEG压缩

您可以使用"JPEG压缩"选项来控制文件的大小，但是在这里您可不要含糊，而且要调节选项"最佳图像质量"，因为一旦激活了按标准设置的选项"统一的文件规格"，D300s相机就会开始把

所有照片都压缩到一个接近统一的文件规格，同时就会出现不同质量的照片，因此这个选项不推荐使用。

此外像素还显示出，在这个选项上文件规格之间差距也越拉越大，主要是由照片题材来决定。平面的题材，例如一个模糊的背景，按标准来说文件都比较小，所以这样的照片会较少被压缩，而那些包含很多细节的照片，一般来说文件都会比较大，自然也就需要使用较强的压缩。

NEF

NEF(NIKON ELECTRIC FILM)是尼康公司独有的一种文件格式，是RAW文件格式的另一种形式。RAW格式有一个很大的缺点：产生的文件数据量很大，这不仅要占掉很大的存储空间，而且缓冲存储器也很快就会存满了，并且在把文件转存到存储卡也会费时较长，这样您在拍照时就明显失去了速度。

因此在专业和半专业相机里设置好的NEF（RAW）调节功能是很实用的。您可以给RAW文件调节压缩情况，在无损失选项里，可以把未压缩的NEF图像的文件规格缩小大约20-40%，在带损失压缩选项里，根据拍摄题材的不同，甚至可以缩小40-55%，选项"无损失压缩"是标准设置，应该保留下来。

值得推荐的是，激活这两种压缩选项之一，特别是没有明显的质量损失时，也不要选择带损失的压缩。当然在压缩

可能性
根据您所使用的尼康相机型号的不同，它们的压缩选项也各不相同，型号越大，选项就越丰富。

过程中总是会丢失一些数据——否则的话，文件就不会变小了。

即使在放大多倍的视图里，质量损失也看不出来，D300s拍摄的未经压缩的RAW文件都在3600万字节左右大，压缩后只有1100万至1400万字节大。另外随着压缩您又提高了拍摄的速度，当然设置好的比特——深度也对文件大小有影响。在14比特模式里，未经压缩的NEF图像大约有2600万字节。

色深

使用专业或准专业型号相机，在RAW格式工作时，色深也发生改变，这一点应该会使"高端"用户感兴趣。他们就可以选择，RAW照片是否该有12或者甚至14比特的色深呢？色深越高，传感器存储下来的色彩的细微差别就越多，不过，当色深到14比特时，您连拍的速度肯定就会降低。

限　制

如果您打算拍摄色深比较高的照片，应该考虑到有几点限制，特别是文件大，需要占用硬盘更多的容量。

一般情况下，12比特甚至14比特照片的动态范围对您没什么用，因为作为最终结果，照片只能使用8比特照

↓由Mykonos设计的希腊风磨，在德国吉夫霍恩市（Gif-horn）的磨坊博物馆里。如果要打印照片，那么照片上大的景深对您来说没什么用，只有在优化照片时，它才有用处（尼康D200，24mm，ISO100，1/100秒，f/13）。

片。JPEG格式也仅仅支持8比特，就连显示屏对更高的细微差别也没什么办法，因为它也只是以每条色彩基色8比特的状态工作。

打印时，更大的色深对您来说同样没有用处，因为打印机处理不了更高数量的色彩细微差别。最后要指出的是，即使人的眼睛也没有能力分辨8比特以上——相当于每条色彩基色256个灰色等级。因此从外表上您也看不出区别来。

许多图像处理软件同样也仅支持微小的色深，有的则干脆不支持这种模式。就连专业软件Photoshop对于处理色深较大的图像也设置了限制。只有当您想优化这种照片的亮度/对比度或者色彩时，才会显示出它的优越性，那就是会比8比特照片丢失的色调要少，因为它本身提供更多的细微差别可供使用。

RAW图像

用户论坛里关于赞成和反对RAW格式的讨论众说纷纭，莫衷一是。一些数码摄影师对这个灵活的格式赞不绝口，另一些则担心它会占用太多的硬盘存储空间，有时这种讨论使人想起胶片时代，摄影师们在讨论是否最高的追求该是有一间自己的暗室，并且可以印制"大量的照片。"

初始状态

使用各款尼康相机提供的RAW格式，您获得图像的未被处理过的原始数据，所以有时人们把它称之为"数码负片"。拍摄照片时不要打算做任何图像处理调节，这个任务留待日后在电脑上完成。除此之外，后期您还有各种可能性来适应相机的调节——调节自动白平衡就是一个很好的例子，在您决定要使用RAW格式之前，您应该做一些考虑，RAW照片需占用很大的存储空间——根据所使用的照相机型号的不同，会产生4至5倍的文件量差异，也就是说需要大的硬盘内存，不过这个"缺点"相对于目前已经很廉价的大内存硬盘来说也就微不足道了。第一批TB硬盘也已上市，不过整个工作过程由于文件太大而有点缓慢。这个问题在拍照时就已经出现了，例如在进行体育摄影时会连续不断地拍出一大批照片来，而往存储卡上的存储过程，当然也比存储压缩了的JPEG图像要慢一些。如果相机内置的缓冲存储卡满了，您就不能再拍照了，因此在体育摄影时一般不建议您使用RAW格式，静物摄影时——如风景照片——这个缺点当然就无足轻重了。

下一个"瓶颈"出现在把拍好了的照片转存到电脑上时，由于文件较大，转存明显耗时较长，而且对这些大照片日后进行处理时也要花费更多的时间。如果您有一台速度很快、更新的电脑，并且有大容量的存储卡，那么这些缺点就不值

带损失的

在进行RAW讨论时，人们应该知道：JPEG图像不是无损失压缩的照片，即使是进行很弱的压缩过程，那些数据也会不可避免地丢失，这就是对于较小文件规格的容忍。如果在照相机内部设置了图像优化功能，并且也把这些修改功能完全使用在了照片上——以后再想恢复原始照片的模样就不再可能了。

↓保时捷Carrera杯赛，奥舍尔斯累本（Oschersleben）。体育摄影时，不推荐使用RAW格式，因为它的文件量太大（尼康D200, 210mm, ISO100, 1/640秒, f/5.6）。

一提了。RAW格式的反对者认为还有一个缺点就是：必须先把RAW照片先转移到另外的一个文件规格里。再进行后期处理，而不先进行转移又不能进一步处理。

即使不做后期处理，您也必须花上一些时间，以便保证今后照片能够使用，这样的转移任务如今使用图像处理软件已经很容易完成。但是如果只是为了进一步加工而转移RAW照片，那它相对于"普通照片"来说也就没什么优点了。各款尼康相机除了对RAW数据提供有专门的存储以外，还在存储卡上设置了一个JPEG照片保护，这是一个非常有用的功能，JPEG图像可以得到立即审阅和处理。

如果需要把RAW选项用于系列摄影中的一张照片，这时可以返回使用RAW变异选项，使用这个选项当然需要更多的存储空间，因为每张照片都被保存为两幅图像，不过较高的处理速度可以克服这个缺点。

当所使用的相机也能压缩图像数据时，RAW格式就有意义了，现在流行的专业和准专业尼康相机在激活相关选项后，可以把RAW数据压缩到半个文件规格大小，这样RAW照片就大约只是JPEG照片的两倍大小了。

优 点

　　自从RAW格式问世之日起，关于它优缺点的争论一直在沸沸扬扬地进行着，那些RAW格式的拥护者们用最高的嗓门称赞着那些臆想出来的"优点"，而其他的摄影爱好者们则用微笑来对他们的论证表示讥讽。必须确认的一点是：如果您在良好的室外条件下（例如阳光灿烂时）随时能拍出曝光无瑕疵的照片，您就可以省去在RAW格式里保护照片这道工序了，这样就等于您白白放弃了存储器内存，也不再具备其它的优点。

　　在许多摄影题材范围里，会遇到那些要求一个特殊曝光参数的"棘手的"情景，逆光拍摄可能就是这样的一个例子。针对这样的任务，现时流行的相机提供了各种各样的修正可能性，例如进行曝光补偿或者制定曝光顺序，以便日后可以找出某一张合适的照片来。在这样的情景里，RAW照片的优点都可以发挥作用，因为当您日后进行"曝光补偿"时，甚至可以修正两个光圈等级，这样看来包围曝光又成了非必需的——您事后可以在电脑上进行相应的修正，因此在拍摄照片时对于"完美的"曝光不必想得太多。

　　对色调和饱和度进行修正的可能性也并不是RAW照片独有的优点，您可以在每张JPEG照片里同样地进行图像优化工作，也同样适用于日后对照片清晰度的修正，还有关系到对照片光线和深度的修正，更是对所有照片都可以进行——不管它是不是RAW照片。另外，

↓威廉皇帝纪念教堂，柏林。如果您始终能拍出完美曝光的照片来，RAW格式对您来说就没有什么优点了（尼康D200，19mm，ISO100，1/250秒，f/8）。

↓晚点名号。难于掌握的光比例关系让RAW格式的优点大显身手（尼康D200，105mm，ISO 800，1/125秒，f/2.8）。

还相对容易地可以检验出来，某一项照片处理功能是不是RAW格式的一个"真正的优点"。如果RAW图像处理软件五花八门的功能中的某个功能，既能用于JPEG也能用于RAW照片，那就不能说它是RAW格式的特殊优点。一般情况下，当人们打开JPEG照片时只有零星的功能看不到。

在对RAW图像进行"高端"处理时的一个真正的优点，是RAW照片拥有较大的色深，这样被记录下来的就不是常见的每条基色8个比特，而是12或14个比特，于是色彩细微差别的总数就会特别高，从而使照片中更多的细节可以反映出来。

白平衡

RAW摄影最重要的优点之一，是可以在事后选择合适的白平衡调节。在胶片摄影时代，可以通过选择相匹配的胶片来修正各不相同的光线比例关系。为了避免在使用人工光拍照时必然会出现的色彩失真，当时的做法就是简单地选择一种能修正这个色彩失真的胶片类型。如果摄影师本来想捉住"人工光源情调"，却使用了一个"日光型胶片"，这样例如烛光照片就会显示出明显偏红的色彩失真。

这种行动方式到了数码摄影时代就完全改变了——一部分成为了"艺术性"要求高的照片的缺点。自动白平衡可以修正这种色彩失真，此时，相机寻找照片里中性的灰色调，然后调节色彩复制选项，直到这个灰色调无失真地被复制出来。

提高ISO感光度

后期进行"曝光补偿"的可能性,同时也可以被用来提高ISO感光度——不过此时您无论如何不要去干扰很容易就被减少了的照片质量,可以使用尼康相机提供的最大ISO值。

为了把照片的光圈等级下调两个等级,可以在软件中进行曝光补偿,这样就可以缩短曝光时间——这是在光线情况复杂时的一种非常好的方法,然后在打开图像处理软件中的RAW照片选项时,调节曝光补偿直至+2光圈等级,从而再次获得正确的曝光。

在这种高感光度状态下肯定会升高图像噪点,对此您当然不得不接受,比起您由于光线太弱根本不能拍照的情况,这条途径也算是个有效的方法,您毕竟可以得到所希望的照片了。

在实践中总是一再遇到的情况是:没有获得满意的色彩复制结果,或者您希望达到另一个完全特定的色彩情调。

此时您当然可以进行其它的白平衡调节方式,或者,如果您的尼康相机提供有制定白平衡曝光顺序这一选项的话,也可以做这一步骤。不过更有意义的作法是使用RAW格式,这样白平衡调节就可以在事后进行,坐在显示屏前面去慢慢调试,看哪种色温调节值能最好地达到所希望的效果。

RAW格式的最后一个优点,是当您想修正镜头错误时可以使用它。如果照片边缘太暗的话,可以用尼康图像处理软件来修正它。这种方法极为有益,因为否则只能"手动"修正,那是十分昂贵的,尼康甚至还可以修正由于使用广角镜头而产生的形象扭曲现象。

↓逆光。在复杂的光线条件下,RAW格式是可以使用的(尼康D3s, 210mm, ISO200, 1/500秒, f/11)。

频繁程度

　　您使用RAW文件工作得越频繁，就越值得购买一套综合的图像处理软件，如Photoshop或者图像管理软件Lightroom，它也是由Adobe公司制造的。

↓燃烧的火柴纸片。要想达到某个特定的色彩情调，RAW格式能帮您实现（尼康D300，105mm微距，ISO200，1/100秒，f/8）。

处 理

　　RAW图像的文件格式不是每种图像处理软件都支持的。但是随着它越来越广泛地流行，目前已有越来越多的图像处理软件支持这个文件格式。现在也出现了一些共享软件可以阅读和处理RAW照片。由不同制造厂家生产的RAW格式也各有不同，尼康公司用".nef"作为文件结尾来标识它的RAW图像。

　　在软件方面，与其他相机制造商们都在给相机附加有效率的软件不同，尼康公司奉行了另外一种战略。在尼康相机的附送范围里只有一个简单的处理RAW照片的软件：老款相机送的是

Picture Project，较新的相机送的是View NX，不过它们的处理能力都被限制到了最重要的功能上，如果您想充分使用RAW图像处理的所有功能，那您得购买Capture NX（2）。这个软件提供图像管理和图像处理的范围广泛的功能，如果您不想依赖随相机附送的软件工作，那么Photoshop会使您觉得有意思。它给Photoshop Elements和Photoshop CS提供了工具Camera RAW，目前提供的是版本6.4支持尼康所有款式相机的RAW格式。

此软件支持能够优化RAW照片的所有想得到的选项——甚至可以修正镜头的错误，并且提供镜头测定情况。

如果您拍摄出了高感光度的照片，可以在Camera RAW的帮助下，来修正那些高感光度时必然会产生的画面噪点，如果Photoshop是您最喜爱的图像处理软件，那么Camera RAW肯定是您处理RAW照片的首选。

↑Camera RAW。Camera RAW是一种用于转换RAW格式文件的常用工具。

版本更新
　　每当新款尼康相机问世，在阅读文件之前，您都应该先将Camera RAW软件进行更新。Adobe公司一般会在新款相机临近推出之时，推出更高级的版本。

分辨率

图像分辨率，图像规格，光栅宽度——这些是经常会出现的概念，想给它们下个定义有时还真挺困难，其实它们本来挺简单，只是唯一一个组合在一起的，决定像素图像质量的规格——像素数量。

像 素

如果您知道照片里像素数量，就可以据此推导出其它的每种数值，最大值可以在尼康相机的操作说明中找到，您也可以使用Windows浏览器到Exif数据中去查看，左边您看到的就是图像特性。使用尼康D300您得到的最大像素值为4288×2848像素。

从这两个数字中您首先可以看出图像由多少个像点组成，在这张图像里包含有4288×2848=12212224个像素。

显示屏分辨率

从这两个数字中您还可以获悉，图像在多大程度上"适用于取景器"。这个计算很重要，知道了答案，就可以确定，图像在多大程度上可以用于互联网，还有取景器规格也由像素表示，您肯定知道三大标准规格：640×480像素的标准VGA，800×600像素的超级VGA和1024×768或1280×1024像素的高分辨率显示屏。

拥有4288像素宽的图像对于所有的三种分辨率都非常适合，它甚至于太大，以致于没有取景器的规格能把它完整地显示出来。

分辨率测算

您可以测算出自己的取景器分辨率有多高，用一把直尺量一下，显示您Windows的面积有多宽，可能您会得到大约32厘米的一个值，它大致表明，您在用一个17英寸取景器工作。继续推算，您在使用1024×768像素的图表卡调节。

从这两个值您可以得知，您的取景器分辨率大约为80dpi，大致符合标准。计算方法如下：

1024像素÷32厘米=每厘米31像素（点）。

这个值大约相当于每英寸80个点，1英寸相当于2.54厘米，分辨率值其实表示的就是在某一个特定的线段上像素的数量。

换 算

由这些数字中您还可以继续推算，显示屏上的范例图像约为138厘米（4288像素除以每厘米31像素）——那么只能把图像缩小了以后，才能在显示屏上得到完整的展示。

打印机分辨率

这时人们或许会以为，把那些已经得出的事实作为基础，应该可以用300或600dpi黑白打印机就能打印出效果极佳

的照片了，但是实际上还有一个障碍必须逾越。

取景器能够把它的分辨率的每个点都转换成亮度，因为取景器上关到RGB仪器，所以它们每个色彩基色最多能展示256个色彩细微差别。

恰恰在这一点上，黑白打印机有一个明显的局限性：您最多只有一种颜色能在展示时使用，正常情况下是黑色，第二种颜色通过打印纸的底色表现出来，它是白色，人们才能说黑白打印。

打印机避开这个缺陷的方法是用纯粹小的光栅点组合成图像，光栅化的原理您在下面的插图中可以看到，左图中您看到黑到白的过程，右图中通过光栅只使用了黑色，但是您在右图中也看到，尽管只用了（黑色）一种颜色，但仍然表述了黑到白的变化过程。通过所投入的黑色点的数量来达到效果，所以在图中左侧您看到了黑点非常多的区域，颜色就暗，而反之右侧黑点少，区域就明亮些。

彩色打印机的工作原理与此相近似，打印机释放出大大小小不等的点，一般都是圆形的，这种光栅点越大，画面颜色就越黑，个头小些的圆点制造出的画面就会亮一些。人们把这种在仔细观察一件打印作品时能用放大镜看见的点称之

为光栅点（如右图）。通过不同大小的光栅点从而产生灰色等级和颜色的印象。

光栅点

打印时的光栅点与您从数码照片上认识的像素绝不是一回事。由于黑白打印机只认识黑色的点，所以这儿是按照另一种原理工作的，您看着是一个个单个点的光栅点，实际上是一个许多单个打印点的集合体，而这些矩阵由多少个点组成，并没有统一的规定。您在下页的图形中看到两个不同大小的区域，左边的矩阵显示的是8×8，中间显示的是16×16个打印点，右边的图形是一个有3×3个光栅点的区域。

从矩阵图形上可以读出它能制造多少个灰色等级，8×8矩阵中是64个灰色等级，16×16矩阵中可以达到的最大数值是256个灰色等级，如果其中一半的打印点被打印了，那么就有一半的区域被填充了，这样产生的印象就是50%灰色。在这个区域里被打印的点越多，那它的"灰色值"就越黑一些，用这种简单的方法可以制造出每个灰色值来。

↑光栅点。在打印作品上，用放大镜能辨识出上面单个的光栅点。

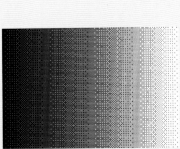

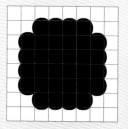 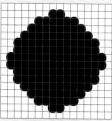 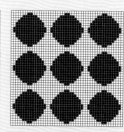

印文字时用的值，另一个则用于打印中间色调图像。例如：600dpi激光打印机就表示它只能用于打印文字，如果您想打印一张灰色等级为64的图像，要以矩阵规格为8×8的区域为前提，此时激光打印机只要求75dpi。

光栅宽度

如果您把打印时集合在某一个特定距离上的例如1英寸的光栅点数出来，得到的数值就是光栅宽度。在打印机语言里用"60er光栅"来表达。

这个值表达的意思是：每一厘米上有60个这样的光栅点。一般情况下，在打印书籍时会使用这个值，它的计量单位常见的有 lines per inch（lpi）（每英寸线条数）或 Linien per cm（Lpcm）（每厘米线条数），60LPcm相当于152.4 lPi。

对于光栅宽度和灰色等级的依赖可以计算出来，用分辨率除以光栅宽度就得出可能出现的灰色等级数。因此，如果您使用具有微小分辨率的输出设备例如一台激光打印机，您必须首先决定，是想用柔和的过程，还是用较高的光栅宽度来工作。许多Postscript设备在打印选项里允许您改变光栅宽度。

高端曝光

胶片曝光时的最大值为2540dpi，即一英寸上有2540个打印点，这个值相当于每厘米有1000个点，为了达到256个可能的灰色等级，需要一个16个打印点的矩阵，所以对于灰色等级图像来说每厘米只有62.5个光栅点供使用（1000dpcm除以每个光栅点16个打印点）。这个剩余的得数可以被看作为"中间色调分辨率"，这个值实际上符合60er光栅，并不偶然。在接下来的图像中您就可以看到打印点和光栅点的关系。

下图中，上面一行里画的是打印点，它们对于文字打印有决定性的作用——这里表现的是16×16的矩阵。

下面您看到的是，为了展示灰色等级图像要制造一个光栅点，所需要的16打印点。结果会相应的更粗糙些，您看到光栅点由打印点组合而成。

组成矩阵所需要的值是可以变化的，它是由光栅宽度和分辨率得出的。下面您看到的是表格中的这些值，并且注

中间色调分辨率

从所描写的这些事实中，您已经看到，输出设备有两个分辨率值，一个是打

明了英语表示方式"dpi"和德语表示方式"Lpcm"，德语的值与打印行业里的专业术语相符，例如"60er光栅"。

结束语

　　计算范例显示，初始设备只能达到159dpi的分辨率，不过所有用于Off-

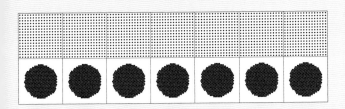

set打印的图像应该是用300dpi来计算的，在这里将依据现有的数字进行计算，许多因素都是理由，输出设备——打印机——自己把现有的像素换算成它可以打印的光栅点。对这个换算，人们不可能施加影响，不过根据打印机型号的不同，换算的进行也稍有不同，有

更多的光栅进入到背景中，人的眼睛就能看得清楚些，因此除了那些不直的光栅，还有带有各种各样角度的光栅都被放置进来，从而使得在从像素到光栅点的换算过程中，也同样会"吞掉"一些细节信息，所以输出设备制造厂家都在强调，分辨率一定要包含有"安全余地"。

安全余地

　　作为安全余地使用的值一般在1.5—2.0之间，也就是说例如在159dpi时，分辨率可以达到238甚至到318dpi。随着分辨率的提高当然也会有文件规格的提高，所以，即使会占用很大的硬盘空间，并且运行速度会减慢，一般情况下，您也不要在低于300dpi的状态下工作。这样您才保有一些可能性——例如日后在放大图像时，不会发生什么质量丢失的现象，即使您最初只打算用激光打印，也难免日后您想打印高质量的照片。

分辨率	中间色调分辨率 （dpi）	中间色调分辨率 （Lpcm）	矩阵	灰色等级	说明
300	37.5	15	4	16	激光打印机
600	75	30	4	64	激光打印机／日报
1200	150	59	8	64	曝光
2540	159	62.5	16	256	用于胶印
2540	317.5	125	8	64	

Exif数据

↓抓紧了，刮风啰！一只四斑蜻蜓。因为Exif数据可以接收所有相机调节，在这张照片上您可以看到，它的曝光不足，低了一挡曝光指数，否则黑暗的背景会使照片变得太亮（尼康D200，210mm，ISO200，1/250秒，f/8）。

在数码摄影时代，您拥有了在模拟时代不曾有过的一种非常有用的新的可能性：所有重要的拍摄数据都会在拍摄的瞬间被自动地记录下来，称之为Exif数据（图像文件格式数据，Exchangeable Image File Format）。Exif是日本电子信息技术工业联盟的一项标准。

数据被直接写进图像文件里，并且位于文件的开头部分，也被称为书页顶端。

许多各种各样的软件都可以返回到这些被写下来的数据里，在Windows浏览器中，能够读到所有重要的Exif数据，这样您就可以把照片按照某些拍摄准则去分类，非常实用。

所有流行的图像归档和处理软件都能读出Exif数据，例如您在使用归档软件时，无论图像存储量有多么大，都能很快地把具有同一特点的照片都过滤出来——例如所有用某一种特定型号的尼康相机拍摄的照片。

图像数据的意义

当我在80年代用一台尼康胶片单反相机学会了摄影时，当时最重要的任务就是把拍摄每张照片时对相机各项指标数据的调节情况都记录下来，以便在把照片冲洗出来之后对照片进行分析时，能再检查一下这些数据。如果照片太暗或太亮，我就能依据当时采用的曝光值，再考虑所使用的胶片类型很快地找出错误的原因。在我的资料堆里我还真找出了1985年用我的第一台FG尼康相机拍摄第5卷胶卷时所记录的原始数据。

您在下面的图片中看到，表格中包含了所有重要的数据，除了调节的曝光时间和光圈以外，我还记下来了曝光补偿或者某个配件的使用——例如一个专门的闪光设备等等，就连使用的焦距我都记录下来了。

回顾记录下来的数据并对照片做出了评价，是"了解"摄影技术之间关系的最重要的准则之一。

在数码摄影时代

遗憾的是，在当前数码摄影时代，许多初入门者不重视这个问题，其实它与胶片时代同样重要。更方便的是，当您可能在拍摄中曝光出现了错误时，能够立刻调节正确重新进行拍摄。

胶片摄影时代不像现在数码摄影时代能有这么多的可能性，因此现在的Exif数据都被摄影的各种参数填充得满满的，事后可以全部调出来再看，无论您是否想知道，事先进行了哪些修正，或者相机使用了哪些参数在相机内部对已拍摄的照片进行了优化，而且就连那些不那么重要的细节也都被记录在了Exif数据里。

为了读到Exif数据，有多种选项可以使用，在回放照片时，您可以调节选项，尼康相机就能显示这些数据。

元数据

Exif数据有时也被称之为"元数据"，人们用元数据来表达那些完全普通的，包含有各种基本数据信息的数据，例如关于某个人所有数据的总和也可以被称为元数据。

←胶片时代的图像数据。在胶片摄影时代人们必须自己把所有拍摄数据都记录下来，才能在冲出底片后对可能存在的错误进行修复，这里您看到的是1985年用尼康FG相机和一卷富士（21DIN）胶片拍摄时记录的数据。

↓Exif数据。在尼康相机"回放"菜单中您可以调节，是否要在图像回放时显示Exif数据，如下图D3000相机菜单所示。

读出数据

能够显示哪些数据，有时取决于您所使用的软件和您所调节的选项。广为流行的图像归类和处理软件Photoshop Elements提供有两种模式，您可以给出指令，只要求显示最重要的Exif综合数据。您在右下边的插图里看到的只有相机型号、ISO值、光圈和焦距以及曝光数据等等，此外也显示了是否使用了闪光灯的信息，在这种模式里您可以获得对于最经常使用的重要信息的概括性的全面了解。

而在"完整"模式里，如右上图所示，显示了详细的Exif数据。使用尼康的图像处理软件View NX，或Capture NX（2），您就可以看到左边的显示截屏图。为了节省空间，您可以根据需要关闭其中某些区域，在这些软件中，有一些要比Elements的显示要详细些，例如图像优化调节，尼康相机能够很具体地读出它们来。

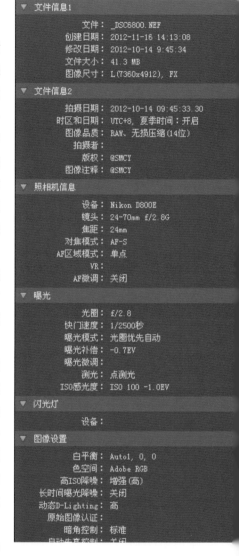

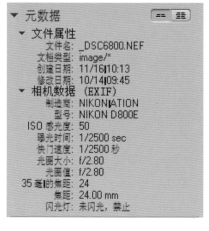

▼ 元数据　　== ≣

▼ 文件属性
文件名: _DSC6800.NEF
文档类型: image/*
创建日期: 11/16|10:13
修改日期: 10/14|09:45
图像格式: image|n-nef
宽度: 7360
高度: 4912
颜色模式: RGB
文件大小: 41.4MB
文档标识符: 9E5AC|3CD1B
创建程序: Eleme| 11.0

▼ IPTC …
说明: 美女
主题创建日期: 2012-|33.30
版权: @SMCY

▼ 相机数据 （EXIF）
制造商: NIKON|ATION
型号: NIKON D800E
日期时间: 11/16|10:25
原始日期时间: 10/14|09:45
数字化时间: 10/14|09:45
曝光时间: 1/2500 sec
快门速度: 1/2500 秒
曝光程序: 光圈优先
光圈大小: f/2.80
光圈值: f/2.80
最大光圈值: f/2.80
ISO 感光度: 50
焦距: 24.00 mm
闪光灯: 未闪光，禁止
测光模式: 点测光
X 维度像素: 7360
Y 维度像素: 4912
方向: 正常
光源: 未知
文件源: Digit|amera
Exif 版本: 0221
曝光补偿值: -0.67
用户注释: @SMCY
场景类型: 直接摄影图像
自定渲染: 正常处理
曝光模式: 自动
白平衡: 自动
数码变焦比例: 1.00
场景拍摄类型: 人像
增益控制: 无
对比度: 正常
饱和度: 正常
锐度: 正常
焦点距离范围: 未知
35 |焦距: 24
传感方法: 单芯|感器

评价选项

除了关于测光的信息以外，您在Exif数据里还可以读到许多其它的信息，而这些并不是在每种软件里都能读到的。原则上来说，由于制造方面的原因，更小型的尼康型号相机与专业半专业型号相机调节的方式不一样，因此您可以在Exif数据中检测一下，为什么更小型相机拍摄出来的照片，往往更加色彩鲜艳，并且质量更好，而小型和大型相机拍出的原始照片则大致相同。

更大型的尼康相机进行工作时"更保守"一些（一般说来，职业摄影师们都非常喜欢这一点）而那些初级款式相机，则大多都在相机内部把对比度和饱和度作了改变，从而能把照片拍得更亮些，因为大多数初学者都喜欢直接从相机里就得到"成品照片"，在Exif数据"图像优化"范围里您可以找到这些调节。

在上一页左侧的图像范例中您可以看到，在使用准专业级相机D300时，所有调节（除了清晰度以外）都是0，而在使用初级款式相机时，这些地方可能会是其它值。因为您在各款尼康相机的菜单中可以自由地选择适当的调节，因此也很容易就找到正确的图像优化调节。

如果您在拍照时还拥有GPS数据，它们也同样可以在Exif数据里找到。上一页两幅插图的最后部分都有这些数据，我在D300相机上使用了Solmeta DP-GPS N2定位仪（见本书第132页）。

读出照片数量

在网上论坛里经常会出现的一个问题是：如何能够知道一台相机已经被用来拍了多少张照片（例如可以作为购买一台二手相机时的标准），这个信息其实也能从Exif数据里读到。相机内部的照片计数器在为拍摄的照片进行连续的计数——但因为它能被返回到0位重新开始计数，而在这里帮不上忙了。

互联网里有各种各样的工具大部分还是免费的，可以用来得到具体的照片数据。下图是ExifViewer的一个例子，目前使用的是版本2.5（http://www.amarra.de/exif.htm）。在下图"图像"区域里您看到所选出来的照片是我用这台尼康D200相机当时已拍下了62178张照片。

详细的数据

ExifViewer提供非常详细的数据。您在紫色底色的区域里甚至可以读到JPEG压缩比率为4.0:1，这是在"精细"模式里使用的标准比率。

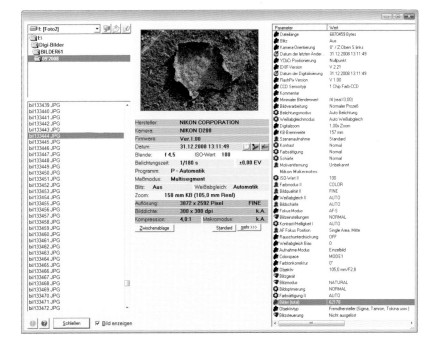

画面噪点

自从摄影进入数码时代以来，画面噪点就成为尽人皆知的问题。胶片摄影时代会出现胶片感光膜颗粒，不过这对于摄影师们来说没有什么影响，拍摄时可用的光越少，就必须把感光度调得越高，但是随着ISO值的升高，画面噪点就会越厉害。

胶片颗粒

胶片摄影时代情况很简单：人们先往相机里装上一只胶卷，胶卷的感光度已固定好，在拍摄过程中想使用另外的一个感光度，那您只有两个选择，或者把没拍完的胶片废掉，或者把这卷胶片拍完后再换有另外一个感光度的胶卷装进相机。而在今天数码摄影时代一切都变得容易多了，您可以随心所欲地更改感光度——可以每张都不一样，而且做到这一点也并不麻烦，经常只需1-3个步骤就可以达到目的。

在胶片时代不同的胶片类型之间的差别都很大——例如ISO800和1600两种，更高的ISO值只用于当可用光太弱的时候，如果把光圈全部打开，

↓在马戏团里。这张照片是我在1989年用一卷高感光度胶卷拍摄的，上图是在一张放大了的视图里清晰可见的胶片感光膜颗粒（尼康FA，Agfa 1000RS胶卷）。

并且选择了尽可能短的快门释放时间，而不致使照片模糊，那么您只有一种选择，即把ISO值尽量升高，以保证能出现一个合适的曝光。

亮度噪点、色彩噪点

在一张数码照片上，如果由于图像干扰而使题材本身的一些细节丢失，这就是人们说的画面噪点。在这些位置上的像素没有邻近像素的色彩，画面噪点分为亮度噪点和色彩噪点，亮度噪点特别容易在平面题材里显示出来——例如一片明亮的蓝天，而色彩噪点更容易出现在画面中黑暗的部分里。观赏者在大多数情况下对亮度噪点没什么感觉，因为完全单色的平面更显得不真实，亮度

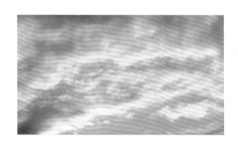

噪点也被称之为"Luminanz噪点"，因为Luminanz是像素亮度的规格。

色彩噪点比亮度噪点要明显且麻烦得多，因为它很快就把照片弄得不能使用了。色彩噪点指的是缺失色彩的像素，主要发生在照片中黑暗的区域里，对照片质量的影响很大，例如在进行夜间摄影或在照片中的阴影部分里，所使用的感光度越高，缺失色彩的像素就越明显。这种噪点也被称之为Chrominanz噪点，

因为Chrominanz提供像素的色彩信息。每个像点的颜色都由Chrominanz（色彩信息）和它的Luminanz（亮度）两方面组成，在下面的照片里为了让您能看到噪点，我把画面的对比度提高了。照片是用D3s相机拍摄的，并且使用了最大的ISO 102400，不过照片仍然可以使用。

↓太平洋的红色火鱼。抱着试验的目的，拍这张照片时我使用了最大的ISO值，尽管噪点当然会清晰可辨，但照片毕竟还可以使用（尼康D3s, 55mm, ISO 102400, 1/800秒, f/11）。

扩展

除了"普通的"感光度范围以外，尼康各款相机还具有选项，可以在"Hi"范围里把ISO值升到最大值。

↓"凯尔特人"。这儿的可用光线很弱，因此我使用了很高的ISO值——3200或者6400都可以用在D300相机上，并且画面的质量也非常棒（尼康D300，17mm，ISO1600，1/50秒，f/5）。

噪点产生的原因

噪点的产生有各种各样的原因，所谓的暗影噪点的产生，是由于在相机内部的画面传感器受到了影响，例如CCD和CMOS传感器，拍摄时出现了暗电流，光线没有落到传感器上，原因是传感器由成千上万个对光敏感的光电二极管组成。这样传感器即使没有被曝光，它里面的带电粒子也被释放出来，于是加强了所接收到的信号，并形成了选择噪点。如果一些单个的像素显示出很高的暗电流，人们就把它们称之为"热像素"，这样就出现了一些单个的点，它们的亮度与周围区域的亮度完全不同。每个光电二极管的暗电流都各不相同，如果在千万个微小的光电二极管之间，存在着有较小的感光度波动的话，人们就称之为"光子噪点"。

决定画面噪点强度另一个很重要的因素，是光电二极管的规格，以及它们互相之间的距离。如果光电二极管非常小，它们接收的光线比起较大的光电二极管来说要少得多，专业人士把每个光电二极管之间的距离称为像素间距。光电二极管的规模和间距决定了：便捷式相机的

画面噪点比单反相机更引人注目, 因为它的传感器要小好几倍, 当然它的单个光电二极管也会大很多。

到了数码时代, 模拟信号必须得转换成数码数据 (整数), 在这个过程中画面噪点的强度也受到了影响, 在由模拟到数码的转换过程中, 各个制造厂家所使用的方法不尽相同, 因此获得的结果也不一样, 摄影师在这里不可能施加影响, 他们只能接受相机所提供的功能。

如果您升高ISO值, 那么相机内置的图片传感器的信号也会加强, 这就意味着, 画面噪点也同时增强了, 因此拍照时精心调节曝光值就非常重要, 因为曝光不足的照片, 既使可以在后期处理时得

到修正, 但它会比拍摄时进行正确曝光的照片的噪点问题严重得多。

产生画面噪点的另外一个原因是热度, 如果传感器发热了, 画面噪点就会更严重。这种情况一方面会出现在连续拍摄时 —— 不管怎么说图像比率肯定会很大, 并且连续拍摄肯定持续的时间也会长。另外如果您喜欢使用Live-View实时显示拍摄模式, 您此举也同样提高了产生画面噪点的风险。除了微小的传感器规格以外这也是精巧型相机的噪点更大些的原因之一。

当曝光时间特别长时, 同样存在着产生画面噪点的危险, 例如夜间摄影就是这种情况, 因此尼康各款相机设置有

↑拍摄时变焦。在长时间曝光时例如夜间拍摄, 更容易产生画面噪点, 所以尼康各款相机在 "拍摄" 菜单中提供有选项, 可以在长时间曝光时自动进行降噪 (尼康D200, 10-20mm, ISO100, 10秒, f/25)。

选项，可以用来改善照片质量，此时会使用一张带有模糊曝光的参考图像，对曝光了的照片做降噪处理。这种方式会在您进行下一张照片的拍摄之前，持续一段时间，处理过程相当于曝光时间，如果曝光时间为30秒，那您就必须再等30秒，下一张照片才能曝光拍摄。

降 噪

　　当使用胶片相机的摄影师们已经向胶片颗粒"妥协"，甚至把它们部分地用于画面塑造时，数码的画面噪点又成了讨厌的东西，人们想尽办法来压制或者排除那无法避免的画面噪点。

　　这件事也立刻就能在拍摄时或者在后期处理步骤中办到，不过除噪成功是有条件限制的，而且还要取决于画面噪点的强度。

　　所有尼康各款相机都设置有选项，可以把刚拍摄完的照片在相机内部立刻进行优化，例如发现照片上出现了由于ISO值升高或者曝光时间较长而形成的噪点时。为了去除掉那些对照片质量形成影响的噪点，会对照片进行"柔和处理"，但是这样自动走失的照片细节会损害照片的质量，因此不建议您总是无限制地使用降噪选项。不过，使用尼康各款相机拍摄的照片，既使ISO值很高时，也能有非常好的质量，如我的照片范例所示。

↓标准舞世界锦标赛。使用老款尼康相机拍摄照片，画面噪点要严重些，但是照片质量非常棒（尼康D70s，125mm，ISO 1600，1/320秒，f/ 5）。

外部软件

除了使用相机内部设置的优化步骤以外，还可以有另外的可能性，即日后使用照片处理软件来优化照片，这时可以对照片进行更细腻的优化处理，并且可以决定除噪的度数。另外也可以根据需要只优化那些相机内部处理不了的部分画面，为此目的除了可以购买商业的图像处理软件以外，也有廉价甚至免费的软件，例如NeatImage(http://www.neatimage.com)或者Noise Ninja (http://www.picturecode.com)。

但是也必须注意到，已经产生了噪点的照片不可能完全处理成无噪点的照片，最多只能是有明显的改善。因此目标必须是在拍摄时就已经把一切都尽可能地调节好，避免噪点的产生。您最好事先用您的尼康相机做好试验，从而掌握ISO感光度的界限，知道调到哪个值就会出现噪点。比如，您可以对一个题材使用不同的ISO值来拍照。

最后还有一点您应该考虑的是：画面噪点的出现，以及如何控制，也取决于您今后要如何使用这张照片。比如您打算打印出小规格的照片来，大约10×15或13×18厘米，那么在许多情况下，噪点不会造成明显的负面影响，即使要印到书里或者杂志里，微小的噪点也不会被觉察到，因为打印机根本不能分解精细的细节。而相反，如果要在网上使用照片，噪点就显眼得多了，尤其是当您仔细地观赏一张放大了的照片时。

缓冲存储器

如果您激活了降噪选项，保存在缓冲存储器里的照片显示情况也会发生变化，因为照片的处理过程会持续一些时间。假如您在"拍摄"菜单里，激活了选项"给长时曝光照片降噪"，那么就有可能使D300相机拍摄的21张照片，可能变成为15张。同样把ISO值升高到ISO800以上，也会使可能的拍摄减少到6张照片。

↓Noise Ninja。使用专门的软件——例如这里的Noise Ninja软件——您可以把出现了噪点的照片在后期处理时加以改进（尼康D200，105mm微距，ISO1250，1/90秒，f/4）。

因为全画幅传感器比APS-C格式的传感器要大很多，所以它也更容易落上脏东西或灰尘，在您对全画幅或APS-C传感器作出选择时，也要考虑到这一点。

↓传感器上的绒毛。在数码摄影时代，经常会在照片上看到小绒毛的影子，很糟糕，但无法避免（尼康D200，70mm，ISO100，1/250秒，f/8）。

弄脏了的传感器

"求救——我的传感器弄脏了"，这是用户论坛里最常见到的问题之一，长达数页的经验之谈说明这是一个大问题，不过人们也常常会无论如何也看不出问题来。

话又说回来，事实上确实有这种情况存在，当我们经常在露天地里拆换镜头时，难免会有细小的绒毛和灰尘颗粒落到传感器上。在胶片摄影时代不存在这个问题，那时候绒毛就随着胶片卷轴被卷走了。而到了数码时代，如果传感器弄脏了，那么在随后拍摄的每张照片上都可以看到这块污渍，直到把它清除掉为止。

遗憾的是小画幅传感器哪怕是最小的灰尘颗粒也会在照片上十分显眼，它们成了照片上或大或小的"污渍"，在后期处理时必须要把它们修正掉，这是一件令人厌烦的工作。

最近尼康公司对用户的要求做出了反应，给D60以后的所有款式相机赠送了一个传感器的自动清洁装置，但是也有一些人试验后报告说，各种各样相机制造厂家生产的自动清洁装置效果并不尽如人意。

手动清洁

很遗憾，至今仍然没有手动清洁的有效方法，但重要的是要特别小心谨慎，以免造成更大的损害。如果您用湿的东西来清洁传感器，那很快就会把低通滤波器"涂脏"了。

有效的方法是用吹风器把小绒毛吹出去——例如GiottoRocket Air blowe（http://www.cameracheckpoint.com.au)，花不了几个欧元就能买来——或者也可以小心翼翼地用一个小棉签，只要有可能，尽量不要使用蘸了酒精的棉签。

您还可以在Hama（http://www.hama.de)找到各种各样的清洁配件，这里提供有干法或湿法清洁镜头和传感器的所有可能的产品。

还有在市场上可以买到的"Speck-Grabber"也不是可以毫无限制地给您推荐，因为它可能会导致"纹影"的出现。

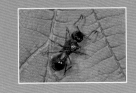

为了保证不出什么麻烦，您可以把相机送到尼康服务部去清洗，目前的收费标准是25欧元（约合207元人民币）。

至于我个人（出于胶片时代的"老习惯"），还是喜欢使用镜头清洁纸，Hama公司生产的这种"光学纸"专门用来清洁玻璃片，每小本30张。我也用这种清洁纸定期地清洁我的镜头，此时需要注意的是要清洁镜头的两面——包括卡口上面也会有脏东西。使用这种清洁方法时，您必须万分小心，不要把镜头划伤，另一种选择是使用微细纤维布。

对付顽固的污渍，我的方法是用这种镜头纸再加上高坚公司生产的一种清洗液（http://www.hapa-team.de/co-kin.html），您在本页右上角可以看到这种组合的照片。

←镜头清洁。紧急情况下您也可以用一块简单的擦拭眼镜的布来清洁镜头，不过一定要小心别把玻璃镜面划伤。

清洁"，在这里就可以找到选项"把镜片翻上去"。

把镜头摘下来以后，按下快门按钮，您就可以看到反光镜已经翻上去了，并且快门已经打开，CMOS传感器已经显露出来。

下图为D300s的范例照片，在传感器上面有一个上面提到过的低通滤波器——就是一片玻璃片。

↑清洁。我个人喜欢使用这种干和湿清洁材料的组合。

尼康传感器的清洁

所有新款尼康相机都已经作为标准配件安装了自动的传感器清洁装置，在画面传感器上方安装了一个低通滤波器，灰尘颗粒可能会落在它的上面。在清洁时，它会由于高频振动而轻微摇摆，来把灰尘抖掉。这个方法在大多数情况下——但不是在所有情况下——都能收到很好的效果。在"系统"菜单里您看到两个选项，用来启动自动或手动清洁传感器的功能，如果要手动清洁CMOS传感器，必须要摘下镜头，并把镜片翻上去，在"系统-索引卡"里调出功能"检查/

这时您可以小心谨慎地把绒毛或灰尘颗粒清除掉，清洁完后要把相机的"OFF"开关启动，这样镜片就会重新卡回来，快门关闭。再经过重新启动后，您的尼康D300s相机又做好了拍摄照片的准备。

预防

为了避免脏东西落到传感器上，您可以采取一些预防措施。例如，您在室外换镜头时，要注意把相机始终向下拿着，以便使灰尘不能落到传感器上。

Live-View
实时显示拍摄模式

一段时间以来，Live-View实时显示拍摄模式成了尽人皆知的流行词汇，精巧型相机的使用者已经习惯于在拍摄时不看取景器，而是去看显示屏。而那些以前使用胶片单反相机的摄影师们却与之相反，习惯于通过那个小取景器来寻找要拍摄照片的最佳画面。由数码精巧型相机转而使用单反相机的人越来越多，这个现象促使制造厂商越发经常地把这个模式安装到数码单反相机里。

在这种模式里，对焦所需的时间比通过取景器对焦明显要长很多，因此主要在静物摄影时使用。对焦动作慢的原因在于：在这个模式里反光镜是向上翻起的，要进行自动对焦必须依靠对比度的测量（见本书第209页），正是由于较慢的对焦速度，因此Live-View实时显示拍摄模式在快速的活动中——例如体育摄影——就不能使用了。

自动对焦时也有一个优点，那就是由于自动对焦区域不用考虑了，因而清晰焦点可以自由选定，因此Live-View实时显示拍摄模式比较适合桌面静物摄影。

一些使用者也说这个功能帮助他们在微距摄影时获得了更好的照片，因为它对焦十分精确，并且可以把相机举在贴近地面的范围里。

另外一些使用者认为Live-View实时显示拍摄模式除了静物摄影例如拍摄花朵以外，并不实用，自动对焦太慢捕捉不到活动中的昆虫等等。

↓灯光从下面照上来的小熊糖。在桌面静物摄影时，实时显示模式非常好用，因为此时清晰度的位置可以十分精确地确定（尼康D300，105mm微距，ISO200，1/250秒，f/8）。

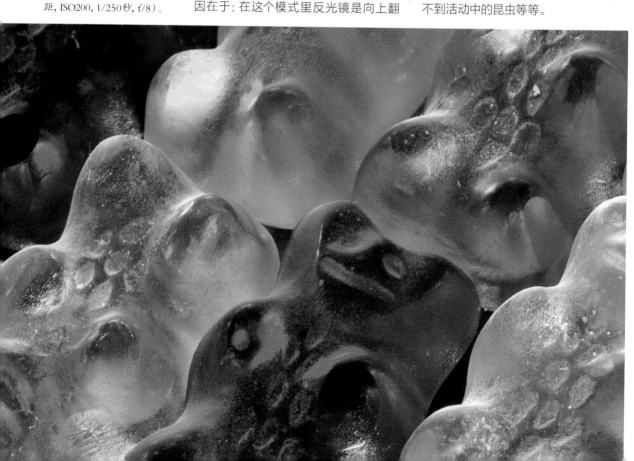

也有一些人估计在拍摄团体照时，也许能把相机在这个模式里举过头来使用，不过此时明亮的太阳光妨碍了对显示屏画面的精确评价，在实时显示拍摄模式里，环境的亮度是一个明显的问题，因为尽管尼康相机显示屏的质量非常好，但是光线太强时也很难能够看得清楚并作出评价。您可以伸出手来搭个凉棚遮挡一下阳光，也许有点好处。

那些从胶片单反相机转过来的摄影师，已经习惯了在取景器里调节清晰度，以致于实时显示拍摄模式对他们不会有什么太大帮助。而那些从精巧型相机换成数码单反相机的人，可能对手中的实时显示拍摄模式感到很高兴。

第一批安装实时显示拍摄模式的尼康相机是D300，当时被介绍为该机型最精彩的部分，现在实时显示拍摄模式已经成了许多使用者的"必备"，专业型D3也同样包含了这种模式。

各种各样的模式

在专业（和准专业）的相机款式里您可以在两种不同的模式中选择："徒手"和"三脚架"。在"徒手"模式中，把快门按压至第一个作用点，镜片就会翻上去，这样在取景器里就看不见画面了，使用"AF-ON"键或者按下一半的快门，就可以对焦了，对焦时使用的是"普通的"自动对焦测量区域。对焦完毕，快门就可以按到底来拍照了。在相位辨识过程中使用专门的自动对焦传感器（见本书第210页），因此在这种模式里对焦速度快。

在"三脚架"模式中拍照是另外一种情况，最重要的区别在于，借助对比度辨识来确定画面中的清晰点。在对比度辨识过程中的对焦所需时间明显要长一些，在这种模式下，画面传感器用于对焦的数据会被检查，并且试图达到尽可能最大的对比度值。

在这个模式里，您只能使用"AF-ON"键，按压快门不会进行对焦，对焦范围可以随意移到另一个自己喜欢的场景上。下面的插图就是D300s相机的一个范例。

在调节清晰度时，取景器画面会变亮些，对焦区域闪烁绿光，待对焦成功，这里就会显示为一个绿色的方框。相反如果不能进行对焦，那么自动对焦测量区域就会闪烁红光，如果可能的话，您可以放大部分画面，对焦会容易些。大型的尼康相机在Live-View实时显示拍摄模式里另外还设置有一个虚的水平线，用来精确地校准相机的方位，这个功能非常实用，266页图中您看到的就是这一点。

景深

根据调节光圈而产生的景深在实时显示模式中没有什么作用，还有按压缩小光圈的键也没有用处，您也许能在拍照以后看看照片怎么样。

困惑

不该隐瞒的是，在实时显示模式里打开快门会造成混乱，在反光镜向上翻起又向下合拢的过程中人们不清楚何时是拍摄的那一刻。

拍摄录像

当2008年尼康D90作为带有录像模式的首批中档单反相机问世之时，就已经明确：从现在开始所有后续机型都将具备这一特性——这是市场需求。

原因也许还是源于许多便捷式相机都带有录像选项，那些转换到尼康数码单反相机的摄影师们也希望能有这一模式。录像可以在1280×720像素的HD分辨率中选择带声音或不带声音地进行，另外可以选择的还有640×424或者320×216像素的规格。

职业摄影师们经常喜欢使用录像选项，因为它较大的传感器比数码摄像机的小传感器能提供更好的质量，摄像机的传感器大约相当于便捷式相机传感器的大小。

Redrock公司(http://www.red-rockmicro.com)推出了昂贵的设备（远高于2000欧元，相当于16556元人民币）。尼康相机安装上这些设备后，就改造成了专业的摄像机，肩垫和手柄用起来都很方便，用一个旋钮来调节清晰度，还可以安装全效滤镜。

照片比率

用胶卷摄影时的照片比率为每秒24帧——这个值在胶卷拍摄时很常见（电影胶片也用这个比率），从而可以保证"无颤动"照片。

限 制

高兴的同时也要想到，如果没有那些昂贵的附属设备，实际上录像功能的使用会受到很大限制。

由于单反相机的传感器比较大，因此它的景深要比精巧型相机或现在流行的摄像机景深都要小很多，后者安装的是微型传感器。

由于在录像模式里，不能自动调整清晰度，因此也存在着会出现不清晰录像的危险，您只能在录像开始时对焦。

出于这个原因，如果您想在各种不同的距离拍摄物体时，就只能手动对焦，而由于对清晰度的手动补充调节不那么容易，因此录像功能只在某些场合适用。

拍摄录像最大可达2G字节，但是在达到了这个最大规格后您也可以再拍一段录像，当然您的存储卡得有空间存放，拍下的录像可以以AVI-录像格式保存。

录 像

必须使用LIve-View才能拍摄录像，在用取景器工作时不能拍摄录像，较新款的尼康相机自己有一个独特的键，可以在要开始录像时启动实时显示模式。在D300相机里实时显示模式通过拍摄工作方式选择来进行调节。

然后反光镜向上翻起，取景器里看不到画面。在取景器里您会看到下面的视图——以尼康D5000为例，右上角的图显示的是：根据已调节好画面规格还能再拍摄的时间。

按照您所习惯的实时显示功能来调节好各项选项，例如自动对焦选项。使用OK键来启动拍摄功能，上方闪烁的"REC"指示窗显示正在进行拍摄，余下的拍摄时间逐渐地被用掉，存储卡的工作指示灯始终亮着。您不必感到奇怪，最终会连续地把数据保存在存储卡上，重新再按一下OK键，结束拍摄，要结束实时显示模式时，您需按LV键。

如果您担心花好多钱买来录像处理软件后，又没有多少录像片要处理，那您也可以返回去使用Windows提供的一个工具Windows Movie Maker，所有简单的录像处理工作都能够用这个普通的软件很好地完成。

麦克风

麦克风安装在相机正面左边取景器旁，您在拍摄录像时要当心，不要不小心把它盖住了。

录像的后期处理

拍摄完第一批录像后，您也许想把其中的一些片段删掉，改变一下长度，或者想把几段不同的场景综合成一段录像片。要完成这样的任务，您需要一个录像处理软件，市场上可以买到的录像处理软件类型很多，价格差别很大。

自己独有的键

对于实时显示模式来说这个独自的键很有用，例如可以把反光镜预升与实时显示功能（实时—显示—功能）联系在一起。

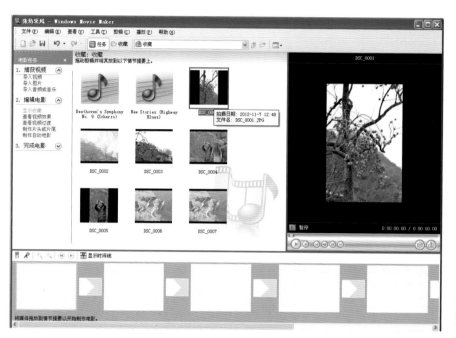

↑Movie Maker。使用免费的Windows软件Movie Maker，可以把最重要的录像处理任务和不需太多学习费用的任务都完美地完成。

幻灯片复制

或许您在胶片摄影时代拍摄了许多照片，现在正考虑是否该把这些"珍藏"带进数码时代。也许您也像我一样，在几年前就把照片制成了照片CD盘。这种形式挺有利的，而且当时也不费什么劲，现在照片CD盘不那么好办了。

您的尼康相机给您提供了另外一种完全不同的可能性，即可以用您的1000至1200万像素的尼康相机，来高质量地扫描您的幻灯片，这件事做起来很容易，当然如果特别多的传统胶片幻灯片都想完成数字化，那需要花费一些时间。

另外您还需要一个翻拍三脚架和一套透光设备（本书第136页）尼康相机要换上微距摄影镜头，画面规格调为1:1，并且把它固定到翻拍柱上。

把幻灯片放到透光桌上，还要把它的四周都用黑色的厚纸板遮住，避免光

线太强，建议您使用手动曝光，以保证所有的幻灯片扫描效果相同。您可以试一下光圈值为f/5，曝光时间为1/8秒，当然，根据透光桌的光线亮度不同，可能其它的值也正确。

我个人做这件事时都使用105mm微距摄影镜头，为了保持与幻灯片之间有点距离。由于幻灯片的清晰度都位于同一个点上，因此调整一次就够用了。应该把自动对焦关闭，来避免出现错误，也推荐您使用快门的预释放功能，以免出现振动模糊现象。

Camera Control相机

我在把幻灯片数字化时，遥控带有这个选项的尼康Camera Control Pro2相机。一个很简单的原因是：我原来的幻灯片都是手工连续编的号，为了在把它们数字化以后还能按顺序找到它们。我把原来的编号作为画面评论，也转存进了Exif数据里，在Camera Control相机里做这件事，比在其它尼康相机的菜单里要简单得多，另一个优点是操作简便易行，在Camera Control相机里的调节不费吹灰之力。

使用Camera Control相机还有一个优点，就是不必先把照片存到存储卡里，而是直接就存入了硬盘里，这样以后就不用再转存那些数字化了的幻灯片了。

透光桌

透光桌是重要的透光设备，市场上能买到各种各样的透光桌，价格也各不相同——例如Kaiser公司（http://www.kaiser-fototechnik.de）小型的透光桌——也被称为"透光板"——花上大约100欧元（约为828元人民币）就能买到，价格并不高。

在万不得已的情况下，您甚至可以使用扫描仪的透光设备，这样就有了一套几乎不花钱的数码幻灯片复制设备。不过需要承认：一些后期处理工作是必要的，例如需要把小绒毛和灰尘颗粒清除掉，而且只在把幻灯片数字化处理之前擦干净是不够的。但是这个工作值得一做，因为把您质量很好的幻灯片可以用于数字化了。像所有的数码照片一样，您也可以立即对它们进行加工。

胶片扫描仪

尼康公司不仅生产高质量的相机，而且还有功能卓越的胶片扫描仪，例如Coolscan系列，目前已有3种不同的型号，其中价格最低的胶片扫描仪Coolscan LS5000售价远高于2000欧元（约为16177元人民币），胶片扫描仪还扩充了许多附件，例如幻灯片存放仓或者胶卷转动适配器。

> **修 正**
> 除去数字化了的画面上绒毛和灰尘颗粒的"印迹"，虽然会花费一些时间，但是稍加练习就能做得很快，一张照片用不了几分钟就能变得干干净净了。

↓幻灯片复制。下面看到的照片，最早是1992年用胶片拍摄的一张幻灯正片，用尼康D200相机把它数字化，并且紧跟着借助于一个图像处理软件对它进行了优化（尼康F801，富士Velvia50）。

→禄来DF-S100。这台由禄来公司生产的不太贵的胶片扫描仪,可以用来把照片数字化。

使用这种胶片扫描仪,可以把您的幻灯片和负片胶卷扫描成质量很高的数码照片,不过因为它的价格昂贵,只有当您确实有非常多质量非常好的底片想要数码化时,才值得去买一台。

使用4000ppi的分辨率可以得到大约2100万像素的画面,这样就可能印出最大规格为48×32厘米最佳质量的照片来。

↓Coolscan LS5000。尼康公司生产高质量的胶片扫描仪,如下面这款(照片来源:德国尼康股份有限公司)。

禄来 DF-S100

如果您对照片的质量和规格都没有什么特殊的专业要求,那么我就为您推荐一种物美价廉的选择,我自己用禄来胶片扫描仪DF-S100这个仪器可以得到5百万像素的照片。它配备有两个托座,分别用于幻灯片和负片。扫描下来的照片先存储在一张SD(HC)存储卡上,然后用一个普通的读卡器就可以把它们转存到电脑里去,这种扫描仪售价约为120欧元(约为993元人民币)。

操作也非常简便——您什么都不用自己动手调节,因为一切都已经自动调节好了,照片质量说不上卓越,但是对于完全普通的"家用"已经足够了。

一卷36张的胶卷数分钟之内就可以完成数字化。

数据复原

　　作为本章的结束我想给您一个重要的提醒："泄漏"事故不该发生，但有时令人猝不及防——可能由于存储卡坏了，或者画面以其它的方式丢失了，这样的事在数码时代很少发生，但也不是万无一失，因此您应该随时给数据做好安全备份。如果您选择使用了一个San-Disk存储卡，还可以使用一个使数据复原的工具，即: Rescue PRO软件（见右面截屏图），可以从互联网下载它，自由链接代码附在了存储卡上。

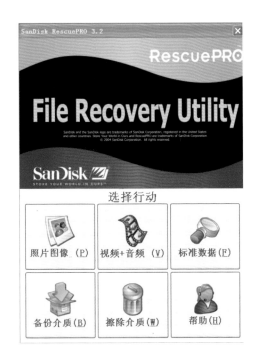

↓巨蚊。这里使用了大光圈拍摄，目的是只把巨蚊的头部拍摄清晰，其余部分则淹没在模糊中（尼康D300，180mm微距，ISO400，1/1000秒，f/5）。

尼康D3s，210mm，ISO200，1/400秒，f/10

8 画面设计

　　如何在照片的画面上安排好要拍摄的元素，对于日后照片的评价来说非常重要。把拍摄物体向右或者向左移动几毫米，都可能使照片变得身价百倍或者一文不值。本章将向你介绍在画面设计过程中，您应该注意的要点。

　　本章中所有照片和图表均由米夏埃尔·格拉迪亚斯提供。

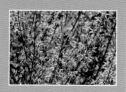
设计照片结构

每张照片的拍摄都出于不同的动机,有些单纯为了留住某一个场景作为纪念,比如孩子迈出的第一步,或者他在成长过程中值得记录的瞬间。有时候照片也会用于提供证据,尤其是在发生交通事故和在刑事案件侦破过程中。还有一些照片也属于记录图片的范围,比如

在建筑工程中用来记录进度的照片。还有那些在家庭聚会或是度假时所拍摄的照片,最初的拍摄动机也是为了给以后留作纪念,可以在展示的时候告诉大家:"看啊!我曾经来过这里!"

拍摄这样的照片,最重要的一点是要突出主题——也就是说,要将照片所要传达的主旨放在正确明显的位置。当然曝光要正确,以便更好地辨认照片中的细节,结构安排对于这类照片来说无关紧要。

但是在创意摄影中,结果应该使人喜欢,这类照片普遍用来表现"美丽的"或者"有益的"东西。不过也有一些有创意的摄影师,总是被一些"不美丽的"东西吸引到相机的传感器旁。在拍摄这样的照片时,您必须要仔细想一想,如何在画面的各个位置安排要拍摄的物体,从而产生一个"和谐的整体"。

一张照片能否获得好评,某种程度上取决于观赏者的个人品味,但是遵守一些规则,也能对此施加影响,只要稍加改变,一张普通的照片立刻就会变成一张创意型的照片。

创意摄影的环境条件经常不能由您自己挑选。比如您在为一场婚礼拍摄时,天却下起了雨,您当然不能在照片里变出阳光明媚的效果。反之如果拍摄人物肖像,又有充足的时间,那么您可以挑选合适的光线,让照片的整体效果十分饱满。

同样,如果想拍摄城市风光,您也可以对照片效果施加影响在阳光充足的日子里,选择合适的旅游时间。如果多云,或者恰好有一块云彩遮住了太阳,您最好在按下快门之前还是等一会儿,有时候只是一个非常小的因素,就能把一张很普通的照片变成好的甚至非常出色的照片。

您喜欢那些在旅游杂志上看到的有着蓝天白云的照片吗?有时候您只需往旁边挪上几步,换一个拍照的姿势就能拍出这样的照片来。

设计好画面并不是魔术——每个人都可以学会,但不得不承认,不经过大量练习是无法做到的。"大师不是从天而降

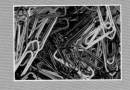

的",重要的是要对自己持一个批评的态度。尽管有时候可能会很困难,跟您的朋友们一起讨论照片,并确认在一张您觉得"挺棒的"照片上的什么东西令谁不喜欢,为什么它没有达到您所期待的关注度?有人说,如果人们看一张照片的时间比几秒钟要长,就说明这张照片很好。

在本章中会为您介绍有关画面设计题目的各个方面,您会了解到,在选择拍摄场景时应该注意什么,应该把要拍摄的物体安排在画面中的什么位置,才能达到您想要表达的效果。

顺便说一句:在摄影界,"抄袭"是完全合法的,如果别人某张照片中的布局您非常喜欢,尽可以尝试模仿。

随着时间的流逝,再加上足够的练习,您也能拥有自己的摄影风格。但同时必须要说明,摄影是学无止境的。

自己的风格

拥有自己的风格,是从事摄影的重要目标,如果人们看到一张照片,就知道出自哪位摄影师之手,这个目标就算实现了—— 无论人们是否喜欢这种风格。

↓莱比锡城市的阳台。简洁的构图对于表现图片效果有非常重要的意义(尼康D200, 170mm, ISO 100, 1/350秒, f/10)。

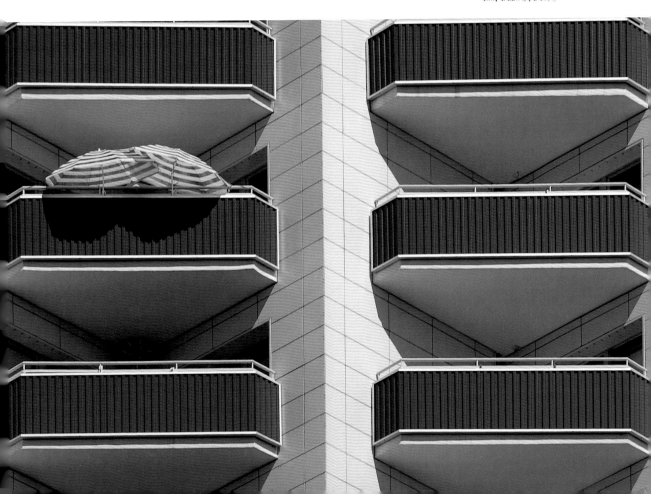

题外话

什么是画面设计

设计（design）的意思是"具有创造性的过程"，通过这样的工作可以修改或者制作一件作品。

至于设计者要制作的是什么作品并不重要，例如人们可以来设计周围的环境，设计自己的生活，或者某一件物品，重要的是设计者要对作品所施加的影响，也就是说作品的产生不是一次"巧遇"。

摄影的意思并不是简单地把相机"立在某个地方"，而是经过认真思考，如何把眼前三维的环境在传感器上截取好，拍成二维的图片呈现出来。设计一张照片的目的是让整个画面看起来和谐而有美感。

设计是一种需要一定时间培训的职业——例如设计师、造型师（或者再细分动画设计师、工业设计师、多媒体设计师或者照片设计师）以及建筑师，在手工业行业中也存在设计领域及相关的专业分类。

顺便提一句，我在上世纪80年代初期就已经接受了动画设计师职业培训。

画面设计

照片设计的目的是要获得观赏者的注意力，把他们的目光吸引到照片上的某点上来，这个引起关注的点，应比照片上的其它区域明显地清晰和鲜艳，这取决于人的眼睛和大脑视觉神经的加工方式。人们并不会马上把照片看成一个整体，而是首先在照片上寻找自己最感兴趣的元素。

那些平时见不到或很少见到的东西最容易吸引人们的目光还有那些在照片上看起来跟平时不一样的东西，司空见惯的、熟悉的画面所吸引的关注，肯定不如那些把平时常见的物体用一种新奇的方式呈现的照片多。例如从另外一个视角或者利用一束不同寻常的光线，使被摄主体别有风趣。

设计的元素

设计照片时有各种各样的元素可供使用。

第一要素应该是"色彩"及它的表现方式，暖色系（例如红色）比冷色系（例如蓝色）更容易使人感动，这是由人类对于色彩的联想决定的——红色系让人联想到"温暖舒适"，而蓝色则会给人带来"凉爽甚至寒冷"的感觉。不过对某种颜色的感觉也会因为文化圈子的不同而各有差异。

色彩的对比与和谐也有着非常重要的意义，那些"不搭配"的颜色会使观赏者产生反感，"彼此和谐的"色彩才会使人感到舒适。

特别强烈的色彩对比会被人认为是不舒服的，而和谐的色彩组合则传达出舒适的氛围，色彩的搭配在一定程度上也是一种潮流趋势，会随着时间的流逝有所变化。

接下来另一个要素是被摄主体的形状，与色彩一样，特定的形状也会引发人们的联想，普遍来说，圆形的物体给人以"女性"感觉，有棱角的则像"男人"。

除此之外，观众总会去寻找照片中通往重要部分的线条，比如地平线，在图片结构中起着非常重要的作用。

空间的安排也是画面设计的一个重要因素，因为三维的真实世界要在照片中以二维的方式呈现出来，看起来很不自然的视角（有可能是拍摄位置不当形成的），会让人很排斥甚至产生烦燥的感觉。

可能您很熟悉著名的荷兰画家爱舍尔（Maurits Cornelius Escher）的"错觉图形"，比如说在正方形的空间里盘旋的楼梯，看起来却像是只能向上走。

将所有的设计元素集中到一件作品中——无论是照片还是绘画，这样的表现形式叫做组合，摄影时为了达到某种特别的效果，也会使用技术手段，例如要正确地选择照片中清晰成像的区域。

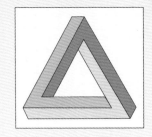

↑彭罗斯三角形（也称三角柱体）。爱舍尔"不可能的造形"之所令观众产生迷惑，是因为他"看到了"根本不存在的东西，这种效果的基础为视觉的错觉。

有好效果的设计

不合适的布局设计会产生一系列的影响——并不仅仅是"看起来不好看"。

一个很好的例子就是画面中地平线错误的位置，应该尽量避免让它出现在画面的中间，最好是在画面的上1/3处或者下1/3处。

如果您没有遵守这个规则，照片看起来的印象是"曝光错误"，可能会使您很生气，地平线出现在了画面中间，很容易被主观想象为曝光错误。在本书第5章中您已经了解到，相机中测光系统只是取一个"中间值"，而当画面中明亮的天空和前区比较黑暗的土地相遇时，曝光系统"不知道"该按哪一部分的亮度来测量，它只好取两部分的中间值，最终结果是天空和土地都没有完美的曝光效果。

↓地平线。地平线不要出现在画面的正中间——特别是因为它会造成曝光错误的后果（尼康D70s，50mm，ISO 200，1/250秒，f/8）。

您可以调整相机，将曝光点放在画面中您想突出的那部分，比如蓝天白云或者前区地面上某个有趣的物体上，由于调整相机后，画面上突出了较大面积的部分，相机就可以进行正确的曝光了。

所以错误并不在于测光，而是由于画面上不正确的布局。在实践过程中，您会经常遇到这样的情况，不管怎么说，尼康相机的测光系统是不会顾及到画面"错误的分布"情况的。

反面教材

如果您只是欣赏完美的照片，是无法学会该如何设计画面的，只有借助较

差的照片，去分析、思考是哪里出了问题，才会有所收获。

请看下面左边两张构图失败的照片，地平线从画面的中间穿过，看不出画面的"主题"要说什么。右上的照片虽然结构是合理的，但是因为云彩太少，也无法达到特别吸引人的效果反而右下的照片，因为那些富含艺术效果的云层而突出了主题。

↓不同的构图。将地平线放在不同的位置，会产生不同的曝光效果（右上：尼康D200, 20mm, ISO 100, 1/250秒, f/8。右下：尼康D200, 10mm, ISO100, 1/160秒, f/6.3）。

恰当的取景

正确取景对于照片成功与否有着重要的意义，有时只要把相机稍微往右或往左移动一点儿，就能让一张不吸引人的照片化腐朽为神奇。

因为在数码摄影时代不必考虑照片数量的问题，您完全可以拍摄很多不同取景的照片，然后在电脑上慢慢挑选出最合适的。下面的两张例图，都是在逆光下完成拍摄的。左边的两张，取景上存在一些问题。

上面的两张图里，左边被白雪覆盖的原野不如右边画面中湿滑反光的路面和树木的剪影看起来那么美观。下面的

图片中，则是天空区域被云彩围住的效果更好。左边的照片里只能看到细条状的云彩，而右边的那张，相机只是在原来的位置上稍稍左移了一点儿，看起来像是云层把蓝天"包围了"，从而突出了照片的效果。

另外，下面的照片使用了尼康D300相机具有的动态D-Lighting功能。它可以在拍摄对比度特别丰富的物体时，提高动态范围。

恰当的取景并不只是通过水平或垂直移动相机来实现的，您还可以变焦拍摄，或者在焦距固定时，改变您与被摄主体之间的距离。

↓不同的画面取景。上面的照片中，相比左边那张，相机向右移动了一点儿，下面的照片中则是左移了（右上：尼康D300，18mm，ISO100，1/640秒，f/16；右下：尼康D300，18mm，ISO200，1/500秒，f/11）。

恰当的取景

为了达到最恰当的取景效果，给初学者建议一个小窍门，您可以伸出双手，用食指和大姆指组成一个四边形，将这个四边形视为您的取景框，通过它来选择您认为最恰当的场景。即使它不是"规则"的长方形，您也可以用它来训练出摄影师的眼光来。

↓变焦拍摄。将地平线放在不同的位置，也会使曝光度发生改变（尼康D200, 31mm, ISO200, 1/250秒, f/8左）。

突出主题是设计画面时最重要的准则之一，一定要专注于您想表现的题材。在当今数码摄影时代，在一定范围内通过图像处理软件来达到您想要的效果，是完全合法的。

在下面的两幅例图中，您见到了两种效果：与前两页中的大部分图片相反，这里把画面的前区也包括进了画面结构，并且从而使得照片更吸引人，因为它的立体感更强、更"生动"了。

不过，在左边的照片中，周围环境的比例太大了。右边画面中的主题——路旁花蕾繁盛的果树——由于运用了变焦拍摄则得到了比较好的表现。左图中使用的焦距为18mm，右图为31mm。

拍摄位置

如果您发现了一个有意思的、值得拍摄的"地点"，建议您首先从各个方向观察这个题材，这样就可以发现，从哪个位置，哪个角度拍摄的效果最吸引人。还

有使用不同的焦距来改变画面效果的方法也值得一试。当然，有时也会出现用许多不同的拍摄方法都能收到很好效果的题材。

围绕着拍摄物体自然存在不同的光线，同样也是一个重要的因素，或许这个客体在侧光或逆光时的效果比它背光时更好——场景与场景各不相同，不能一概而论。

您喜欢用哪种光线，特别取决您个人的品味，有些人喜欢强烈的光，而不喜欢柔和的光，把摄影称为"带光线的绘画"也不无道理。

下面您看到的4幅照片是我在同一时间、同一场景拍摄的不同的照片，时间为9月初，上午10点左右，地点是柏林政府办公区域。

从画面设计的角度来看肯定4幅照片都没有问题，上面的两幅使用了长一些的焦距，下面的焦距较短，不过这一点对于完全不同的画面效果来说并不是决定性因素。

左边的两幅照片与右边的相比，一个明显的区别在于，左边的照片在图像处理过程中对配色做了改变。

右侧照片中，上午自然存在的微红的光线使整个照片微微泛红，这种色彩失真的现象在左侧的两幅照片中被去除了。

下面两幅照片的画面效果要更好一些，我用不同寻常的远景角度拍摄了这些楼房。左侧照片中，通过所使用的功能强劲的广角镜头，让所有的线条向画面中心，即拍摄物体的位置聚拢。而在拍右边那幅照片时，为了把栏杆也装进画面，我蹲在地上拍的，这样经常也会给观赏者开拓一个独特的视野，引起人们对照片的关注。

↓各种各样的视图。可以从各个不同的角度，以完全不同的方式方法对同一主体进行拍摄，如在这里看到的柏林施普雷河畔（Spree）政府办公区域的视图一样（左：Paul-Lbe大楼，右：Marie-Elisabeth-Lüders大楼）。在左边的两幅照片中，用图像处理方法除掉了上午日光中微红的色彩失真（尼康D200，ISO100。上左：70mm，1/200秒，f/7.1；上右：40mm，1/250秒，f/8；下左：18mm，1/250秒，f/8；下右：24mm，1/200秒，f/7.1）。

画面设计

黄金分割

自古以来，人类就试图对和谐的、美学的形式进行数学的解释，希腊人早在公元前几百年就已经在做这种尝试了。肯定我们每个人还记得上学时学过的毕达哥拉斯（Pythagoras）定理（a2+b2=c2），即用来描述直角三角形三条边之间关系的勾股定理。公元前570年左右，古希腊毕达哥拉斯生活的时代，人们认为整数（即1，2，3……）是"物的标准"，也就是说整数是事物的原型，各种不同线段的长度关系也是这样。

当然现在人们都知道，这是不对的。每个人也一定还记得数字课上学到的圆周率π，由此人们知道这根本不是整数，而是3.141……π表示圆周的长与它的直径的关系，古希腊的数学家阿基米德（公元前287-212年）发展了圆周率的计算。

早在公元前450年前后，古希腊数学家希帕索斯就已经证明，毕达哥拉斯信徒认为整个世界都可以用整数描写的观点不正确，证明是用五角星形来进行的（见左图）。由此发展了作为摄影学基础认识的圆，因为在五角星形里，黄金分割起着重要的作用，它最早由古希腊数学家欧几里德（约在公元前360-280年）进行了精确的描述。

黄金分割在许多设计中被广泛使用，例如建筑、绘画以及摄影中，人们认为它把理想的比例与美学和谐地融合在一起。

分 割

黄金分割可以用数学公式来计算〔a/b=b/（a+b）〕——计算出来的得数也被称为"黄金数"，为1.618……

把一条线段按黄金分割规则去分割，如下图所示，那么短些的部分②与长些部分①的比等于长些部分与整条线段的比。

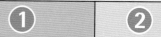

由此而来的传统的照片边长比例3:2，也在胶片的和现在的数码单反相机中广泛应用。

在摄影实践中，人们把它简化为三分制（约为黄金分割），如下图所示，在所标出的按三分制分割开以后的4个点附近，应该是画面最重要信息的位置，这样就能收到布局和谐的效果。

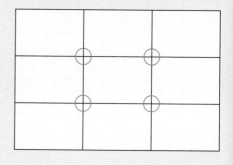

↑五角星形。在五角星形图案里（把每个角的顶点连接起来，就画出了它），短线与长线的比例符合黄金分割法。

实践中的画面三分制

　　按照黄金分割法，摄影中使用三分制设计，可以得到和谐的布局效果。

　　不过您在摄影时肯定无法使用黄金分割定律来"计算"，而且更给您添了麻烦的是尼康各款相机里设置的栅格线把画面不是分成3份，而是分成了4份。尽管如此，这些栅格线还是能够很好地帮您定位。

　　更重要的是您的感觉，您可以找出原来没有上述知识时拍摄的各种各样的照片来看，检查一下，哪些照片是您觉得布局和谐，哪些觉得不太好。然后您测量一下，也许您就能确定，那些您觉得拍得好的照片，恰恰符合了黄金分割的规则。

　　这也是当初研究者们的要求：他们希望能够找出来，人们把什么东西看成和谐的，并且把这种知识用数学的方法来领会。

↓猛鸢。使用了以黄金分割为基础的三分制，画面的分布很和谐，下图中猛禽的眼睛恰好位于照片的黄金分割点上（尼康D200, 210mm, ISO400, 1/500秒, f/5.6）。

竖式还是横式

尤其是初学者更喜欢把绝大部分照片都拍成横式的,这也可以理解,因为这是自然的现象——人的眼睛毕竟也不能竖起来看。相机也是横端比竖式更自然些,即使您的相机有一个供拍竖式照片的快门。

不过还是想建议您,更经常地试一试,看是否一个物体拍竖式的效果比横式照片更好。有很多物体只在这两种形式中的其中一种形式效果好,但也有许多物体,既可以拍竖式的,也可以拍横式的照片,效果同样好。下面您看到的就是同一物体,两种形式的照片。

基本上可以说,被摄主体的形状决定了照片的形式。如果它又高又细,如一根草茎,本身就呈现一种竖立的形式;而那些宽大于高的物体,例如鱼缸中的一条鱼,肯定横式的更恰当。

如果您不想拍摄一件物体的整体,那么总是两种形式都适合。就举刚才的例子吧,也可以把一条鱼的某个部分拍成竖式的照片,例如鱼头或者尾鳍。

拍摄横式照片时,画面的布局规则当然也适用于同样大小的竖式照片。

如果您把被摄主体拍了两种形式的照片,那您还另外获得了在继续加工方面的优越性,也许在今后某一时刻——比如想制作一个请柬——在设计画面时无论如何想用一张竖式的照片。

↓莱比锡市的冬日花园大厦。许多物体既适合拍竖式,也适合拍横式照片(尼康D200, ISO 200。左: 95mm, 1/350秒, f/10;右: 170mm, 1/350秒, f/10)。

不同的画面效果

使用不同焦距不仅能改变拍摄的视角,也能使画面的效果明显不同,在进行画面设计时,这个特点非常好用。

下图中您看到两个例子,左图中使用了13mm广角,造成了画面中物体的明显走形(电线铁塔倾斜)。而右边照片中,使用了简单的中焦镜头,焦距62mm。

两幅照片拍摄的是同一地点,左图中我离电塔的距离比右图中近约20米,有趣的是两幅图中完全不同的色彩特点,偶然发现这两幅照片几乎是在同一天拍摄的——其实间隔了一年。

左边照片是8月初中午时(13点左右)拍摄的,右边照片是一年前下午16点30分左右拍摄的。两幅都只做了很微小的后期处理,几乎是原始色彩重现。

压短了的展示

广角镜头和远摄镜头的不同效果在下面两幅图中得到了很好的展现。

您可以仔细观察一下两幅照片背景中的楼房和山脉的情况,实际拍摄的距离相差约20米,左边照片更近些,但是从照片效果看来,好像左边的楼房离得无穷远,而右边照片中倒好像近得多,而实际上的拍摄距离更远些。

也可以说远摄镜头把距离压短,所使用的焦距越大,远处物体看起来就越近。

对这两幅照片很难说出哪张布局好,哪张不好,有一些摄影师喜欢左边的照片,认为它的画面展示与众不同,而右边的照片,布局正确,但也有人觉得它普通,而把它分级为少有趣味,不过,这确实是个人品味的问题。

↓不同的焦距。同样的拍摄地点,由于使用了不同的焦距,而收到了截然不同的效果(左:尼康:D200, 13mm, ISO 100, 1/320秒, f/9。右:尼康 D70s, 62mm, ISO200, 1/400秒, f/10)。

题外话

自然的

大自然中，如果阳光从左上方照射过来，阴影就会落到右下方去，人们认为这很自然的，也可以用图解法来表示。您看看本书中的箭头标记柔和的阴影就这样落向了右下方。

光的方向

在摄影艺术中光起着非常重要的作用，人们常说："摄影是带光的绘画"。光可以使一幅照片显示出极佳的效果，相反也可以毁了它。

人们不仅根据季节和一天中不同的时间来区分出光不断变化的色彩（参见本书第170页），而且还区分出光源的不同方向。下面是它的示意图。

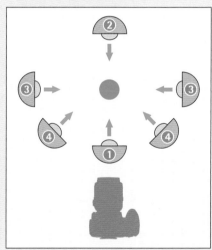

绿色的标记表示要拍摄的物体，下面象征的是相机，其它元素显示的是光源方向。

● 正面光①来自相机的照准方向，由正面光照亮拍摄物体而造成的阴影是平面的——物体因此看起来没有立体感，如果想获得蔚蓝天空的效果，这种光是最佳选择——这一点后面还会再讲。

● 逆光②指的是对面射过来的光。在逆光中您可以把被摄主体拍成剪影。从摄影的角度看，逆光是一种较难驾驭的光，但若是配上精湛的曝光技术则能收到绝佳的效果，例如拍摄日出或日落的瞬间。

● 侧面光③从右方或左方照亮被摄主体，例如您用侧面光拍摄抹了灰泥的房屋外立面，那您在照片上就能把灰泥的每个细孔都看清楚，因为这种光能制造较深的阴影，所以物体在这种光里显得特别有立体感。

● 斜射光④不是来自正侧面，同样在这种光里被摄主体也被很好地突出，看起来也很立体。

还有另外两个方向，射过光来照亮被摄主体：

● 从顶部射下来的光，常用于翻拍或静物摄影时来照亮被摄主体。

● 从下面射上来的光用于特效摄影，因为人们习惯性地不会想到光线会从下面照上来（这是由于太阳光总是从天上往下照，而且人们对此习以为常），在本书第264页可以看到这样的一个例子。

下 光

如果您在拍摄人物肖像时使用下光，效果可能是戏剧性的，表现为阴影违反预期，走向了错误的方向，例如人们当然会期望阴影顺着人的鼻子往下落——而不是向上飞。

各种各样的光

有时候您不得不接受客观情景，如我在前边说到过的那样：在您要拍摄的一场婚礼上，却突然下起了雨，您没有办法像变魔术那样把阳光"变进照片里"。

还有自然界中客观存在的光线您也只能照单全收，也没有哪一天的光线能与头一天完全相同——每天的光线效果总会稍有改变，有时清澈一点，有时会有点雾蒙蒙——这与许多环境因素有关。

如果您在许多天里总在同一个地方拍照，就很容易试验一下，您永远都不会得出效果完全一样的照片来。下面您看到四幅范例照片，由于我酷爱风景摄影和微距摄影，因此我经常在一个鱼塘边拍摄青蛙、蜻蜓和其它昆虫，于是也总会在同一地点拍照。

由于取景和画面布局总是几乎相同，因此一张照片能否进入"收藏名单"，就由其它因素来决定了。在上面的两幅照片中，右边那幅进入了"最佳收藏"，是因为天边的冷凝尾迹产生了有趣的效果。

下面的两幅照片中，云彩的形状都很漂亮，右边照片中的云彩看起来更迷人一些。

太阳笑——光圈f/8

这4幅照片还证实了一条古老的摄影规则，在胶片摄影时代，还没有自动的曝光测量，人们总结出：阳光灿烂时拍照，当ISO100时，1/250秒，光圈要用f/8。

↓同一地点。即使您一再地在同一地点拍照，也永远不会得到完全相同的结果（尼康D200，ISO 100，1/250秒，f/8。上左：18mm，上右：10mm，下左：17mm，下右：10mm）。

→原始照片。这是下面照片的原始照片，存储在View NX里（Exif数据在画面的左上角）。画面中间可以见到被激活的自动对焦测量区域，下面的照片中把对比度调高了一点点（大约8%），照片显得亮了些。

↓禁止通行！这张照片是用了一个"小型的"尼康相机以及随之供应的标准变焦镜头尼康G18-70mm，f/3.5-f/4.5，使用了矩阵测量，没有进行曝光补偿，也没有用特效滤镜（比如偏振滤镜）（尼康D70s，48mm，ISO200，1/400秒，f/10）。

蓝色的天空

我喜欢晴天摄影，我的许多照片中都能见到蓝天，也经常收到有关对我照片中蓝天的问询和评论。

许多人可能不相信，我拍的照片是真实的大自然，他们认为天根本不可能那么蓝，要不就是在山区里拍的照片，或者是使用了偏振镜，也有人说大概是"EBV"（电子图像加工）起了巨大的作用。除此之外也有不少人说，用这个（小）尼康永远不可能拍出这样的照片来。

答案是这样的：所有我的公开发表的照片都用图像处理软件优化过——不过只是在很小的尺度里。上图您看

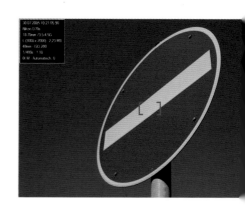

到的是存在View NX里的原始照片。

这样的照片您可以用任何一款尼康相机拍出来（或者其它厂家生产的别的款式相机）——而且对您来说也易如反掌，也不必使用滤光镜就能达到这样的效果，本书中我拍的所有的照片都没有使用过任

何一种滤光镜。

许多来自远方度假圣地的新闻照片，也都展示着亮丽的蓝天，由于人们到处都可以在杂志上看到这种画面，当然也就想试试，亲手拍出这种亮丽的天空。

走出去

这个方法听起来很平常，但是最重要的是：当天空亮丽湛蓝时，您就该走出去拍几张照片。当天气好，或者哪怕是只能看见一片淡蓝色的天空时，如果您不使用任何辅助手段，例如一个偏振镜，您也无法在照片中拍出闪光的色彩。

我的诸多照片中出现的晴朗的天空，在我们所处的地球纬度上并不罕见，建议您在日理万机中出来用稍微长一点的时间，仔细观赏一下自然美景。

您会发现，无论在什么季节，无论在白天的哪个时间段，只要您留心，都能发现天空的绚丽色彩，右上角的莱比锡旧市政厅的照片就是这样产生的。照片拍摄时间是4月中旬，一天下午15点多。右下面的照片是一年前3月中旬的一天中午（13点前后）拍摄的雪景，对页上的照片拍摄时间是7月底，一天上午11点多。

从这几张范例照片中您可以看到，相机与拍摄的季节和时间都不是决定性因素如果您想拍出这种效果的天空，无论如何必须注意的是，拍摄时一定要背对太阳，光线斜射越厉害，天空的颜色就越发淡蓝。反过来，太阳越直射到您的背上，拍出照片上的蓝天就越鲜艳。余下的一点点细微差别，您就可以用图像处理软件来解决了。

↑莱比锡旧市政厅。（尼康D200，25mm，ISO100，1/320秒，f/9）。

↓海滩。（尼康D70s，18mm，ISO200，1/640秒，f/13）。

布 局

最重要的设计原则可以借助于简单的形式来作出很好的解释，一幅画面里的所有元素都可以拆分成简单的基本形式——例如日出或日落就可以用一个圆形来代表。

如果您在拍摄日落，您应该注意，不要把太阳放到画面的中间，而应放到画面的黄金分割点上。

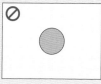

如果您想拍摄一个充满整个画面的圆形物体——例如也许是花——您不要把它放在画面的正中位置上，您可以试试，把它"切掉"一块，效果怎么样，或许只展示花朵的某些部分，照片会显得更有趣些。

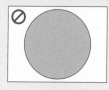

按照黄金分割法，地平线不要从照片的中心位置穿过。

如果您拍摄的是远景的曲线走向——或许是铁轨或道路——那么它的

消失点也不要放在画面中间，而同样应该按照黄金分割法去定位。至于您使用按三分制分割画面后得出的4个分割点中的哪一个，则取决于您想通过这张照片说明什么主题。

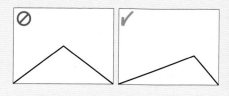

往下滑的线条在拍摄铁轨或道路上无所谓——但是在拍建筑物题材时就不好看。如果您使用远摄镜头，并且扩大与建筑物的距离，要注意减少下滑的线条。

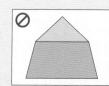

如果拍摄线条结构的画面，那么横向的线条看起来更自然些，垂直的线条会给人"蹲监狱"的感觉。

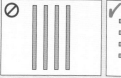
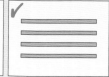

如果画面中需要倾斜布局线条，那么应该让它们呈上升的方向，这样人们觉得是积极的——至少在西方文化区域里这样认为，向下落的线条则与之相反被认为是消极的，不过在从右往左写字的文化区域里，看法是不同的。

如果是两个物体共同在一个画面里，要细心安排组合，建议您把它们看成是两个人物，互相面对，要是背靠背会让人感觉诡异。

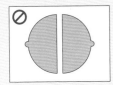

在设计多页的布局时——例如这本书——您必须注意份量要合适，下图中上面的两幅画面里整体倾向右侧，而下面的两幅画面给人平衡的感觉。

即使是布局两幅画面，也应注意规则，例如在设计照片书时，这个规则非常重要，下边的4幅图中，上面的2幅画面的布局顺序，给人拥挤的感觉，尽管每一幅的位置安排正确，下面的两幅画面效果和谐。

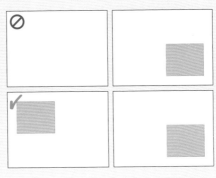

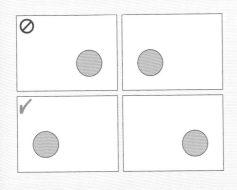

同样在下面的示例中，左边的画面也是向右偏重，而右边的画面看起来布局平衡。

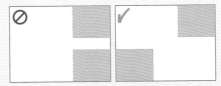

分 量
  您也可以看看这本书里的页面设计。在每页现有文字允许的范围内——我尽可能按所描述的规则进行了布局。例如这个小建议框被安排在这个角落，也是为了与对开页右上角的"题外话"框保持平衡。不过设计这么厚的一本书，不可能把每个对开页都设计得十分完美——例如，由于这段文字绝对需要一幅插图，而设计规则又不允许这样做时，那就必须要找出一个折衷的办法。总之要注意保持页面的平衡。

这个规则同样也适用于两幅画面中是斜线的情况，上面的两幅画面中的斜线下落到了一起，而下面两幅画面的效果更讨人喜欢一些。

照明灯

所谓照明灯指的是摄影时附加的光源，用来照亮画面中的阴影部分，以便把那里的细节看清楚。照明灯可以是个光电的光源，例如探照灯或者闪光灯。您也可以使用反射器，人们也把它称为"Bounceboards"或者照明罩。它由一块具有反射功能的、亮的材料制成，有时候用一张白纸也能有些效果。

强烈的光与柔和的光

光的特性多种多样，人们常说的是"强烈的和柔和的光"。强光时会产生棱角分明的阴影，光线柔和时，棱角就变模糊了。

点形的光源产生强烈的光——无论是自然光还是人造光都一样，用一支手电筒也能造出点形照明的效果。当然您只能目标明确地照亮被摄主体的某一部分。

太阳也同样是点形光源。它虽然巨大，但由于距地球十分遥远而变成了点形光源。

如果一个物体被位于近处的大光源照明，就会产生柔和的光，例如安装在复制用三脚架上的灯碗儿，光照的面积越大，光线就越柔和，阴影就模糊地消失了。

如果天空被云彩遮住了，而且太阳也不能穿透云彩照到大地上来，那么这时的光线也是柔和的，阴影也少并且柔和。

对于拍摄物体的照明没有好坏之分，它完全取决于您想达到什么样的画面效果。

光线柔和的照片效果更浪漫些，但是光线强烈的照片更亮丽，色彩也更鲜艳。至于哪种画面更中您的意，更多是个人品味的事情。

例如在静物摄影时，人们总是试图得到尽可能模糊柔和的阴影，以便把拍摄物体的所有部分都拍得清晰可辨，还有在人物肖像摄影时阴影也不合适，因为它不利于表现人物，因此拍肖像时，经常会使用照明灯把阴影的区域照亮。

光反射到反光表面如玻璃或铬上的效果，取决于光线特征的种类。

这样，您就可以根据光的特征来使用它，来把要拍摄的物体做模型，让它尽可能有立体感，从而搏得观赏者的赞赏与好评。

多做试验

您可以使用现有的各种不同的光线拍照，从而得到效果完全不同的照片。例如可以对同一风景用强光和弱光都拍摄照片，然后得到完全不同的画面效果。用弱光拍的照片效果浪漫一些，而强光拍的照片则给人以更多的客观的印象。

除了在白天各个时间段色温有变化以外，您还有画面设计的第二种选择。

↓柔和的光。用灯碗照明时会产生柔和的光，与天空被云彩遮住时一样（左：尼康D300，55mm微距，ISO200，1.3秒，f/45。右：尼康D200，38mm，ISO200，1/320秒，f/9）。

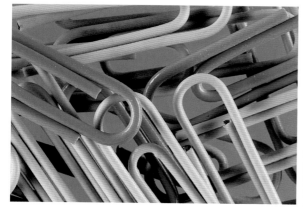

齐眉高度

另外一个您必须重视的画面设计特点是，拍摄时一定要把被摄主体放到自己的齐眉高度上。无论是拍人物还是拍动物都一样。拍摄植物时原则上也适用——当然也会有个别的例外。

如果您从高处往下地给一个生命体拍照，照片的效果是"压低人家身份"。取得好效果的方法是，要把生命体放在自己的齐眉高度去拍照。如果您给一个刚会爬的小孩拍照，那就请您屈尊也降低身高吧！

↓小仙女。拍摄人物肖像时最好脸上不要有阴影，如下面这张照片，它是在逆光下拍摄的（尼康D70s，180mm，ISO200，1/500秒，f/5.6）。

画面设计

↓从上左到下右：

D70s, 105mm, ISO200, 1/1600秒, f/2.8；

D200, 105mm, ISO100, 1/250秒, f/8；

D200, 180mm微距, ISO200, 1/500秒, f/9；

D200, 180mm微距, ISO200, 1/400秒, f/11；

D70s, 55mm, ISO200, 1/100秒, f/5；

D200, 180mm, ISO100, 1/60秒, f/4.5内置闪光灯。

下面您看到的是选自不同题材的几种变化情况。

最上边一行中，两幅花的照片看起来挺好——不过右边的大丽花比左边俯拍的天人菊更迷人些——布局在画面中心之外是合适的。

下面拍摄动物的照片效果比较明显：左边的照片居高临下，而右边的画面看起来更吸引人。

用现有的形式设计

　　除了光以外，您还可以利用现有的形式来设计画面——为此也可以发现数不尽的有趣题材。建筑学和大自然在这里只是作为两个例子，本页的两幅照片就是属于这方面的范例。

　　下面的照片是人工设计的形式，右上图是大自然的创造。

　　您可以浏览http://de.wikipedia.org网站，看看在"Fibonacci-后果"词条背后隐藏着什么内容。大自然塑造出了向日葵这种植物，从而使最佳的光输出过程得

↑↓形式。（上：尼康D200，105mm微距，ISO100，1/125秒，f/5.6。下：尼康D200，70mm，ISO100，1/250秒，f/9）。

多走出去拍摄

您越经常地走出去拍照片，才越有可能发现特别的题材。按规律来说，不可能刚一开始就拍出完美的照片来，要有足够的耐心。

↓绝对孤独。这种题材的出现大部分非常偶然。冬日夕阳在雪地上拖出长长的影子，给画面设计带来了积极生动的效果（尼康D70s, 300mm, ISO200, 1/1250秒, f/6）。

以发生，并且它的各个元素之间不会彼此投射阴影。右上图中您可以清楚地看到向日葵花中心果实清楚整齐排列的形式。

如果拍摄人造的建筑物，那么您无法对被摄主体施加什么影响，只能对它的现状加以接受。

在进行画面设计时您必须注意，要通过选择恰当的画面剪裁，尽可能地使形式引人注目。另外为了使被摄主体产生更好的效果，光线也是非常重要的因素。

也有一些拍摄自然景色的摄影师，通过改变自然存在的作法——例如除掉其中有干扰性的因素等，来自己安排场景，这种改变自然存在的作法对于许多摄影师来说是禁忌有害的。如果是为了

把有干扰的因素从画面中消除，例如只需换成另外一个拍摄地点来拍这个植物就可以了——并且这样做也无需去改变自然存在。如果这样还解决不了问题，也可以干脆放弃这个题材。

在正确的位置把握正确的时间

在摄影界流行着一条规则，即必须要在正确的位置把握正确的时间，这样才能抓住一个场景，拍出一张吸引人的照片。

于是也有可能您在画面设计时一切都处理正确，但结果却是一张失败的照片，比如说是因为当时起主导作用的光线不合适。

限 制

不可能把每张照片都设计得完美无憾——这就是自然规律。

例如在进行新闻摄影或体育摄影时，首要任务是抓住那惊心动魄的瞬间，那时既没有时间，也没有可能去精心设计照片的布局。

再比如拍摄战争题材的照片，重要的是要让画面主题明确——一般是"残酷"。至于拍摄技术是否完美，画面设计是否无懈可击，都是次要问题。

您在观看体育摄影时，也不会去注意背景效果处理得怎么样，因此建议您——例如拍足球赛时——干脆试试用较大的光圈，来把背景中有干扰性的因素尽可能消除掉。一般情况下作这种处理时可以不改变与被摄人物的距离。

同样，您在野外大自然里拍摄动物也是这样，您无法去挑选周围的环境，如果动物的行动很迅速，您也不可能出于画面设计的原因再另外选择一个拍摄地点。干脆还是去动物园拍摄动物吧！可以有更多设计画面的可能性。

因此清晰的画面设计不是所有拍摄题材的共同标准。

疑难问题

如果说一幅照片的画面设计不太理想，可能会有各种各样的原因。

不成功画面设计的最常见的原因多见于单反相机摄影的初入门者，主要在于自动对焦区域。人们倾向于快速地对焦，没有立即去检查画面设计得是否合适。例如当您把自动对焦区域设定在了画面

> **变换对焦区域**
>
> 如果您使用单个区域对焦，那么就推荐您，把活跃的自动对焦区域始终调整到适合设计任务的状态。

↓业余足球赛。拍摄足球比赛时，您无法挑选背景应该如何如何——您只能接受它（尼康D70s, 170mm, ISO200, 1/1250秒, f/5）。

引 文

安塞尔·亚当斯（Ansel Adams）曾经说过："每一幅画面总是会涉及到两个人：摄影师和观赏者。"这实在是最重要的难题之一。可能摄影师觉得很棒的东西，并不一定能获得观赏者的认可，这一点无法改变——关于个人品味人们实在是无话可说。

的中间位置，并且激活了它，想拍摄一张风景照时，就会出现这种情况：地平线横穿画面中间。因此您应该或者把自动对焦区域选择在画面下部（如果天空应该主导画面的话），或者您把清晰度存储起来，紧接着转动相机，找到合适的画面剪裁效果进行拍摄，拍摄人物或动物时应该把他们的眼睛做为测量区域。

另一个被初学者经常犯的错误是从头上长出路灯或大树。给人物拍照，无论如何必须认真地注意背景情况，如果您使用一个中间的光圈值拍摄，而且您用的尼康相机也具有这个选项，那您就可以使用这个景深预览按键来检测一下。拍摄人物照时还千万要注意别把脚剪掉了。

要注意让画面的重要因素在画面中足够大，不要出现太多的空白区域，这里适用于规则贴近主题。在按下快门之前把整个画面再检查一遍是很重要的步骤。另外您还应该把画面的四个边都认真检查一遍，看看有没有不速之客伸进了画面。这种审视眼光在静物摄影时也应习惯运用。在进行动作摄影时当然就行不通了，因为人们最重要的是不能错过正确的拍摄时机。

要注意看照片是否反映了您想表达的画面主题，无主题的照片不会引起观众的注意。在度假照片中画面主题大多是"看呀，我到过这里"，不过您也该考虑到，虽然您在拍照时头脑中已经构思好了一个主题，可是观赏者却并不知道，例如遇到观赏者不知道的过去某段经历时，您就可以对画面主题作一个介绍：这是当时我在……

最后还想提醒您注意的是，画面设计可能是很困难的事，也许您把一切都做得很正确，但是照片却无论如何也反映不出您在观察这个场景时想要抓住的东西，可能光的氛围与您所感觉的不一样。这也是比较正常的现象，即使一位摄影大师，也只有一小部分作品能被收入最佳收藏中。一位著名摄影家曾经说过，如果他每年能拍出12幅好照片来，就非常满意了——也就是说，每个月只有一幅。这段引言来自安塞尔·亚当斯（1902-1984）。他被尊为"纯粹摄影"的代表人物，这是一种对画面美学要求非常严格的摄影学，他也出版了各种各样的、受到了高度评价的摄影专著，直到今天仍然十分畅销。

打破规则

人与规则的关系就是这样的：如果您掌握了现有的全部画面设计规则，那是非常好的事情。紧接着您就可以开始打破这些规则，以便拍到美丽的照片。

为了参加展览我找出了一张胶片时代拍的照片，那是在1990年用一架尼康F801拍的，画面是当时东德一个小城市中楼房的外立面，彩色油漆的窗框，原本白色的腐朽了的窗子与斑驳脱落的石板瓦片的组合，诱使我拍摄了这张照片。由于光线比较舒服，墙面显得不难看。

至于我当时为什么把4扇窗户都切断作为画面不同寻常的设计，今天已经想不起来了。不过这张照片伴随了我多年，因为我一再地在公开场合使用了它。如果您对这张照片说："那又怎么样呢？"我也能接受。

↓在黑森州（Hessen）与萨克森—安哈尔特州(Sachsen-An-halt)交界处。违背画面设计规则的照片也能卓有成效（尼康F801，富士Velvia 50）。

使用闪光设计

　　作为本章的结尾还应该谈到设计画面的一种特殊的可能性，不过只是对专业摄影师来说，例如在摄影工作室内拍摄照片时会经常使用的闪光。

　　当用自然光拍照时，您只能接受当时光线的情况，但是如果自己使用光——例如用闪光设备或工作室内的照明灯——那您就可以自己决定，光应该是什么走向。决定性的因素是：对于画面设计您需要哪一种光。

　　普通的业余摄影爱好者在大多数情况下，或者使用相机内置的闪光灯，或者使用一个专门的闪光设备来弥补自然光的不足，不过此时应该要注意到，也有可能一下子就把情景氛围给弄坏了。因为使用了闪光灯，自然光的氛围就再也不能保留在照片里了。

　　下面的两幅照片就是这样的——或者说很平常的例子。右边照片中自然光占主导地位，而在左边照片中，除了色彩特性变成了另外的样子，还显示出由于使用了D300相机的内置闪光灯，还出现了反射现象。

　　如果使用白炽灯泡照明，会产生一种微红色的光，向观赏者传递一种温暖和安全的感觉。而闪光灯发出的光，大约相当于直射的太阳光（也就是说大约开氏6000°），于是那微红的光就消失不见了，而产生一种淡蓝色的光。这是一种冷光，制造出一种完全不同的氛围——您在下边左图中可以看到。

　　人物摄影时——例如家庭聚会——摄影师大多都喜欢达到一个中性的色彩环境，因此在这种场合里使用闪光设备是绝对恰当的。不过要想达到自然光的氛围，一个闪光灯是根本不够的。正确的方法是：最好使用一个三脚架，以便能保证曝光平和，并捕捉到所需的足够的光。

照明灯

　　照明灯是使用闪光时的一种非常有效的工具，各款式尼康相机还为您提供了控制光量的可能性，这样您就不必总是把全部的闪光设备都用上。

　　由于尼康i-TTL闪光测量功能精确，并且也把环境光计算在内，在几乎所有常

↓用和不用闪光的效果对比。左边的照片里使用了闪光，照片中光的效果与右边照片不用闪光时完全不同了（尼康D300，70mm，ISO200。左：1/60秒，f/4.5，机内闪光；右：1/60秒，f/4.5）。

见的场合里，不用大的花费，也不需要更进一步的知识，都可以拍出自然的曝光效果来。当然必须考虑到，相机内置闪光灯的光线射程不是太大。

所以为了把拍摄场面照亮，出现了微距摄影，如下图中您看到的那样。如果逆光在拍摄人物肖像时，使用照明灯的效果也非常好。

下面的微距照片中的蜜蜂，您如果仔细看会发现拍摄时使用了闪光。蜜蜂光滑身体上的反光透露了这个秘密，使用照明灯时可用它的相当短的闪光同步功能。现在流行的各款式尼康相机都提供有这个功能。使用Fp高速闪光同步，您甚至可以自己选择曝光时间。

这样在设计画面时您就拥有了全部的自由。为了使这一点成为可能，在Fp高速闪光同步时，许多闪光同时发射（频闪观测器效果），把整个画面都照得通亮，因为在所有比同步闪光时间要短的曝光时间状态下，快门任何时候都不能释放完整的画面。

为了获得柔和一些的光，您可以使用一个反光罩（或者简单地就用一张白纸），然后光线发射到反光罩上，再折射回来，通过对光线的控制，您就可以获得柔和的光照效果。

↓蜜蜂。尽管光线足够明亮，拍摄时还辅助使用了一个照明灯。这样就连蜜蜂身上那扑满了的花粉颗粒都清楚地呈现在我们眼前（尼康D200，105mm微距，ISO 200，1/250秒，f/8，内置闪光灯）。

→反光罩。如果您想把闪光设备放在相机旁——如上图这样放在尼康D70s旁边——您要使用一个专门的SCA闪光灯热靴，并且把闪光灯安装在一个专门的滑轮托架上。

可拆卸式闪光灯

闪光灯的一种专门形式，即为所谓的可拆卸式闪光灯。由于内置的闪光灯或者安装在闪光灯热靴上的闪光设备，发出的都是正面光，不能使被摄主体的结构突出，您可以把闪光灯从相机上摘下来，自己来控制闪光时光线的方向。

左侧的图展示的就是它的结构形式，Metz闪光灯的螺旋连线可以拉长为大约1米，因此采光时有充分的回旋余地。

另外还可以选择一种没有连线的所谓的从动闪光方式，它由内置的闪光灯引闪。

水 滴

下一页图中，对正在下落的水滴使用了一个微距闪光，以及两个闪光碗，从而达到水滴反射出光的效果。

→摆好了姿式的雪枭。这张雪枭的照片拍摄于动物园，使用相机内置的闪光灯照亮了画面（尼康D200，210mm，ISO200，1/80秒，f/5.6，内置闪光灯）。

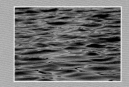

尼康D300，18mm微距，ISO200，1/250秒，f/11，微距闪光

尼康D200，70mm，ISO100，1/350秒，f/10

9 色彩

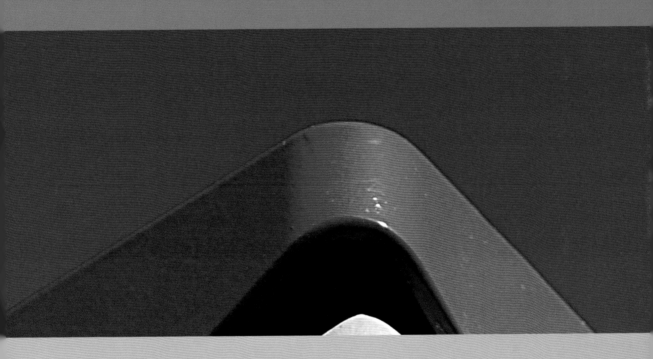

在摄影时代的最初阶段里只有黑白照片，直到后来才出现了彩色摄影。虽然直到今天也还有人拍摄黑白照片，但那不过是少数人的爱好罢了。现在绝大部分照片依靠它们的色彩而"活着"。所有关于色彩的重要问题，您都会在本章里找到答案。

本章中所有照片和图表均由米夏埃尔·格拉迪亚斯提供。

五颜六色

大体上说来，什么是光，什么是颜色，您已经在本书第170页读到了，但是色彩是一个综合性的课题，许多名人也从事了色彩学的研究，其中有画家、作家，甚至还有物理学家。例如：莱昂那多·达·芬奇（Leonardo Da Vinci, 1452—1519）、依撒克·牛顿（Isaac Newton, 1643—1727）、约翰·沃尔夫冈·冯·歌德（Jhann Wolfgang von Goethe, 1749—1832）和约翰内斯·依特（Johannes Itten, 1888—1967）——这只是一小部分，研究色彩学的人物名单列出来会很长。

色彩课题对于摄影来说之所以特别重要，是因为色彩能够激发观赏者强烈的感情冲动。色彩能令人愉悦惬意，也能使人心生不快，甚至仅仅是一张照片的综合色彩就能使它吸引了众人的目光，而不去管画面中的主题是否重要。

研 究

对于色彩及其意义，近百年来人们在各种不同的领域里进行了大量的研究。

从物理学的角度看，人们研究了波长及其所属的色彩，而且已经发展到可以用色彩值计算出与其它星球之间的距离。

艺术方面，人们的兴趣在于研究各种颜色协调配合的理论，至于是用于绘画还是摄影艺术，那无所谓，反正规则是同样的。

而生物学家们感兴趣的是颜色及其对机体的作用。

就连心理学也开设了这个课题领域，例如您呆在一间墙壁被涂成"土色"的房子里，会感觉比在一间涂成湖蓝色的房里要舒服。

于是许多研究人员总在试图对颜色进行分类和排序，包括对每种色调的命名对普遍的认识也很重要。人们把某种颜色与一个形容词联系在一起，比如说我们认为黄色和红色是温暖的，而绿色调和蓝色调是寒冷的，还有被称为非彩色的颜色，如黑、白和灰色。

除此以外，人们还致力于从色彩协调的角度出发，研究如何把众多的颜色搭配在一起，以及人们会如何看待这样的搭配。

值得知道的东西

关于色彩学，许多人对于它的大部分理论不必了解，只需凭着自己个人的感觉去着手处理，经常就会获得正确的结果。

因此，当人们在一张照片里看到，耀眼的桃红色调与鲜艳的绿色调搭配在一起时，普遍都会认为不舒服。至于这种搭配涉及到不协调的，或者相互对抗的色彩搭配，人们则无需知道。

在本章里，我会为您把色彩这个题目里最重要的东西综合说一说。

在各种各样的光线环境下，会产生完全不同的色彩——例如在白天不同的时间段，或是在不同的季节里——因此合适的

色彩搭配也需要一些练习。对于摄影课题来说，这是完全正常的。人们常说通过摄影来学习摄影。

下图中这张单色的照片显示出，一张照片在多大程度上由色彩主宰。在这里唯一发光的色彩控制了整个画面。不过，却是那镶嵌在画面中金色墙壁上的门牌号码标牌，赋予了照片积极的效果。就这样总是会有多种元素综合在一起。

↓色彩。颜色能够很强烈地主宰一幅画面——如下面这张照片里被刷成黄色的墙面（尼康D70s，300mm，ISO200，1/2000秒，f/6）。

色 彩

题外话

位 置

颜色在色彩圆形中的位置，对于判断颜色如何互相反应时很重要。

方 向

在不同的色彩圆形中，颜色排列顺序的方向也不一样。歌德或牛顿的色彩圆形中红、黄、蓝色按顺时针方向排列，而依特按逆时针方向排列。这样与它们的波长能更好地一致起来，因为蓝色的波长比黄色和红色的波长短（见本书第170页）。

色彩圆形

如果让人类把色彩按它们的相似性来分类，一般情况下总会得到同一个结果。因为分类开始和结尾时的色调非常相似，人们很快就选择了一个圆的形式——这就是所谓的色彩圆形。实际上有许多各不相同的色彩圆形——并不仅仅只有一个正确的标准。形成这种现象的原因一方面是存在有各种各样的色彩模式（例如RGB和CMYK），另外也由于存在有各种各样的输出设备，以及对每个色彩区域不同的价值认定。

假如只是按色彩的波长来分类，会出现大小不等的区域，因为例如存在于两个黄色调之间，用了分辨色调级别的波长变化，比在两个红色调之间的波长变化要小很多。视力正常的人们区分黄色调和绿色调的能力比区分红色调的能力要强。

另外，绝大部分人（色盲者除外）对色彩的感觉是相同的，也正因为如此，才有可能对各种颜色命名。这样当说到蓝色时，才能让所有人想的是同一种色调。

色彩圆形显示多少个区域，可以各不相同。例如歌德1810年所著色彩学中的色彩轮只有6种颜色，而1961年约翰内斯·依特的色彩圆形有12个区域。这个色彩圆形您在下面右图中可以看到。

最初的色彩圆形是由所谓的原始色组成的。这些色彩在下图中用字母P标识，就是红、黄和蓝（RGB）三种颜色。把两种原始色混合起来，就出现所谓的第二级色，在下面右图中用S标识。把红与黄混合，就生成橙色，把黄和蓝混合，就生成绿色，而紫色是蓝和红的混合。

如果把色彩圆形中相邻的原始色和二级色混合起来，就出现了我们所说的第三级色，在图中用字母T做了标识。

把色彩进行很多等级的混合后，就出现了完整的色谱。在制作这两幅图时使用了图像处理程序，所画线条受条件所限，各个区域分割得不太均匀。

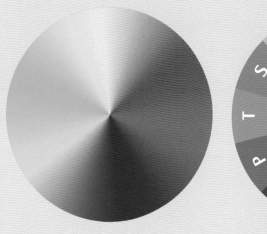

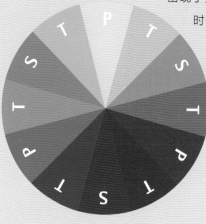

多色的照片

当人们说到多色的照片时,其实里面包含更多的是一种贬义的味道。反之,如果说到照片的色彩,那是褒义的。

如果一张照片里含有的颜色太多,会使观赏者觉得很乱。他不知道该把注意力集中到照片的哪个部分上,他会在评价照片时使用摄影界里含贬义的词多色的。

例如有时拍团体照,人员众多,衣服也五光十色,或者拍一片鲜花盛开的草地,大自然中它令人印象深刻,流连忘返,但在照片里它却显得乱七八糟。在右侧上边的图里您看到的就是这样一幅画面。如果想消除多色性,那么必须要进行细心的画面塑造和总体的画面设计。

任何情况下,靠近题材这条基本规则总是更适合一些。例如右侧下面那幅食蚜蝇的特写照片,与上面那幅是在同一位置拍摄的——但是在这张照片上只有唯一的一种暖色在主宰整个画面,这样就把观赏者的注意力全部集中到了昆虫的身上。我刚好抓拍了它似乎要磨触角的那一刻。

三分制规则

按照黄金分割法有了画面塑造时的三分制规则,与之类似,在照片颜色的综合搭配上也有一个规则: 三种颜色规则。

这就是说,包括背景在内——例如一片蓝天——照片上只能有3种颜色占主导地位。不过也完全允许在画面中较小的区域中出现其它颜色。

如果您按照这条规则在照片中使用了对比度非常强烈的(以后还会再讲到)颜色如红、黄和蓝,那么会出现特别刺眼的结果。

↓鲜花盛开的草地和特写照片。上图中许多颜色都占主导地位,而下图中只有唯一的橙色(尼康D200, ISO100;上图70mm, 1/250秒, f/7.1。下图: 105mm微距, 1/1250秒, f/2.8)。

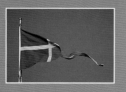

题外话

色彩模式

为了把可以表达出来的色彩细微差别综合起来，可以使用各种各样的色彩模式，究竟选择哪一种，要看您在用哪种输出媒介工作。

例如数码相机、显示屏都是按照添加式色彩混合工作的，也被称之为添加式色彩合成，即RGB（红，绿，蓝）。通过光的混合而生成颜色，如黄色，洋红（微红色调）和青色（浅蓝色调）。

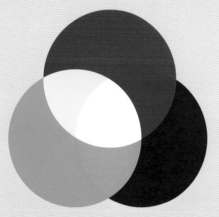

穿过红色的、绿色的和蓝色的磷粒子的光线，例如照射到显示屏上成像区域里的光线越强，生成的白色就会越多。数码相机中颜色生成使用的是Bayer Pattern模式。把光源关掉，生成的就是无彩的黑色。

↑添加式色彩混合——RGB。
提示：在印刷品里——例如本书——不能还原出正确的RGB颜色，因为在CMYK色彩模式里（印刷时使用的模式），并不包含RGB模式的所有颜色（见本书171页）。

这种方法被称为背光法，因为光线从后面射到一个平面上。它比用入射光生成的图像更艳丽更出色一些。也许您在从前拍幻灯片时也对这个问题有所了解。您的幻灯片色彩鲜艳，在幻灯机上（用背光）放映时显示出亮丽的色彩。但是如果您从

↓减少式色彩混合——CMYK。

中洗印出一张照片来（俯视图样片），效果明显要差很多——色彩不那么鲜艳了，比原始图像差很多。在数码摄影时代也同样是这样，在取景器上看一幅画面（背光）和把它打印出来看（入射光）效果完全不一样。

由于无法改变这种物理现象，所以经过测定（对多种输出设备做了检测）背光媒介（显示屏）的画面绝不可能对一种俯视图媒介（如纸）100%地适合。

可印刷的

与背光相反，四色版印刷时使用的是CMYK色彩模式（青Cyan、洋红Magenta、黄Yellow和黑Key，作为通过黑色形成的色彩饱和度），这些色彩与印刷时涂在背景上的四种颜色相符。

我们把它称为减少式色彩混合，或者也称为减色法。

从字面意义上来说，这个专业词汇很容易被误解，因为并不是色彩被减去，而只是光之颜色的反射被减去了，称它为倍增的色彩混合可能更为正确些。

使用减少式色彩混合法，纸的每个被打印的区域都在减少它的反射能力。如果所有的颜色被层层相叠地打印，它们就不再反射光线了，于是就出现了黑色。如果多种基本颜色层层相叠地打印，就会出现原始色——红、黄和蓝色，在打印和印制纸质照片时，都涉及到俯视图样片——光线落到样片上，并且或多或少地被它反射出来。

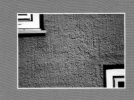

色彩范围

色彩范围指的就是那些由终端设备（例如数码相机、显示屏或者打印机）来表现色彩的区域。

如我在本书171页所描述的那样，CMYK色彩模式具有最小的色彩范围——也就是说，在这种色彩模式里只有最少的颜色能够被表现出来。而那些在CMYK模型里没有出现的颜色都不能打印出来，也就被称为不能打印的颜色。但是由于这些颜色在荧光屏上可以显示出来，于是要评价那些想在印刷刊物上继续使用的照片时就出现了问题，当然这个问题也是反方向的。纯青色和纯黄色在显示屏上不能显示，因为这两种颜色虽然被列入了CMYK色彩模式，但并未被收进RGB色彩模式里。

这些要素的知识非常重要，您可以想象一下如下的场景：您用一张上次度假时拍的照片来测定您的取景器，拍摄的题材比如说是在蓝得发亮的天空背景前面，有一架披着发亮的红色阳光的飞机。您现在想检测一下取景器和打印机，使它们互相协调起来，您将绝对不会得到满意的结果。

原因在于：亮蓝和亮红都不属于可以打印的色彩范围内。另外您在检测取景器时必须考虑到哪些颜色在显示屏上不能显示出来，您可以把青色区域以及黄色区域与取景器画面进行一下比较，就能够确定它们并不一致。

对于各不相同的输出设备，现在也有各种各样的色彩模式（有二十多种），您一定已经在我对于JPEG压缩程序的描写中已经读到，在那里使用的是YCbCr色彩模式来进行换算。

Lab

自从1931年以来，就存在着Lab色彩模式，它被国际照明委员会CIE宣布为用于测量色彩的国际标准。这个色彩模式工作时并不依赖设备，并且控制了人的肉眼所能看到的最大的色彩范围。

Lab色彩由一条亮度基色和两条用于色彩值的基色组成。在基色a里存在着有从绿到红的色彩细微差别，在基色b里是从蓝到黄的色彩。

这个色彩模式特别有意思的地方是，它另外还包含了RGB和CMYK色彩模式的所有颜色，因此它非常适合用于把一张照片从一种色彩模式转换成另一种时使用。

↓Lab色彩模式。一张Lab照片的基色内容：上右为亮度基色，下左为带有由绿到红颜色的a基色，下右为带有由蓝到黄颜色的b基色（尼康D70s，70mm，ISO200，1/400秒，f/10）。

色彩基色

　　在RGB和CMYK图像的各个色彩基色中都没有包含灰色梯级图像,这儿印出来的染色的信息只是为了更好地理解。

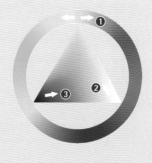

HSB模型

　　使用电脑时您经常会发现另外一种色彩模式,可以用来确定颜色,它就是HSB色彩模式。在这里色彩的定义是由色调(Hue)、饱和度(Saturation)和亮度(Brightness)的值中获得的。左边是它的结构图,它的说明涉及到一个色彩圆形。在这个圆形里已经首先确定了色彩的位置。1,它的输入因此可以用度来表示,并且当然可以从0度到360度;饱和度2决定一种颜色的纯洁度,一种颜色混合进去的白色越多,它的饱和度就越少,输入的百分值为从0至100;最后的值是色调的亮度值3,在0%时是黑色,在100%时是白色。

RGB模式

　　当您在一个RGB设备上播放照片时,就可以使用这个模式,例如数码相机、电脑显示屏、幻灯机或者一个录像机。因为这个色彩模式就是为了用于这种背光设备研制的,所以您在电脑显示屏上能看到照片真实的色彩,显示屏是根据RGB色彩模式工作的。

　　红、绿和蓝三种颜色(Red,Green,Blue),用它们的第一个字母给了这种模式名称——RGB模式,如您所知红绿蓝是原始色,色彩值为0—255,每种颜色可能达到256个色彩细微差别。由于RGB照片由3条色彩基色组成,因此可以显示出1670万个色彩细微差别来。

CMYK模式

　　CMYK色彩模式用于打印照片,颜色为青、洋红、黄和黑(Cyan,Magenta,Yellow、Key),与打印时滚筒印到纸上的颜色相符。

　　在处理这些图像时会出现一个根本性的问题:因为显示屏是根据RGB原理工作的,因而也许不是所有的颜色都能在显示

→RGB图像。除了原始照片(上左)以外,您看到色彩基色红(上右)、绿(下左)和蓝(下右)(尼康D200, 35mm, ISO100, 1/320秒, f/9)。

屏上显示，人们称之为不能显示的颜色，于是打印出来的照片与显示屏上看到的就会完全不一样。

CMYK色彩模式的色彩值用百分数来表示，以此来确定在色调中包含有百分之多少的满色，由于CMYK图像多一条灰色梯级基色，所以它的文件规格也比RGB图像大1/4。

分 开

如果您把RGB模式的图像拆成四种打印颜色，人们把这称之为分开。在这种转换中，所有不存在于CMYK色彩模式中的颜色都被类似CMYK颜色代替了。一般情况下黑颜色这个字里也不会再包含"K"这个字母，因为另外3种颜色层层相叠地打印，应该能形成黑色。理论上这么说是正确的，但实际上这种冒险并不可行。这些颜色层层相叠地打印结果出现的是一种带褐色的色调。另外使用黑颜色也可以节省打印

颜色。因为相关部分的黑色可以从总的颜色中除去。所以人们把所有的黑色调都从画面中计算出来。

全区域（Gamut）

根据所使用的输出设备的不同，照片中不是所有的色调都能被显示出来，尽管它们确实存在于图像中，人们把所有能显示出来的颜色都称之为Gamut（全区域），所以在一些图像处理程序里，在那些不能显示的色彩部分还有一个所谓的Gamut警告。

色彩管理

今天，许多电脑程序都试图用所谓的色彩管理方法，来平衡在不同的RGB和CMYK设备上播放照片时的色彩差别，争取让输入设备上的图像（例如数码相机）与输出设备上的图像（例如一台打印机），尽可能地相似。

←CMYK在打印照片时使用的4种色彩基色，从左上到右下：青、洋红、黄和黑。

单色照片

色彩圆形也可以扩展,把一种颜色一点一点地加深到黑色,或一点一点地减少到白色,就扩大了色彩圆形——左边的示意图就是青颜色的范例。

在这里您看到了作为较大色彩区域的基本颜色的9个梯级深浅程度的变化,当然还可以继续更细地分级,直到分不出级来为止。

如果一幅照片上只有唯一的一种颜色,并且它的分级也已确定,就可以称之为单色照片。

至于使用色彩圆形里的哪种颜色,与色彩强度一样无所谓。

太阳光线强时,会出现色彩强度大的照片。如果光线弱,照片色彩也会相对减弱,成为淡而柔和的色彩。

拍摄单色照片时,非常重要的是形式要具有相当的表现力,并且造型要精细。仅仅是漂亮的颜色,并不能保证拍出一张好的照片,它必须与有趣的题材相结合,并使观赏者能在照片上找到兴趣点才行。在随后的三页里我将为您介绍一些完全不同题材的范例。

↓狂风。水面上的涟漪显示出拍照的时候正在刮风(尼康D200, 180mm, ISO200, 1/500秒, f/9)。

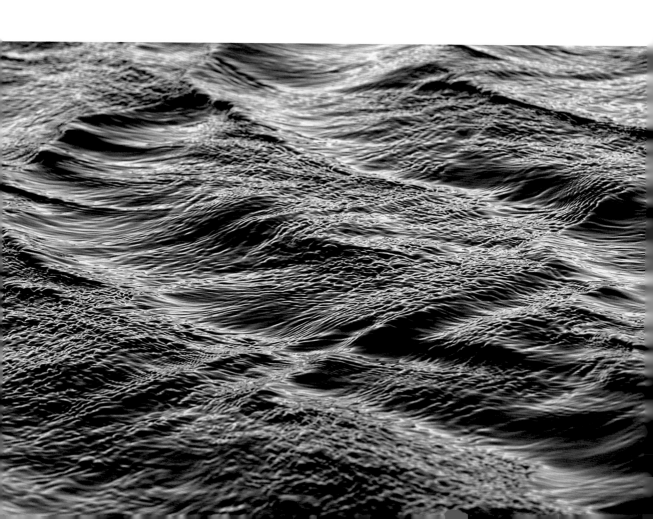

用形式来塑造

对于您为单色照片所选择的形式来说，要拍摄的物体是由人设计的还是大自然的鬼斧神工，都无所谓。

例如左下方的这幅海浪的照片，这是一幅活动的场景，由于无法事先计划，要想拍到一张令人满意的照片，肯定需要拍摄许多各种各样的照片来再挑选。因此也可以说最终能选出的结果也是一件偶然抓拍到的照片。

也有可能出现的情况是您拍了数十张照片，但没有选出一张中意的来。在这种场景面前，原则上说不是您在塑造场景，而是大自然。

在这个题目范围的另外3个题材上，情况就不一样了，必须要由摄影师去发现这样的题材，并且使它引人注目。

为此，包括摄影界人士都需要一些训练，才能看见这样的场景。这对初学者有一定难度，因为人们往往只看到整体，而注意不到细节，那是要用特殊的焦距去抓住画面的某一个点才能看到的。

您拍摄的照片越多，摄影眼光就会越多地得到训练。在您的旅游摄影中，就能更好地把环境中的细节分出来。刚开始时，您尽可以用那装有远摄镜头的尼康相机，从各个角度去拍摄一个题材，直到出现一张您满意的画面为止。

↑逆光摄影。这里您看到的是明亮的玻璃结构的细节（尼康D70s，300mm，ISO200，1/6400秒，f/10）。

↓被撞瘪了的树干。如果没有这条凹痕，这张照片就没什么可取之处了（尼康D70s，105mm，ISO100，1/250秒，f/9，微距闪光）。

单色的

　　现在可以用更新款式的尼康相机里的菜单功能，给黑白照片（单色的）上色。这样您就可以制造出蓝色的、绿色的或者深褐色的照片了。

↓在慕尼黑奥林匹克体育场里。除了单一色彩的塑造以外，在这里使用的透视法也使照片变得有趣了（尼康D70s, 70mm, ISO 200, 1/200秒, f/7.1）。

接受现有的条件

　　画家应该会容易些：他们可以在一幅单色的画面里，随心所欲地选择细节，只要自己觉得好就行。

　　而摄影师们没有这种可能性，或者说受到很大限制，通过选择不同的位置，虽然可以借助光的走向控制一点色彩的强度——原则上说来，您必须接受现实所具有的光线。留给摄影师的选择只剩下剪裁一块合适的画面。

效 果

　　一般情况下，单色的照片会让观赏者有静的感觉，因为在观赏时眼睛不必在色彩区域间跳来跳去，而可以把画面理解成一个整体。

　　色彩越淡越柔和，画面的效果就越静，当然也有可能拍摄的形式干扰了画面中静的效果。因此，在拍摄时要细心选择透视法，以保证形式的走向能增加静的效果。

　　如果总场景显示出来的颜色实在是互不协调，那您也可以使用单色的画面。然后剪裁出一块只有相匹配色调的画面来。

　　想拍摄单色画面时，应该在您的尼康相机上使用一个远摄镜头，因为经常是在细节里发现单色性，而很少在全景概括性的场景拍摄中。

协调的色彩

在色彩圆形上彼此相邻的色彩,人们称之为协调的色彩,如果您在拍照片时,使用这种色彩为主导色彩,那么照片的色彩就会显得协调,例如在下面的照片里,青色的天空和绿色的屋顶就彼此十分协调。

至于在色彩圆形上彼此相邻的色彩,在拍出来的照片上是否真的能彼此协调,起决定性作用的还有光线。

在自然界中,也有许多人工创造的东西具有很多协调的色彩组合。

许多色彩区域中的配对都能产生漂亮的效果,例如橙色与红色的互补性非常棒,还有黄色和绿色配在一张照片里也十分合适。

在照片里色彩效果怎么样,在很大程度上取决于光线的情况,例如下图中的场景,拍摄时是个雾霾的天,但假如阳光灿烂就不会有这个效果了。

大自然中,当秋天到来时,树叶变成了金黄色,还有就是日出和日落之时,都存在有大量的色彩协调的场景。

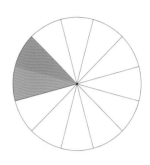

↓ 在屋顶上。这幅照片的主导色彩彼此十分协调 (尼康 D70s, 125mm, ISO200, 1/800 秒, f/7.1)。

↑秋叶。黄色和浅绿色在色彩圆
形上彼此相邻，因此互相十分
协调（尼康D200, 210mm, ISO
100, 1/180秒, f/5.6）。

↓六月的太阳。橙色和红色彼此
协调（尼康D200, 500mm, ISO
400, 1/300秒, f/6.3）。

细心的造型

即使色彩主导画面，您也必须注意特别细心地塑造一个干净的画面，以保证照片有一个非常好的效果。

如果您自己设计场景——例如布置桌面静物摄影——那您就可以自己选择搭配协调的色彩。在自然界摄影您则只能在大自然为您提供的色彩组合中进行选取，并且注意到它们在光线强度不同时的不同效果。

每种单个的色彩区域在画面中有多大，并不重要，在下页左上角的画面中，黄色和绿色的区域所占比例差不多一样大。而在下页左下图中，红色占据了日落画面中的主导地位，而协调的橙色只表现在了太阳身上，成了照片中金色的剪影。

另外，在大自然中拍摄的情景看起来非常真实，没有使用特效滤镜，并且即使在后期处理时作了些微小的加工，也不会改变原来拍摄时所捕捉到的气氛。

在下一页的蜻蜓照片中，主导色彩是水的蓝色，只在蜻蜓身体上很小的一部分显示了与蓝色相协调的绿色。拍这张照片时，我在画面造型时注意把蜻蜓在水中的倒影也保留在画面中。

组 合

在自然界中，您经常会发现一些协调的色彩组合——例如我刚才所举的几个例子，也有一些组合则不太容易见到——例如蓝与紫，或者红与紫的组合就很少遇到。

阳光灿烂时，大自然呈现出来的色彩，与您在阴霾天气，或在阴影区域里拍照时

见到的色彩组合不一样。阴天时您更容易发现单色的摄影场景，而在阳光充足的时候出现更多的是协调的色彩组合。

　　大多数情况下，建议您在旅游摄影时，不要目标明确地去寻找某一种协调的色彩组合。在挑选整理照片时，您肯定会确认，已经拍下了这种色彩协调的照片。

　　如果您想突出某种特别的色彩效果，有些时候也不妨试一试在拍摄照片时，让曝光稍微不足一点，但注意不要过分夸张。建议您最多只能降低一个曝光等级，以此来保证画面看起来还很自然。您可以使用RAW模式，这样日后就可以做曝光不足的处理了。

后 期
　　也可以选择后期在电脑上对照片进行降低曝光度的处理。

细 节

　　在绝大多数情况下，协调的色彩组合，都更适合把细节作为恰当的场景来表现。自然界中很少能找到可以用广角镜头，或者是普通镜头拍摄的较大的区域。一些特定的风景场面属于能想象得到的例外。

↓蜻蜓王后正在产卵。蜻蜓身上绿的色斑与蓝色的水面十分协调（尼康D200，500mm，ISO 400，1/1250秒，f/6.3）。

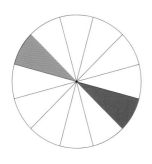

互补色

人们把在色彩圆形上位于对立位置的色彩，称为互补色（拉丁语：complementum＝补充）。由互补色组成的色彩组合，由于色彩圆形的不同而各不相同。

如果把互补色混合起来，无论是用添加式还是减少式色彩混合法，都会出现一个灰色调。

另外，由于互补色搭配的效果十分鲜艳醒目，所以也常被广告版画的设计者们使用。

互补色之所以在画面塑造时非常好用，是因为它能制造出更多的紧张生动和戏剧性的效果来。

包含有互补色的照片，经常能引起观赏者的极大关注，而色彩区域的大小并不重要，例如下面这幅照片中，只是在模糊的背景中，一朵并不清晰的罂粟花的一小团红色，就足以吸引观众的注意力了。

互补色的典型组合，以依特（Itten）的色彩圆形为基础，常见的有：红/绿、黄/紫和蓝/橙（见本书第308页）。

这三种互补色搭配很容易看出来，而第二级或第三级色彩的搭配就不那么容易判断了，因此建议您要时常看一看色彩圆形，以便确认混合色的互补色搭配该如何进行。

另外，互补色搭配也不是必须要在色彩圆形上精确地相对，小的误差也完全可

↓大麦田。画面上的点点红斑是绿色麦田的互补色（尼康D200，180mm，ISO100，1/350秒，f/5）。

以在宽容的范围内，很多情况下您可以充分相信心中的感觉。

常见的搭配

由于互补色很显眼，所以无论是在自然界中，还是人为制造的物品中都十分常见，观赏者也觉得互补色搭配起来是平衡的色彩。

大自然中有许多动物和植物都身披互补色彩。下页图中的蓝点颏长尾鹦鹉就是这样的一个范例。

为了吸引昆虫，许多花朵也具有鲜明的互补色彩。

很多动物和植物的色彩搭配都十分美丽，类似于一片绿色叶子上的鲜红的瓢虫这样的搭配更是不胜枚举。

红和绿这种互补色彩的搭配是最常见的。当阳光灿烂时，色彩更加鲜艳亮丽，效果也最佳。

黄色与微红色的搭配，比它们与各自相对的色彩搭配更鲜艳。因此例如在红绿搭配时，用柔和的绿色覆盖画面的绝大部分，而用鲜艳亮丽的红色作为亮点来点缀整个画面。而反过来，假如画面中大部分是红色的，而用绿色斑块来点缀，则会令人感觉色彩过于强烈刺激了。这一点也适用于其它的互补色组合中。也有人说互补色互相增强彼此的光亮度，但是如果对画面中的对立色彩进行平均分配，是达不到令人满意的效果的，它们的作用会互相抵消，因此不建议这样做。

↑桁架建筑。橙色是蓝色的互补色（尼康D700, 370mm, ISO 200, 1/500秒, f/11）。

↓浆果。在绿色背景前的红色浆果分外诱人（尼康D200, 105mm微距, ISO200, 1/1250秒, f/2.8）。

效 果

单色的或者以协调的色彩为主导的照片，都给人平和安静的感觉，而使用互补色或对比色彩的照片则无此效果。它们更刺激，对这样的色彩组合，人的感官反应更强烈些。

互补色彩在版画式表现形式中显得更鲜明，而在其它地方则会让人感觉不舒服，例如在蓝色背景里写上橙色的字，而且在这两种颜色的过渡部分会显得太耀眼。

这样的色彩组合在照片中使用有限，因为光线会制造出各种不同的阴影，纯粹

↓蓝点额长尾鹦鹉。橙和蓝也是互补色（尼康D200，210mm微距，ISO400，1/250秒，f/5.6）。

的互补色您是得不到的。因此，与版画的效果相反，照片的效果也还不错。

鲜艳的颜色

如果您使用原始色彩工作，就会产生闪光的、辉煌的效果，总是能吸引观赏者。这个形容词也用来修饰被打磨过的钻石。

在最佳情景里，您能见到一张画面里存在有全部的三种原始色——不过这种几率很小。

因此在一幅画面里，出现两种原始色彩搭配的可能性比较常见，如黄/蓝、蓝/红或者黄/红。通过这些颜色的耀眼性能，使

得照片总是特别地显眼，并且也因此受到大部分观赏者的喜爱。

如果您在灿烂的阳光下拍照片，就会出现鲜艳的颜色，在阴沉沉的光线下则相反，原始色彩似乎成了涂在被摄主体上的漆，因此效果就不会那么强烈了。

可能性

您在下图中见到了蓝色的天空与蓝色的水面的搭配。假如集装箱船使用鲜艳的绿色，那么照片的吸引力就会减弱许多。而鲜亮的红色与之相反，效果非常好。

还有您在下页上面这幅照片中看到的黄色脚踏船，在蓝色水面的映衬下，更加鲜艳夺目，而且它也大约正位于照片的黄金分割处。

另外，水的颜色也取决于天的颜色。天的蓝色越亮，水的蓝色也就越发鲜艳。

如果您在池塘边拍照，池塘岸边的绿树可能会使水显出绿色。

另外一种经常能见到的鲜艳色彩的场景是建筑物。因为人们都想让他的建筑作品呈现出令人喜欢的外观来，于是把房子的前立面刷成亮丽的色彩经常是很有趣的事。

您也可以收集各种颜色的门和窗。进行建筑物摄影时，要注意细心地进行画面的布局，稍稍歪斜的线条可能会毁掉整个画面的效果。

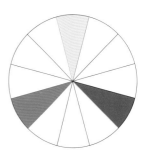

↑全部3种原始色同时出现的几率很小。

↓汉堡港。对比色红和蓝的搭配效果总是非常棒（尼康D200，70mm微距，ISO 100，1/250秒，f/8）。

色 彩

↑在马什湖上踩脚踏船。通过与蓝色湖水的对照，黄色脚踏船显得格外鲜艳（尼康D200，500mm，ISO320，1/1250秒，f/6.3）。

当然在自然界中还存在有许多具有强烈色彩的场景——花朵世界只是其中的一个例子。

在动物世界里，热带地区的动物常常有十分艳丽的色彩，例如变色蜥蜴。水下世界里也是如此，例如下一页中，金色的帆鳍鱼照片所显示的光鲜色彩就是一例。您必须注意的是，要把这个动物放在具有相配的合适色彩的背景前面去拍照，假如右边照片的背景是紫色的，那么它的效果就会大打折扣了。

除此之外，在拍摄有鲜艳色彩区域的照片时您还应注意，背景要安静一些。如果能看到太多其它颜色的细节，照片就显得不那么安静了，要努力让要拍摄的物体干干净净地从背景中分离出来，如果可能的话，可以把背景拍模糊。

↓对比色。三种对比色刚好碰上——这可不容易（尼康D200，52mm，ISO100，1/250秒，f/8）。

处 理

在数码摄影时代，既可以在拍摄照片时把相机的各项指数调整好，使之能拍出一张色彩更鲜艳的照片，也可以日后对画面做最后的润色处理。

目前流行的各款尼康相机，都在拍摄菜单中提供有多种选项，可以在相机内部对要拍摄的画面做出优化调整。例如您想拍摄色彩强烈的照片，而且不想日后再做后期处理，您就可以把对比度和色彩饱和度的指数调高。这样在拍摄的同时就已经改善了照片的清晰度和色彩饱和度，不过为了找到合适的数值，一些试验还是必要的。

因此更值得给您推荐的是对照片进行后期优化处理，特别是因为图像的后期处理程序还能够调整画面的细节。

除此之外，后期图像处理还有一个优点，就是可以试来试去，直到您对结果满意为止。

而与之相反，假如您在拍摄时，在相机里对画面进行了优化处理，那么您就无法再看到未经处理的原始画面了——除非您在拍摄时使用了RAW格式。

当然，也不应该向您隐瞒的是，在后期处理程序里优化照片是需要花费一些时间的。

↓金色的帆鳍鱼。在鱼类世界里您经常能见到非常艳丽的色彩（尼康D200，55mm微距，ISO400，1/60秒，f/2.8）。

不协调的色彩

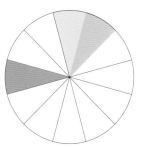

↑不协调的色彩搭配。

↓棉签儿。通过打开了的光圈，产生了一个很小的清晰度范围（尼康D70s，105mm微距，ISO200，1/160秒，f/2.8）。

不是所有的颜色都彼此协调，这样搭配的结果一般都会让人觉得"不静"，许多观赏者都会认为"不好看"。但这也不是说这样的颜色就不许在一幅照片里出现。

画面中包含的颜色太多，就容易出现这种不协调的色彩搭配，您可以返回去看看本章第一个标题"多色的照片"中的色彩圆形。多色的是一个贬义词，彩色的照片才是表示那些使观赏者看着舒服的照片。

假如画面中各种颜色的分布在色彩圆形上不平均，那么它们可以说是互相竞争的。左边的色彩圆形可以说明这一点，那里

大致表现出了在下图中所使用的颜色所占的份额。

下面的棉签儿照片，清晰度范围非常短，不过也正因为如此效果还不错——色彩组合的效果也只是不太寻常罢了。

对清晰度的巧妙运用，以及画面上发挥了积极效果的向上升的线条，都使得这张照片值得一看。

右侧小熊糖的照片里包含的颜色太多了——效果显得生硬而且混乱。虽然也有向上升的线条，但没能平衡掉这个效果。

下面是一张毛线团的照片，不仅色彩组合是多色的，而且线条的走向也不完美。虽然背景中的线条是上升的，但在这些线条之

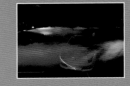

上，在画面前区里的线条却是下落的走向，因此给画面的效果减了分。

概 括

当您了解了所有可能的色彩搭配及其可能性和效果之后，您不要有被弄糊涂了的想法，您尽管去拍摄喜欢的画面，根据您心中的感觉，所有您所觉得好看的照片，都会符合所讲述的规则。

假如某一张照片在您的朋友们那里没有受到预期的好评，您还可以再仔细检查，看看是什么地方违反了所说的规则。

最 后

再提一个小建议作为结束：如果您想练习，可以给自己定一个色彩专题——摄影竞赛时也总会有这样的专题。

例如您定了专题红色，然后把您照片档案中所有适合这个题目的照片都挑出来。除了挑选旧的照片，也可以在下一次旅游摄影时，有意识地去注意符合这个题目的题材。

作这样的练习不仅能带来很大乐趣，而且还可以训练您运用色彩的摄影眼光。类似这样的专题多种多样，五花八门——肯定会给您带来极大的乐趣。

↑小熊糖。小熊糖照片的光源来自下面（尼康D300，55mm微距，ISO200，1/10秒，f/32）。

↓羊毛线。由于颜色太多，画面显得很混乱（尼康D300，55mm微距，ISO200，1/250秒，f/18）。

在数码摄影时代，拍摄完照片后绝不意味着完成，您还有多种多样的可能性，对照片进行后期的润饰或继续加工，还有对照片进行正确的分类归档也是十分重要的课题——尤其是当您拥有的照片数量非常巨大的时候。另外，关于如何展示您的照片，也有一些值得您了解的建议。所有这一切正是我在本书的最后一部分里要处理的内容。

第三部分
后期制作

尼康D300，105mm微距；ISO200；1/30秒；f/11

尼康D200，210mm，ISO100，1/640秒，f/5.6

10 照片归档

平时积累的照片越多，对照片进行有意义的分类就越重要。当然您可以投入资金使用昂贵的程序，但是实际上，一个简单的软件或者Windows所提供的功能也完全能达到同样的效果。

本章中所有照片均由米夏埃尔·格拉迪亚斯提供。

分 类

如果只拥有少量的数码照片，那么在照片分类上您没有任何困难。不过，硬盘里积累的照片越多，确定一个好的分类原则就越发重要。

如果刚开始时没有一个基础分类构想，日后照片多起来，想要找出某一张来就会十分困难。

您究竟打算把您的照片用哪种方式分

类，这一点应该在您进行数码摄影之初就确定好——因为随之而来的分类工作纷繁复杂，这个最初的构想十分重要，一旦实施起来，再想更改就会招致非常大的麻烦。

对于数码照片进行分类的原则有各种不同的可能性，究竟哪一种适合您，说到底是一个习惯或个人爱好的问题，别人很难给您直接的建议。在本章中，我将为您讲一讲我是如何管理我的照片的，因为我拍了非常多的照片（目前达到16万张），所以我必须从一开始就仔细考虑我的照片分类问题。

区 别

也许您在胶片时代有进行照片分类的经验，从而对数码照片的分类整理不以为然——这种想法必须改变。从前是这样做的：把洗印出来的照片收进盒子里或夹在相册中，把底片放进某些夹子里，幻灯片则被收集在储物间或专门的盒子里。

上述分类方式所带来的附加开支在数码时代都可以不用考虑了。如果归您个人支配的电脑硬盘容量足够大，那么附加的开支就很少了——大约只是为了数码数据的安全而备份的CD盘或DVD盘了。当然如果您还想继续洗印或打印照片的话，费用也会增加。

如果您电脑技术娴熟，那么在电脑上进行照片分类和加工是很容易的。如果您只是初涉电脑世界，那您得计划出一段熟悉电脑工作的时间——这一点在您决定要踏进数码世界时就肯定已经知道了，尤其是对于年龄较大的初学者来说，理解这个完全不同的世界以及它的全新可能性，有时会比较困难。

我在本章的描述中，假定您已经对使用电脑没有困难，并且掌握了使用电脑软件的基本能力。

软 件

很多软件程序都能使分类整理大量照片的工作变得容易，其中一些很好用——其它的则很贵。

究竟哪一种程序更适合您，主要取决于您照片的数量，以及您对它们的使用功能的期望。

肯定您已经能够使用电脑系统的各种工具来完成许多重要的任务——用每一款新的Windows版本都具有分类整理照片的功能。

如果您的照片分类工作量比较小，那您甚至可能不需要添加专门的分类软件就能应付。在本章中为您进一步推荐软件时，我会主要介绍几种物美价廉的程序——例如被广泛用于图像处理和分类程序的Photoshop软件。

在本章中您也会了解到您的尼康相机是如何给照片排序的，以及您在把数码照片转存到电脑里时有哪几种选择。

对于数码数据特别重要的课题，即安全备份问题，也会在本章里被详细地描述。

↓在奎隆斯伯恩（Kühlungs-born）。如果您想从10000张数码照片中把最漂亮的照片挑出来，您必须有一个基础的分类原则（尼康D200, 44mm, ISO100, 1/230秒, F/9）。

数据建设

在初始状态下，尼康相机的编号存储功能选择在"关闭"上，此时如果您插入一张新的存储卡或者设置一个新的文件夹，相机就会自动开始为后面的照片从头编号。

因此，如果您想把今后的照片连续地编号，就应该把选项改为"开启"，这样就可以避免编号混乱的现象发生。

尼康各款相机会在插入的存储卡上拟定一个文件夹，名为DCIM，其中您可以看到一个子文件夹，它的名字里包含有相机的型号——例如D5000，如果在文件夹里已经存储了999张照片，就会自动拟定一个新的文件夹，它的编号即是在相机型号之前加上101。

在4位数组成的编号里，您总共可以拍摄9999张照片，然后就会再从头计算，从而才会出现重复的编号。

↓Windows Vista。下图展示的是尼康D5000拍摄照片的存储卡插在电脑的读卡器中的界面。

文件名

为什么在Windows里可以给文件任意命名，而在包括尼康各款相机在内的相机里却不行呢？或许您已经提出过这个问题了，原因很简单：那是因为它们在工作时使用了不同的文件系统。

电脑使用一种特定的文件系统，从而可以在一个存储媒介上阅读或书写文件，在这个系统里，文件被精密地保留在了数据载体上。

文件系统也随着时间的推移在不断发展着，在最早的DOS和Windows办公系统中，文件名只能由8个字母和一个由3个字母组成的扩展部分组成，来作为文件类型的标识。在这里使用的是所谓的FAT文件系统（File Allocation Table）。

例如一张JPEG照片就可以被命名为meinname.jpg——不能再长了，这种类型的命名也称为"8+3"式。

现在的办公系统如Window Vista或Windows7使用的是NTFS文件系统（即New Technolog File System），而在存储卡上也仍在使用的是FAT文件系统。在NTFS文件系统中，文件名可以长达259个字母——再加上247个字用来说明找到这些文件的途径。

在CDs/DVDs盘中，又使用了另外的文件系统（ISO9660或Joliet），它们也同样限制了命名标识的字数（ISO9660=31, Joliet=64）。当您想把照片保存到CD或DVD盘上时，一定要记住这一点——文件名不要太长。

文件命名

尼康各款相机在为所拍摄的照片命名时都遵循着同一个原则。

按照标准设计，照片命名都以DSC开头，后面是4位数字，前边的3个字母您可以随意改变，这样当您用多台尼康相机拍摄时，就可以加以区分了。

如果您在摄影功能里把色彩模式调到Adobe RGB挡上，所拍摄的照片标识就变成了_DSC，因而也很容易与其它照片区分开来。

如果您使用相机内部的图像处理功能修改了照片，那么新制成的照片就会得到CSC标识，这样同时也能避免它与原始照片混淆。两幅照片的号码虽然一致，但它们的前置标识不同。

在文件名的结尾部分，您可以辨识出这个文件的规格，如果照片是在JPEG格式里拍摄的，那么这些照片的文件名结尾则是.jpg，录像短片文件名会以.avi结尾，而RAW格式的图片，文件名的结尾则是.nef。

将照片存入电脑

当您把一张照片存储卡插入读卡器中，按照设计标准，Windows就会自动显示出来。当然也会由于所使用的Windows版本不同，各个选项也会稍有不同，左边您看到的电脑截屏是在Windows 7格式下出现的。在这个对话框里，Windows给您建议了多种选项，您的电脑里安装了哪种程序，您就可以自动启动它—— 例如随尼康相机一起附带提供的尼康转存。

您也可以打开一个新的Windows浏览器窗口在里面显示相关文件夹的内容，下面的插图则展示的是这个内容。存储卡在这里像一个完全正常的驱动器被展示出来，您可以进行在其它文件处理器上所熟悉的一切行动，例如您可以把照片复制到您所希望的新的场所，然后删除存储卡里的照片。

连接照相机

如果您的电脑里没有安装存储卡的读卡器——比如说您用的是一台老版的笔记本电脑，那也没有问题，您可以使用随尼康相机附送的USB连线直接把您的尼康相机连接到电脑上。

USB

使用USB接口（Universal Serial Bus）可以把其它可移动的仪器与电脑连接起来，例如照相机、打印机，也可以是扫描仪或者键盘。

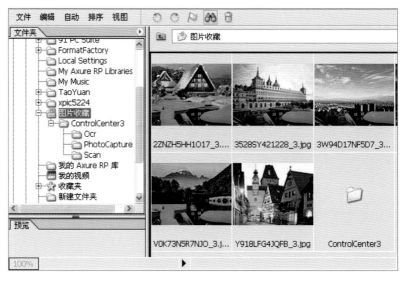

dows Vista里的Windows画廊。在上图的画面中，也输入了那些扩展了的选项，您在这里要输入文件名称和文件夹的名称。

重要的是要给输入的文件起一个新的名称，目的是为了避免在今后长期的使用过程中出现重名的现象（因为各款尼康相机内部照片编号最多只能到9999）。

下图中您看到的是各款尼康相机免费附送的尼康转存器的电脑截屏画面。构造很相似，有意思的是它能够自动提供一个转存照片的安全备份。

在首次进行这样的操作时，Windows就会自动安装上必要的驱动，紧接着照相机就同样会像一个驱动器一样在浏览器里显示出来。您就可以把存储卡里的照片复制到电脑里，根据您所要复制的照片数量的大小，复制过程的长短也不一样——您要有些耐心啰!

使用程序

如果您不想动手操作把照片从存储卡中转存到电脑上，您也可以使用不同的程序，来为您自动地完成这件事。一般来说这里会提供有附加的选项——大概是为了在成功复制后能立刻删除存储卡上的文件。各种转存程序的基本结构都很类似，如上图是在Windows7中，Windows Live照片画廊的一幅截屏画面，在其它的 Windows版本中，程序会稍有不同——比如Win-

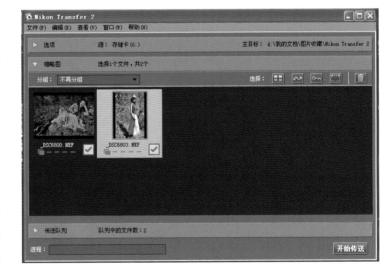

独特性

给文件夹和文件命名是一件非常个人的事情,本人觉得再清楚不过的命名,也许旁人却根本不能理解,重要的只是您在命名时要把握好不会引起混乱。

为照片和文件夹命名

说到为文件夹命名,您应该从一开始就牢记不忘的是一把照片分存在多个文件夹中。因为随着时间的推移,您会积累大量的照片,如果把许多照片都存在唯一一个文件夹里,不仅容易混淆,而且当您需要寻找某一张照片时,也会花费很多时间。

例如您可以按事件为文件夹命名,这时要注意一点:如果您经常去马洛卡岛休假的话,那么文件夹只命名为度假-马洛卡岛就不合适了,更好的方法是把年代(或者甚至月份)一起写上,最好把年代写在命名开始部分。如:2010-度假-马洛卡岛,这样下一个文件夹的命名就容易了。

或许您是一位摄影大师或风光摄影爱好者,常年作品不断,建议您把照片按日期分类,用年代来命名文件夹,里面的子文件夹用月份来命名。当您要寻找某一张照片时,您必须大致知道这张照片是什么时间拍摄的,否则寻找起来就比较困难。

在一些程序里经常可以看到有的选项是以拍摄日来做为文件夹命名。这没有什么必要,肯定会出现许多只包含有几张照片的文件夹,您不会每天都拍摄数百张照片。

如果您打算今后用一个专门的程序来进行照片管理——比如用Photoshop软件,那么文件夹命名就不那么重要了。因为在这样的程序里,存储地点不太重要,照片被以超越文件夹的方式管理着。

因此我的文件夹只是以简单的顺序编号命名,如果积累的照片多了,我就再开设一个新的文件夹,同时建立一个子文件夹,

里边收集较差的但又不想删除的照片,这往往是出于资料收集的原因。

另外,我把所有扫描的旧照片也归到了几个文件夹里,从文件夹的名字上就可以辨识出,这些照片出自何处,如alt_pcd表示旧的传统照片,从一张照片CD盘转存为数字照片的。

我也给原来的旧照片建立了专门的文件夹,因为我把旧照片进行了不同规格的数字化,例如6cm×6cm或6×7Dias(幻灯片)。

当一个文件夹里的照片太多时,我有时也会把它们按竖式照片和横式照片分开放。

从前面的图中,您也看到照片都集中在自己的一个硬盘里,出于多方面的考虑,这样做是值得推荐的。

按标准设计，许多程序都会提示，让人们把照片存放在Windows系统下标准索引里“我的照片”栏下。如果您要存的照片非常多，C盘很快就会满了——因为按系统默认，那里安装着所有程序。而且如果所有照片都在一个自己的硬盘里，也就是说在一个与其它文件分隔开的硬盘里，也会让人看得更清楚些。

如果您经常网络在线，您也应考虑到，黑客对您电脑的攻击目标首选总是C盘的Windows系统。

文件命名

对于为个人文件命名，同样也很难提出什么建议，因为它很大程度上取决于个人的品位。

不过，您应该避免把文件名起得太长，因为那样的话，寻找起来太困难。

如果您决定采用按事件方式分类的方法，那么在为文件命名时，当然也应该延续这个方法，并且为各组照片直接按时间顺序命名：例如2010—度假—马洛卡岛01.jpg。如果按照日期顺序分类，那么在2010年5月28日拍摄的照片就应该被命名为2010-05-28-01.jpg。

我选择的是一种简单的、从头起按顺序编号的方法，因为我打算用Photoshop软件来进行后面的归档工作，也因为那里存在着对照片进行评价的更进一步的可能性。所有的数码照片都被命名为图片，后面是一个6位数的数字，胶片照片的名字则是在数字编号的前面写着胶片两个字——对所有各不相同的图片类型我都是照此办理。

无论您选择了哪种命名方式，都必须注意杜绝命名中的重名现象，否则在以后的文件处理过程中，有可能会由于转存而丢失珍贵的数据。

3W94D17NF5D7_3.jpg	2012-11-2，下午3:19
6GXXZU491Q70_3.jpg	2012-11-2，下午3:18
7EL97N35YQJ2_3.jpg	2012-11-2，下午3:17
7N986816YQY7_3.jpg	2012-11-1，下午4:46
3528SY421228_3.jpg	2012-11-2，上午11:30
F02838QEEOL1_3.jpg	2012-11-2，上午11:30
KEJGT4F20CX8_3.jpg	2012-11-3，下午2:12
LK8078JY8PPA_3.jpg	2012-11-3，下午2:17
T903H9X32LI5_3.jpg	2012-11-3，下午2:15

分 隔

硬盘之间由不同的驱动而分隔开，在这种情况下，虽然所有的数据从位置上来说都存在于一个硬盘上——但是在Windows浏览器里却显示出一种根据不同的驱动而分隔的现象。为了获得更好的分隔，推荐您使用不同的驱动，这样您就可以在一个硬盘上存放程序而在另一个上存放数据，下图中您可以看到我的分类结构，其中“媒介”中存放的是电影和音乐文件。

地址(D) 我的电脑

名称	类型
WINXP (C:)	本地磁盘
本地磁盘 (D:)	本地磁盘
本地磁盘 (H:)	本地磁盘
本地磁盘 (S:)	本地磁盘
共享文档	文件夹

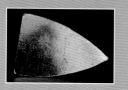

照片优选

我的做法是，随时翻阅我新拍的照片，把所有选出来的照片存放到"最佳收藏"文件夹里，然后进行优化，并在专门的索引里保存。由于不是到要使用那一刻才去挑选，也因此为我减轻了一些时间上的压力。

照片管理

如果您事后还要再处理照片——比如说为了今后某种用途而进行优选，那么就有必要做好照片管理。

原始照片永远都不要修改，以保证您可以永久保留使用其原始数据的可能性。除此以外，那些被处理过的文件资料，也应该保存在一种不压缩图片的文件规格里——例如使用TIFF文件规格（见本书236页附表）。

如果您使用照片处理程序（这点以后还会详细讲到）对照片做无损害的修改，那就有必要使用另外一种文件规格，因为JPEG不支持这种附加的选项。

把处理过的照片保存在一个专门的文件夹里，是一个好主意，这样当您要寻找某张照片时，就能很快找到。您不必把所有的照片都翻一遍，只要到处理过的文件夹里面去找就可以了。

结构仍然是一个个人的看法问题，我把最好的、优选出来的照片按年代分类，部分按题目分类，如您在下面看到的Windows 7浏览器电脑截屏图一样。

调整文件夹

　　在最近的Windows版本中，其展示和分类照片的功能都得到了不断的改善。按照设计标准，如果您想用Windows展示在文件夹里的缩略图，您可以调出"视图/协调文件夹"的选项菜单，在选项栏里点中"照片"选项，如果在文件夹里有子文件夹存在，您就可以激活选项"提交给所有子文件夹"。

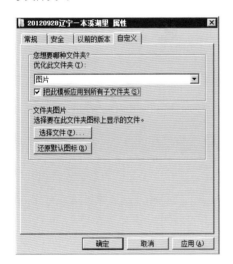

　　缩略图的规格大小不等，要想一目了然，适合选用小型的标识，而为了能更好地辨识照片的细节，您应该选择最大号的标识。

　　另外菜单的名称和对选项的描述也会由于Windows版本的不同而稍有区别，我在这里为您描述的是Windows 7。

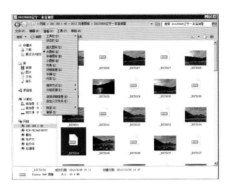

Exif数据

　　能够显示Exif数据也是非常实用的。您不仅可以在"细节－设置"里阅读到这些数据，您还可以用它们来进行照片分类。您进入"视图－选项，细节"，打开"视图/分类/更多"菜单功能，在一个对话框里您可以看到所有精准标注的Exif数据。下图是一个范例。这里出现的数据即是我在本书中所使用的拍摄数据。

　　您只需要在某个竖行栏目的最上面一个单词点击一下，照片就会按照这个标准排列。例如您能非常快地找出所有用相同的某一个焦距拍摄的照片，无论多少张照片，这种分类只需片刻即可完成。

名称	日期	类型	大小	标记	EXIF 版本
▲ 0230 (40)					
112A4291	2012/9/1 17:20	ACDSee Pro 5 TIF 图像	15,700 KB		0230
112A4297	2012/9/1 17:22	ACDSee Pro 5 TIF 图像	15,587 KB		0230
112A4298	2012/9/1 17:22	ACDSee Pro 5 TIF 图像	15,697 KB		0230
112A4299	2012/9/1 17:22	ACDSee Pro 5 TIF 图像	15,253 KB		0230
112A4305	2012/9/1 17:24	ACDSee Pro 5 TIF 图像	15,401 KB		0230
112A4317	2012/9/1 17:25	ACDSee Pro 5 TIF 图像	15,157 KB		0230
112A4322	2012/9/1 17:27	ACDSee Pro 5 TIF 图像	15,282 KB		0230
112A4326	2012/9/1 17:28	ACDSee Pro 5 TIF 图像	15,266 KB		0230
112A4332	2012/9/1 17:30	ACDSee Pro 5 TIF 图像	18,127 KB		0230
112A4338	2012/9/1 17:32	ACDSee Pro 5 TIF 图像	14,962 KB		0250
112A4339	2012/9/1 17:32	ACDSee Pro 5 TIF 图像	15,132 KB		0230
112A4352	2012/9/1 17:33	ACDSee Pro 5 TIF 图像	15,157 KB		0230
112A4353	2012/9/1 17:33	ACDSee Pro 5 TIF 图像	14,603 KB		0230
112A4357	2012/9/1 17:34	ACDSee Pro 5 TIF 图像	15,108 KB		0230
112A4397	2012/9/1 17:45	ACDSee Pro 5 TIF 图像	15,534 KB		0230
112A4410	2012/9/1 17:55	ACDSee Pro 5 TIF 图像	15,250 KB		0230
112A4418	2012/9/1 18:04	ACDSee Pro 5 TIF 图像	13,906 KB		0230
112A4421	2012/9/1 18:05	ACDSee Pro 5 TIF 图像	15,964 KB		0230
112A4502	2012/9/1 19:41	ACDSee Pro 5 TIF 图像	15,834 KB		0230
112A4513	2012/9/1 19:42	ACDSee Pro 5 TIF 图像	6,341 KB		0230
112A4526	2012/9/1 19:44	ACDSee Pro 5 TIF 图像	12,489 KB		0230
112A4535	2012/9/1 19:46	ACDSee Pro 5 TIF 图像	15,964 KB		0230
112A4541	2012/9/1 19:47	ACDSee Pro 5 TIF 图像	15,784 KB		0230
112A4547	2012/9/1 19:48	ACDSee Pro 5 TIF 图像	16,232 KB		0230
112A4582	2012/9/1 19:58	ACDSee Pro 5 TIF 图像	14,540 KB		0230

IPTC标准

数码摄影带来的不仅有优点，而且也有缺点，例如人们会很难得到真正原始的照片。可能几乎无法确认某张照片是原始照片，还是后期加过工的照片。

例如在需要作证的时候，就会出现问题，究竟报纸上登出来的照片是一张忠实于事实真相的照片，还是在弄虚作假，可能会很难下结论。

有趣的是，在2002年初，我本人还真发现了这样一件事：当时事关驻瑞士大使托马斯·伯勒离任，我证明了一张公开发表的使他出丑的照片是伪造的。

一张照片的Exif数据能帮上一点忙，前提是如果它们被保留下来的话。不过不能打百分之百的保票，因为Exif数据也可以事后更改。1990年制定的IPTC-NAA标准，简称IPTC（International Press Telecommunications Council，国际新闻网络传媒委员会）。这个标准允许在摄影的同时把多种附加的文本信息收纳到图片数据中去，因此绝大部分款式的尼康相机都支持图片原始作者对图片数据的版权所有。

评 价

Windows也是另外一种非常有意义的构建工具——指的是在文件归档程序中的"评价"选项。您用鼠标右键点击所选中的照片，打开相关菜单中的"特性"选项，转换到"细节"索引。

在"描写"区域里您会看到"评价""标记"及"评论"选项。在"评价"选项里您可以使用5颗星星来把普通的照片分成为从很差到非常好的不同等级，好的照片比差的照片得到的星星多，最好的获得5颗星，这样您在搜寻通道里就能很快地把好照片过滤出来了。

在"标记"选项下您可以看到IPTC数据，例如会为您提供大标题、著作权提示或者图片名称等。

此外，使用各款尼康相机您还能够把对照片的评论也一起转存到辅助数据里，它也是在"描写"区域里。这样您就可以使用"帮助"选项，来为您在一个陌生城市里拍的照片中的一幢大楼补充上它的名字了。

安全备份

一个非常重要的课题是数据保护，这是您在规则范围内应该进行的。

现在使用的所有电脑都配备有一个刻录机，能够刻DVD盘。

上个世纪80年代初期引进了一种新的光学媒介CD盘，容量为700MB。随着技术不断发展，可以达到900MB。后来又出现了可擦洗CD盘（CD-RW），可以反复刻录了。

90年代中期出现了DVD盘，它的容量可以达到4.7GB，当然也可以反复刻录。

另外还出现了双层盘，它通过在每个盘面上设置的两种数据层，使它的存储容量达到8.5GB。

21世纪初期，新产品蓝光盘隆重上市，容量甚至达到25GB，而它的双层盘的容量则直指50GB。

刻录机和存储媒介的价格一直在不断下降，现在花50欧元（约为人民币414元）就能买到DVD驱动，蓝光刻录机的价钱大约要翻上一倍，如果您有特别大量的数据要保护，建议您选用蓝光盘，尽管这种存储媒介还没有最终被普遍接受。

购买刻录机以及存储媒介时，应该注意到它们各自的运行速度并不相同，刻录的速度越高，它完成指令的速度就越快。

此外还应注意到这些存储媒介并不能永久保留。有人说CD盘或DVD盘可读盘10年——显然，这只是估计。蓝光盘估计寿命为30-50年，因此把重要的安全备份转刻到光盘上是值得推荐的。

如果您能正确无误地保存CD盘（没有光线直射，大约在20℃温度环境下），那就没什么问题，我有保存了20年之久的CD盘还能很好地读出来。

←存储媒介。这里是三种不同的存储媒介，从左至右为CD盘，DVD盘和蓝光盘。

资料刻录

带有内部刻录机的电脑, 都带有刻录资料的程序。这种随机免费赠送的程序经常位于一个瘦身型的 "Light" 版本里, 以后还有升级的可能性, 许多生产商提供刻录程序, 例如很受欢迎的一款刻录程序是 "Nero", 目前可以得到版本10。

大部分附带的程序基本原理都很类似, 如果您使用Windows浏览器已经很熟练, 那么您很快就会应付自如, 因为它们的结构很相似。

下图您看到的是同样也被广泛使用的Cyberlink Power2Go刻录程序的截图。

启动程序后, 您首先要给出指令, 您想刻录什么文件, 数据保护时要选数据Blu-Ray项。

图中, 上面的窗口里显示的是您的电脑的数据, 您可以把要刻录的文件夹拖到下面的窗口里, 同时注意最下面的一行里显示的您的存储媒介里还有多少空间可供您使用。

当把文件做好备份以后, 您还应该考虑一个问题: 如果您的电脑内存足够用的话, 就应该把原始资料保存在电脑里。如果您打算把它们删除, 那么您无论如何应该多做几个备份, 防备以后哪个媒介不能读取, 您还有第二个机会。

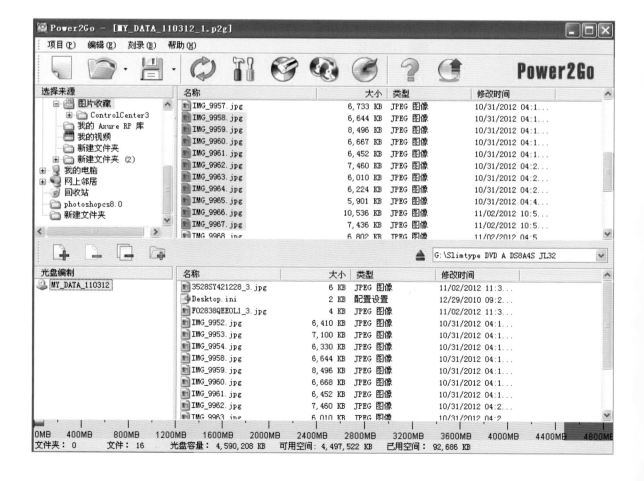

现在硬盘——包括TByte范围——都可以很便宜地买到，因此不管怎么说，都推荐您把原始资料保留在电脑里，而安全备份只用来应付不时之需。

结束语

刻录好之后，还要在上面写上表达清楚的文字，或许还应注上备份的日期。

如果您对此有乐趣，还可以在盘上贴上各种漂亮的签条或包装封皮，大部分刻录程序里都提供这样的选项，许多存储媒介有一种专门的涂层表面，可以用一个喷墨打印机把字印上去。

检查数据

大部分刻录程序都会提供一个选项，在刻录工作结束后再把写进去的东西检查一下，您务必使用这个选项请，哪怕是因此把刻录过程延长了一些。

↓阳光下的田野。漂亮的照片丢失了是很遗憾的事，因此您应该有规律地对它们加以保护（尼康D70s, 105mm微距, ISO 200, 1/800秒, f/7.1）。

View NX

免费附在各款尼康相机上的View NX程序，值得向您推荐，所有对于照片归档有用处的标准选项都已调配好了。

其它可能性

如果您想把照片综合整理一下，您应该去购买一个专门的归档程序，尤其是当您的照片数量非常大的情况下。市场上价格高低不等的软件选择余地很大。

一段时间以来，Adobe Lightroom 程序越来越受欢迎，不久之后又出现了第3版本，下图是它的一幅电脑截屏图。

这个程序功能很强大，能把结构建立得很好，不过要想完全掌握它，也需要您花费一些时间，而且大约250欧元（约为人民币2071元）的价格也使它面对的只是有抱负的摄影家，并不适合初学者。

如果您确实很多时间从事RAW照片的工作，那么还是值得向您推荐这套程序的，因为这里提供有许多经过人们周密思考而想出来的功能，对于RAW数据的"照片制作"是很有帮助的。

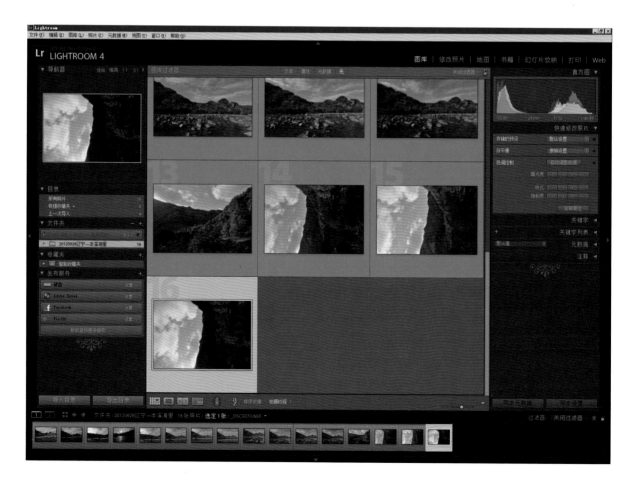

用Photoshop 软件处理

在本章的最后一部分里我想为您介绍另外一种程序，来处理和分类您的照片。

Adobe Photoshop软件现已出到CS5版本，除了具有非常优秀的照片分类功能外，还有诸多的照片优化和处理功能，而且70欧元（约为人民币579元）的价格也确实很便宜。

如果您想深入了解Photoshop软件，那么同样是我写的一本叫做《用Photoshop软件处理照片》（《Photoshop Elements Bild für Bild》），可能会令您感兴趣。

处理范围

Photoshop 8软件中的归档部分被称之为电子笔记本，它的处理范围被表现得一目了然，就连初学者也很快就能掌握，从下面的截图中您可以看到，缩略图占据了处理范围中的很大部分，上面是默认时间，使用它就能很快跳到某一个时间去。

旧的版本

开发商们肯定不喜欢听我这么说：请您在采购时也看一眼那些稍稍旧了一点的版本，它们往往会便宜得多。那些更新的功能，人们在很多时候还不会想到去使用。

照片输入

使用Photoshop软件，可以把所有的照片都收集到所谓的目录中，无论照片从哪里来。扫描进来的照片与您用数码相机拍摄的照片一样都被吸收进目录里来。

按照标准设计，当您把存储卡插进电脑时，Photoshop软件就自动启动了照片下载程序。

1. 您可以按照菜单功能"文件/照片和录像下载/关闭文件和文件夹"，来把硬盘里存的照片下载到目录中，根据需要下载的照片数量，时间或长或短。

2. 输入结束后首先显示的是新照片，点击了命令按钮"全部输入"后就可以显示全部照片了。

3. 您可以通过推动第一行的游标调节钮来改变缩略图的规格，小规格的画面可以快速地看清全貌，要想仔细观察细节，则应看原图。

挑选整理照片

您把照片都输入到目录里以后，还应该对照片进行挑选整理，将那些不太成功的照片删除。

1. 要想看到最大规格的照片，您只需在相关的缩略图上双击即可。使用上面的和下面的箭头按键就可以随意选取您想看的照片。

2. 如果您想删除照片，请点击Del键，会出现一个对话框，请您确认是要删除硬盘上的照片还是只删除目录里的照片。在这个时候硬盘里的照片还是存在的状态。

3. 在挑选整理照片时，还可以对照片进行评价，例如想给某张照片评为5星，就可以用Photoshop软件处理（小图），点击照片左下方的最右边的一颗星即可。

创建 ▾ 共享 ▾
评分等级 ≥ ☆☆☆☆☆

4. 如果您想为一张照片加一个名称，您可以点击照片下面的区域，进行命名。

▾ 常规
题注：美女
名称：_DSC6800.NEF
注释：喇叭沟门

5. 在操作区"特性"选项的"说明"区域里，您可以写上拍摄这张照片的地点等信息。

标签	信息

▾ 常规
题注：美女
名称：_P2X4824.JPG
注释：

评分等级：☆ ☆ ☆ ☆ ☆
大小：2.6MB 5616x3744
日期：8/26/2010 15:50
位置：F:\备图\备图1·大卧JPG\
重度：〈无〉

6. 另外，照片名称会被同时存进"文件"里，而附带的评论则只在Photoshop软件里出现。您在使用Windows浏览器时给照片作了星级评价，其结果会自动被Photoshop软件接收，而反过来却不行。如果您在软件里提交了一个评价，您在浏览器中则看不到它。

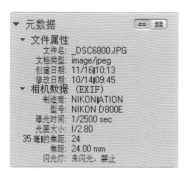

7. 如果您在挑选整理照片时想为Exif数据作出鉴定，您可以点击操作区里"特性"选项中的i图标，在下脚行里您可以预先确定，应该显示完整的Exif数据还是显示一个概括介绍，一般情况下，一个概括介绍就足够了。

▾ 元数据
▾ 文件属性
文件名：_DSC6800.JPG
文档类型：image/jpeg
创建日期：11/16 10:13
修改日期：10/14 09:45
▾ 相机数据（EXIF）
制造商：NIKONIATION
型号：NIKON D800E
曝光时间：1/2500 sec
光圈大小：f/2.80
35毫米焦距：24
焦距：24.00 mm
闪光灯：未闪光，禁止

即使评价和加注标签会占用一些时间，但是为了您今后寻找照片时的方便，这个时间是必要的。而且您的评价越细，今后要寻找某张照片时就越容易，因此现在的时间是为今后的工作而付出的。

用标签处理

Photoshop软件还提供了一个十分有用的选项来进行照片的分类——被称之为"标签"（关键字）。

1. 在操作区"关键字标签"里设置有自己的关键字，您可以在带有正数标识链接面上的菜单里使用选项"新的类别"。

2. 在一个专门的对话框里可以输入"标签"的名称，除此以外您还可以给它选择一个标识，使之一目了然——已经设置好了许多各种各样的标识供选择。例如对于一个度假标签就可以选一个太阳来作为标识。

3. 点击确认后，新的标题就补在了

清单的末尾，如果您想把它换到别的位置，可以用鼠标左键点住它拖到新位置即可。一条细线标出了新位置。

4. 使用标题时，您可以选中所有要

得到这个标题的照片，然后把标题标识拖到在微型照片区域里您选中的照片中的一张上，这样您选中的所有照片就都得到了这个标题。

5. 要删掉标题，您可以用鼠标右键

点击相关的标题，然后就会出现"删除"选项。

使用相册

在目录里，所有的照片都自动按照拍摄日期排列好——或者按从远到近的顺序，或者反过来从近及远。您在最上面一行里选择"日期"选项，就会首先显示最新的照片。

与排列在同一天里拍摄的照片一样，

您可以在"普通"区域里预置好排列顺序，由近及远是个不错的选择，可以把选项"每天首先显示最新的照片"预置好。

当您想看一组幻灯片时，这样分类就很方便了。

您提出来的相册内容就会在同名的操作区里被列成清单，如下图所示：

建立相册

如果您想建立一个新的相册，需要进行下列步骤：

1. 从包含有"加号"标识的命令按钮菜单里点击选项"新的相册"。

2. 紧接着您会在处理区的右边部分

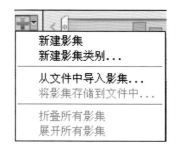

里看到一个新的窗口，请您首先为新的相册命名。

3. 请您把您想收集到相册里的照片，都像下图那样按顺序，排列到操作区的中间部分，您可以在输入照片进行分类时就把顺序编排好，如果您想从相册中删除某张由于疏忽而收进来的照片，可以使用最下脚一行的"减号"标识。

相册

相册也可以加以包装，在左面的图里您已经看到，我给尼康照片部分里设立了几种不同的相册。相册类别可以用鼠标在每个选项前面的三角形上选中或取消。

4. 操作完成，您可以使用"完成"命令按钮，点击缩略图面右下角的相册标识，您可以看到所有收进去的画面（如下图所示）。

5. 您在"相册"操作区里点击相关的选项，就可以看到相册里的全部照片。您也可以在缩略图区域里进行照片新的分类，用鼠标右键点击相应的照片标识，就可以在视图中把相册里的这些照片删除。

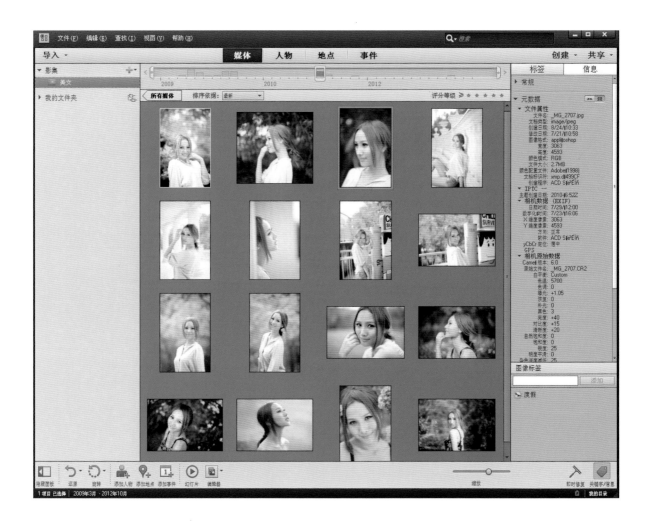

预选相册

还有一种很有用的相册，被称之为预选相册，它的实用性很强，当有新的照片要往目录里补充时，预选相册就十分适合承担这个任务。

预选相册不仅用于照片分类归档，还可以用来保存搜索结果，这时需要进行如下的几个步骤：

1. 从命令按钮菜单里选择"加号"标识，打开选项"新的预选相册"。

2. 在一个专门的对话框里，显示各种搜索照片的标准。

3. 在第一幅清单区域里，输入搜索标准，比如您可以提出要求把相册里用某种型号尼康相机拍摄的照片都挑出来，或者是具有某个特定的曝光数据的照片。

4. 在中间区域里显示着是否应该包括这个搜索概念，这一点很实用，使用它可以把所有不符合某种条件的照片都过滤掉。

5. 在下面的区域里输入搜索标准。

6. 您可以输入多条需要全部或部分满足的搜索标准，例如您可以要求把所有用D300相机拍摄，并且ISO值在800以上的照片都挑出来。要想补充更多的搜索标准，您可以点击这一行末尾的"加号"选项，若想删除某个搜索标准，您可以点击"减号"选项。

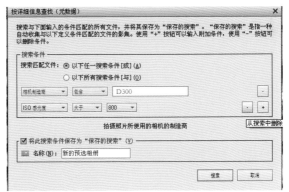

7. 点击"确认"后，进行搜索，符合输入标准的所有照片都会显示出来。为了便于区分，预选相册的标识为蓝色，而普通相册的标识为绿色。

进一步搜索

Photoshop 软件提供多种搜索选项，在"搜索"菜单中都可以看到。您可以按照照片名称或者说明进行搜索，与按照某个文件名或源数据搜索一样，利用众多的选项会使您在搜索某一张照片时很容易，即使照片的存档数量很大。

查找 (I)	视图 (Y)	帮助 (H)	
使用高级搜索 (R)			
按详细信息（元数据）(M)...			
按媒体类型 (T)			▶
按历史记录 (H)			▶
按题注或注释 (N)...		Ctrl+Shift+J	
按文件名 (F)...		Ctrl+Shift+K	
所有缺失文件			
所有版本集 (V)		Ctrl+Alt+V	
所有堆栈 (S)		Ctrl+Alt+Shift+S	
按视觉搜索 (B)			
具有未知日期或时间的项目 (K)		Ctrl+Shift+X	
未加标签的项目 (U)		Ctrl+Shift+Q	
未经分析的内容 (Z)		Ctrl+Shift+Y	
不在任何影集中的项目 (A)			

把照片摞起来

如果照片积累越来越多时，就可能有必要启动Photoshop软件提供的另外一种建立分类的工具。因为它能够把照片摞起来，从而使照片的数量看起来好像减少了，使用下列步骤就可以把照片摞起来。

1. 例如当您在某个地方拍了好多张照片，它们看起来都差不多，这时就可以使用"摞照片"选项。先把您要综合整理的照片选中，作好标记。

2. 并排放着的照片您都可以挑选，先用转换键点击第一张照片，然后再点击最后一张照片。如果照片不是并排放着的，那么您只能用Ctrl键把所有选中的照片一张一张地点击一遍，点击过的照片都会有一个蓝色的标识框。

3. 把选中的一张照片用鼠标右键点击，从弹出的菜单里启动把挑选出来的照片摞起来的功能。

4. 在确认后您只能看到一张单个的照片和在它右边框上的一个箭头标识。另外，如果在这之前其中的一张照片被收进了一个相册里，在把照片摞起来之后，所有的照片都会被有关的相册接收。

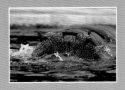

5. 点击箭头标识就可以看到摞起来的照片,如果想重新关闭它,也需要点击箭头标识。

6. 如果您经常使用照片摞来处理,您可以一下子打开或关闭所有的照片摞,相关的选项在"视图"菜单中。

7. 为了重新拾起来一个照片摞,您可以使用相关菜单中的相应的功能,在那里您会找到一个选项,可以把某一张照片确定为这个照片摞的首页照,这个选项如下图所示。

版本组合

另外,Photoshop 软件还可以按照一种相似的规则,来综合整理由图片处理功能处理过的照片,被称为版本组合。

在版本组合里,未经处理过的原始照片和处理过了的版本,被综合放在一起,不过在存储被处理过的照片时必须清楚地注明。

同样,版本组合也使用箭头标识来打开和关闭它,它的这种选项也同样存在于相关菜单里。

至于是否把处理过了的照片收进目录里,完全是个人看法问题。为了保持目录的一目了然,我主张把处理过的照片不收进去,而是把处理过了的照片安置于硬盘上专门的目录里,并且在那里给它们用相关的文件夹和文件名分类整理好。

因此对于我来说,要寻找某一张——抑或是优选过的照片——也是一件非常容易的事,尽管我的照片存储目录里有将近16万张。您可以试一试哪种方法最适合您,说到底,这也是一个习惯问题。

堆叠(S)	►	自动建议照片堆栈(A)...
版本集(V)	►	堆叠所选照片(S)
视频场景(R)	►	取消堆叠照片(U)
添加人物		展开堆栈中的照片(E)
运行自动分析器(U)		折叠堆栈中的照片(C)
删除关键字标签	►	拼合堆栈(F)...
从影集中删除	►	从堆栈中删除照片(R)
以幻灯片格式查看照片和视频		设置为第一张照片(T)

特殊的展示形式

除了普通的缩略图展示以外, 还有一些也很有用的功能。您可以在操作区域里的最上边一行通过"显示"菜单来找到这些各种各样的展示形式。

在"输入摆"选项里, 照片按您在目录里给出的排列顺序指令排列, 并且不管您是从一张存储卡, 还是从硬盘上转存过来的照片。

有趣的是日期显示, 它显示的是在使用最近的几款小型尼康相机时, 在转述模式下输入的日期。

此时会有一个日历显示出来, 并标出照片是在哪一天拍摄的, 在脚注行里您还可以看到各种各样的展示选项——下图即是年代展示图。

如果您激活了"月份-视图"功能, 那么在这个月里您拍摄的所有照片都会以缩略图形式显示出来, 这个功能变化位于电脑屏的最下方。

按照标准设计，当天拍摄的第一张照片会成为首页照片，当然也可以另选一幅。

1. 您可以在右边的照片区域里浏览，找到合适的照片时可点击鼠标右键。

2. 在弹出的菜单里找到"确认为当日首页照片"选项。

3. 在"当日说明"区域里，您可以输入照片的拍摄地点。

另外，在当日说明里，您也可以使用右侧的操作区域把这一天的某个事件，输入进去。

如果您每年的同一个日期都做同一件事，那您可以进入"重复出现的事件"选项，这是照片归档里另一个很有用的辅助手段。

最后一种展示形式"日期-视图"，这里将会把在您选定的某一天里拍摄的所有照片都显示出来，在画面右侧的导航条上，除了展示放大的照片以外，还可以选择相关的照片，如果您另外还想鉴定源数据，就应该使用"窗口"/"特性"功能，"特性-操作区"会作为自由浮动的选项进入，它在操作区域里是可以自由定位的。

这三种日期展示键在寻找某张照片时同样很有用，使用"媒介浏览"选项，您可以回到缩略图去。

尼康D200，105mm，ISO1000，1/20秒，f/2.8

11 照片处理

　　在数码时代，照片处理程序提供了多种可能性，可以对照片进行优化，进行修饰，使照片陌生化。至于使用照片处理程序要花费多少钱是无足轻重的，也有功能良好的软件，价格低廉。

　　本章所有照片均由米夏埃尔·格拉迪亚斯提供。

"几乎"全新

数码摄影在照片的后期处理上提供了许多全新的、在胶片摄影时代完全陌生的可能性。

不过为了最大限度地获得高质量的照片，即使在胶片摄影时代也已经在很大程度上能对照片做手脚了。

比如在相纸曝光的时候，人们在暗室里，移动一小块硬纸板，以使照片上一些部分不如其它部分一样接受那么多的光线，从而变得暗一些。

胶片摄影时代照片优化的一种方法，甚至在数码摄影时代里得以延续，现在被称为"模糊化装"的功能在当时就已经被广泛使用。只是现在改善照片清晰度的方法，是在照片的边缘部分把对比更加强了些。

数码的照片处理是在胶片时代暗室里的工作上进行了一些更新，不仅如此，工作也更舒服多了。当时在暗室里的工作是很违背习惯的事情，而且所使用的化学药水有的气味刺激性很强。

所有的可能性

在数码的"暗室"里，您现在拥有您能想得到的全部可能性，来优化一张原始照片或者对它进行明显的修改，使它看上去更像一幅油画，而为了完成这其中的许多项任务，需要您做的只是稍稍地点几下鼠标键。如果您原来经过一些练习有点基础的话，那么只需几秒钟或几分钟就可以完成对照片的大部分修改任务。

不过也有花费很大的处理项目，这是数码处理的一个缺点，比如您可以毫无困难地用一张照片来证明，您上次在菲律宾度假是多么的美好——照片处理使之成为可能。

于是黄色报刊也越发地不可相信，今天几乎没有一张模特照片展示的完全是大自然中可以见到的形象。在照片上，模特不仅被进行了数码瘦身，而且被抹去了皮肤上的全部小疙瘩和皱纹，结果是有的部分看上去非常不自然。

听说有一个年经漂亮的模特看着镜子里的自己感到很吃惊，不明白她为什么与媒体上人们看到的照片不一样。恰恰在这个领域上，不久的将来人们肯定能找到一条黄金的中间道路，使真实的世界至少能在一些重要的设想里得以还原。

清晰拍摄

　　胶片摄影师都清楚：拍摄时要把一切都调合适，事后作手脚是很难办的。在拍摄原始照片时，必须要把从曝光时间到照片规格等等，都精确地调整好。

　　用胶卷负片拍照，在洗印照片时还能稍加修改；而与此相反，用幻灯片拍照，连这一点也不可能，每个最微小的曝光错误都非常明显，最严重的情况下甚至导致照片不能使用。

　　在数码世界里，有些摄影者在拍摄时突然发现了某个错误时，会想："啊，没关系，我以后在电脑上改吧！"

　　但是您千万不要养成这样的习惯，拍摄时使用完美的曝光技术与胶片摄影时代一样重要——即使日后可以有许多弊端被清除。

　　目前，也有一些摄影师对于这种后期处理技术的作用有些夸大，有时甚至从原始拍摄中只保留了很小的部分——这种做法是不可取的。

　　观赏者大多认为只进行了少量后期处理的真实的照片最自然。

↓合适的时机。虽然您可以以后在电脑上改变或优化照片，您在拍摄时也应该尽力抓住最正确的时机（尼康D70s，70mm，ISO200，1/400秒，f/10——几乎未经处理过的画面）。

照片处理

提出任务

为什么对一张数码照片要进行后期处理,有很多各种各样的理由:

● 如果对照片的规格不太中意,可以使用照片处理程序的功能加以改正,还有可能发生的透视效果失真的现象也可以缩小或排除掉。

● 在一定条件下才推荐使用照相机内部的优化可能性,把它一次性调整到位了,日后就不能再调回来了——除非您是在RAW格式下拍了照片。所以最好选择日后在照片处理程序的帮助下进行照片优化,因为在这儿您可以对照片进行非常精细、准确具体地制作,并且在今后任何时间里都可以再次修改。

● 如果您没有使用相机内部的优化功能,您可以借助照片处理功能改善照片的亮度、对比度和色彩状态,即使尼康照片已经十分卓越,也总是需要小小的改进。一般情况下也就是把照片的清晰度调一下,附带再考虑到出版的规格把轮廓优化一下。

● 即使照片总能曝光完美,也难免在拍摄瞬间出现一点什么偏差,太亮或

↓靓丽。要想获得出色的结果,拍摄照片时始终必须进行正确无误的曝光,这样才能使照片只需做很少的处理(尼康D300, 180mm微距, ISO 200, 1/1000秒, f/5)。

太暗的照片，还有由于使用了不适合的白平衡设定而出现了色彩失真的照片，都可以进行后期处理，得到改善。不过应该想到的是，通过优化手段不可能出现完美无缺的照片——尽管一般情况下明显的改善是可能的。因此在拍摄照片时，对曝光还是要特别小心谨慎的。

● 可以对照片的全部进行优化，也可以只优化局部，例如可以把风光照片中天空部分变得暗一点，而照片的其它部分保持不变。使用照片处理系统还可以把照片中的天空部分换掉，如果您觉得这片天空气氛不够活跃的话。

● 有时候，由于一小团绒毛或灰尘小颗粒弄脏了传感器，也会使照片出现问题，当然必须要清除掉。还有可能遇到的问题，比如拍摄时没有注意到，而照片上非常显眼地伸过来的一根树枝等等，这样的任务都属于一般性的程度。

● 如果您使用RAW格式拍摄，那么必须用照片处理功能把照片"冲洗"出来，以便日后可以继续使用它们。

● 如果照片的噪点您不能容忍，也可以在后期处理时改善它。

● 如果在使用闪光灯时出现了难看的红眼，您也可以把它修正掉，许多照片处理程序甚至配备有自动装置。

如果您要继续使用照片，例如想在一本杂志或一本书里发表，那么就要使用下列步骤。当然，这些也适用于您想在网上发表的照片。

● 要继续使用的照片，得根据所需要的规格尺寸裁剪好，当这些照片都被缩小尺寸了的时候，就可以节省下存储的空间来。在网上发表的照片，由于它们的低分辨率甚至能省下相当多的存储空间。

● 如果需要发表照片，必须把它们转换到一个合适的规格里，应该把要打印的照片保存成TIFF格式，把网上用的照片转成JPGE格式。在JPEG格式里要注意，尽可能保留最佳的照片质量。

● 如果要把照片打印出来，必须把它们转换到CMYK色彩模式中，这时要注意，尽量减少照片信息的丢失。

如果您想把照片用在某种艺术性的用途上——例如要制作邀请卡或者一张年历片等等，也同样有一些任务要完成：

● 或许您想把照片经过处理制作成装饰品——照片处理程序一般都能提供无数的各种各样的高效滤光镜，使用它们有时可以产生使人目瞪口呆的结果。

● 您也可以对照片进行精加工，例如可以给它镶上一个镜框，或者突出强调它的某个部分。

● 在艺术塑造中，有时必不可少地要对照片的元素进行自由处置——例如让照片的说明语把拍照对象围起来等等，照片处理程序为此设定了各种相应的工具。

把握尺度

在进行照片优化的过程中您得注意不要对照片做太露骨的改动，一些用户夸大了这一功能，结果是改成了很不自然的照片——它会使观赏照片人的注意力发生错觉，转到了其它地方。

无损害优化

一般情况下，照片处理程序具有各项功能，可以对照片进行无损害优化——今后会更多。您要多使用这个选项，以便在今后随时掌握它的新功能。

● 也可以使用照片处理程序给文本类文件装上封面。

● 如果您想把多张照片合订成一件综合艺术品，您同样可以使用一种照片处理程序。

另外还有一些专项领域受到摄影师们的喜爱：

● 为了提高照片色彩对比的效果，您可以把几张曝光不同的照片合成为一张照片，这种DRI照片也正时髦。

● 把几张风景照片合成为一张，人们把它称之为全景照片，这也是当前的一个时髦话题。

→DRI照片。在一张DRI照片上，人们不一定能立刻辨认出来这是一张由几次曝光的照片合成的照片。但是在右边这张照片上，从层次细致的云彩上人们可能会猜得出来（尼康D50, 34mm, ISO200, f/7.4）。

混搭

如果一张照片上从亮到暗地充满了具有细微差别的色调值，并且因此可以辨认出来许多细节来，人们就把它称之为混搭，它的反义词是反差鲜明的照片。

程 序

● 照片处理软件多如海沙不胜枚举，价钱高低贵贱各不相同。但是很难给您推荐一种照片，处理软件，因为究竟哪一种更适合您，要看您想用它完成什么任务，想用它干什么，它最终是个个人看法的事情。

同样一个软件，这个人可能用的非常好，而在另一个人那儿的感觉是完全乱了套，因为他习惯于另一种程序结构，除此以外，它还与您是否经常需要使用照片处理软件有关。

其实绝大多数的软件功能性都基本相同——区别只在于不同的使用。恰恰是这一点，对于刚入门者是最重要的原则，刚入门者都喜欢凭直觉就能掌握操作规则的软件。

这样一种容易掌握的并且卓有成效的照片处理程序就是您在下面的电脑截屏图中可以看到的Paint.NET目前是3.5.5版本，并且可以免费由互联网里下载（http://www.get-paint.net）。

在许多领域里，它完全可以与专业性的、昂贵的程序竞争。

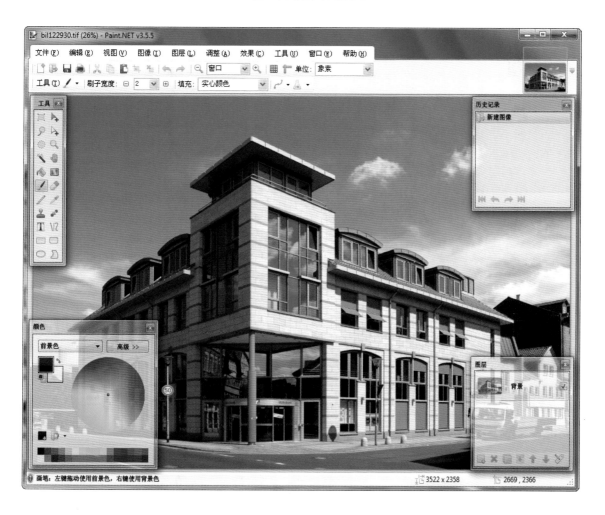

照片处理

CMYK支持

如果您经常把您的照片为印刷出版作准备，您必须注意到，大部分免费的或者价格便宜的照片处理程序都不支持CMYK色彩模式，而它却是印刷时绝对需要的模式。

近年来，另外一种图像处理软件GMP脱颖而出，受到众多用户的青睐——主要是因为它也同样可以免费下载（http://www.gimp.org）。它已流行了15年，目前使用的版本是2.6，不过也有为数不少的用户对它错综复杂的使用原则，及多种多样的功能颇有微辞——掌握起来真不容易。

Photoshop

多年来，Photoshop始终作为标准软件以能够处理各种可以想到的照片问题而雄霸市场。但由于它的价格在不菲，因此很明显，它的用户群主要是那些按规律总是想要和必须要做到最高水平的专业人士。对于只是偶尔用用的人来说，这款性能强劲的软件（目前已出现了CS5版本，见下图）就完全不合适了，它的功能范围显然对初学者的要求高得太多了。

另外，像其它的软件产品一样，使用Photoshop也有一个诀窍，不妨把目光投向稍旧一点、但要便宜很多的版本。即使我由于职业需要，用过了所有更新的Photoshop版本，但我在大多数情况下，工作时仍在使用包含了所有真正重要功能的版本7。

↓波茨坦。这里提高了色彩饱和度（尼康D200，17mm，ISO 100，1/250秒，f/8）。

工作流程

在处理照片时有一点很重要，就是您应该习惯您所使用的工作步骤的顺序，今天人们把它称之为工作流程。

把清晰度作为一个很好的例子来说明这个问题：如果您首先提高了照片的清晰度，紧接着修改了它的亮度和对比度，这个处理顺序所带来的结果，与您把顺序颠倒过来的结果完全不一样，这是可以理解的，因为在提高清晰度时，照片边缘部分的对比度也被提高了，因而给调整色调值提供了不同的前提条件。

下面给您推荐一个非常合乎逻辑，值得您一试的工作顺序：

- 删除照片中不重要的部分
- 调整对比度、亮度和色彩饱合
- 进行局部优化处理
- 消除照片的偏差
- 确定照片规格
- 根据目标媒体的情况调整照片的清晰度
- 清除可能存在的照片噪点
- 特殊任务，例如可能会使用高效滤光镜等。

当然也有可能您更中意一种容易修改照片的工作顺序——这其实有点儿取决于您的工作方式，不过您随时应该想到的是：这个工作顺序在多大范围内有意义，例如特效滤镜的使用，会由于照片规格的不同而产生完全不同的作用，所以把它排到了顺序表里的最后一项。

各种各样的任务

下面我想用简短的例子，来给您介绍一下最重要的照片处理任务，我仍然使用价格不太贵的Photoshop软件，因为它一直广泛流行、深受喜爱。使用其它照片处理程序的工作流程也大体相似。

有一点要说清楚，这本书不能也不想成为一本《照片处理工作手册》，因此不会涉及工作过程的细节，那是那些针对流行的每种照片处理程序而编写的专业工具书的任务。

自定义处理照片

数码摄影很常见的一件事，就是人们拍摄以后，在电脑里对照片的规格进行一些改动。原因也可能是想把天际线做一点精确的水平移动，或者是想把照片裁窄一点。

1. 您可以在电子笔记本选项里，按照一张照片的标识调出"修复"选项。在点击后选择"完整照片编辑"选项，这样带这个标识的照片就可以打开了。

竖式

如果您没有在相机内把竖式的照片翻转立起来，尼康各款相机都能做到，也可以在工作流程选项中实现翻转，从而使照片能够正确直立。不过这种做法并不值得推荐，在Windows浏览器里翻转照片，在存储过程中，一个被更新的JPEG照片的压缩过程会损害到照片的质量。

2. 在操作区里从左边工具栏中调出自定义工具选项，如左图示。

3. 点击自定义工具，进入照片，并且压住鼠标左键拉出一个框框，里面包含有要想得到的选项范围。

4. 松开鼠标左键后，屏幕上就显示出，按照您的指令要剪裁掉的画面部分已经成了暗色，确认指令要使用画面右下角的绿色的小钩。

5. 红色的标识您用来中断操作过程，不过是在确认修改之前。

6. 在左图中选项区域中"边距比例"一览表里，预设有常用的照片边距规格。见左图示。

7. 如果您想保留原始照片的边距规格，可采用如下步骤：向上拉出一个框框直到照片的边，紧接着拖住画面角落的某一个标记点，点击转换键即可。

↓幼小的蜻蜓美少年。这张照片的四周被剪掉了一些。

照片优化

即使数码照片的质量非常好，但是使用照片处理技术对照片进行最终的优化也总还是很有必要的。Photoshop软件具有各种各样的选项，可以对照片进行快速或全面的优化处理，为此您有时还会再次使用"照片剪辑"装置。

1. 在电子笔记本选项里选中要改善质量的照片，用鼠标右键点击它，在弹出的相关菜单里找到选项"自动智能修复"。

2. 在调出功能后，Photoshop软件就开始检查照片并且自动优化它的亮度和对比度，不过处理过程会持续一会儿，一个进度显示标指示着这个过程的状态。

3. 在这个优化过程中，原始照片不会被改动，软件会自动复制出一张来，并且把它与原始照片一起存储到一个版本组合里，可以用鼠标点击袖珍画右侧

的箭头的方法来打开或关闭。在被优化了的画面右上角出现一个小标记表明这是一个刚刚生成的版本。

使用"自动智能修复"，您不能对参数做任何改变——您必须相信，软件能够确定最合适的数值。对于初学者来说，这个很容易进行的修正非常适合。如果您已经积累了一点经验，您肯定想对结果施加自己更多的影响，为此Photoshop软件也提供有多种可能性。

自动修正

"智能自动修正"不可能在每一幅画作上都收到满意的结果，这也是合乎自然的。有些以某一种颜色为支配色的画作，也可能会出现色彩全乱了的情况。因此在使用前一定要先作个试验。

快速修正

　　下一个"梯级"就是所谓的"快速修正"，您在"修正"索引里点击"快速照片编辑"选项即可。

　　1. 可以下载一个专门的工作区域来进行"快速修正"。这时在电子笔记本里被点了标记的照片就会立刻被接收进来。

　　2. 在操作区域五花八门的窗口里，提供有多种功能，用来改变设置。

　　3. 应该在视图目录界面设置好，原始照片和修正过的照片应该并排展示还是上下放置，这两种方式只能选择一种，为了有一个比较，无论哪种方式，还是要放在一起显示。

　　4. 非常值得推荐的是要先试一下"智能修正"，这样就能很快检查出来，这个选项是否能带来理想的结果，同时您还可以用鼠标左键点击住"滑动调节键"，设定好修正的强度（见左图）。如果您对结果满意，可以用区域里顶头一行中的对钩标识来确定，点击它右边的"×"就会中断这项操作了。

5. 在上一页中，照片效果图里，您已经能看到照片明显的改善，如果您想把刚刚进行完的优化工作删除，您可以点击"复位"键。

6. 在"光照"操作区域里您可以顺便把色阶、对比度等都调整一下，只需"自动"键即可。使用"中间调"选项时，对比度或上升或下降只能调到中间值——而颜色的强烈程度和光照度保持不变，使用这个功能您可以对照片进行非常精确的优化处理。

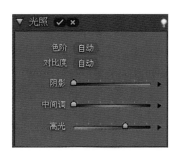

7. 下一个操作界面设置的选项，是可以排除照片上可能会出现的色彩失真，另外还可以用"饱合度"选项来提高或减低照片上的色彩饱合度，提醒您不要选择太高的值，否则可能会出现不自然的效果。

8. 操作界面里的"平衡"选项也服务于照片的颜色优化，它可以调解温度和色彩值。

9. 用"锐度"操作界面里的"锐化度"选项可以优化照片的清晰度，这儿也应注意不要把值定得太高，才能保证照片看起来效果自然，这里的参数值为100。

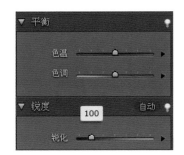

平衡

温度

色调

细节∨X自动

清晰度

用这么很少的几个步骤，已经使照片的外观明显得到了改善。原始照片和目标照片在下页里展示。

饱合

提高饱合度的参数为10，只在很罕见的情况下，才该把饱合度提得更高。

↑春天。即使好的照片，也应该用照片处理软件修饰得更好一些（尼康D3s, 240mm, ISO 200, 1/320秒, f/9）。

作品存储

最后您还必须把作品存储起来，例如可以使用菜单功能："文件/存储于"。当然也可以选择另外一条路。

1. 调出"文件/关闭"功能，这儿也可以使用Ctrl+w的键组合。

2. 然后在一个专门的对话框里确认您要把处理过的照片存储起来。

3. 在"规格一览表"界面里输入所希望的文件格式。如果您想把这些优化过的照片作品将来用于在印刷品上发表，那么TIFF格式是正确的选择。如果想在网上使用，那应该选择JPEG格式。

Photoshop软件建议您，按标准应该把原始照片的名称加上"处理过"的字样，以及一个按顺序排列的编号一起作为文件名。

4. 在"存储选项"里，您一方面要确认，是否把处理过了的照片作品由电子笔记本接收，另一方面您也得确定，是否把新照片与原始旧照片放在一个版本组合里存储。

5. 用"存储"键确认后，作品就被保存在了硬盘里，照片画面关闭。

专业优化照片

如果您在照片处理上已经有了一些经验，那么另外一种操作方式更适合您。

迄今为止，照片被处理过以后，那些修正就固定在上面了，如果您今后某一时刻又想再做其它调整时，您只能再对原始照片进行另一次更新修改。

另外一种功能方式，即被人们称之为无损伤处理方式，可以提供多种照片处理软件，也包括Photoshop。这里使用"调整平台"，可以随时改变调整的指令。这样人们始终是灵活的，因此特别向您推荐下列工作步骤，尽管它要求掌握的知识多一些。

1. 如果"照片-编辑"已经打开，您还需要点击"全"选项，就会开始全面处理了。

2. 使用功能"文件/打开"，打开要处理的照片，在工具栏里双击那只小手的标识，就可以使画面全部展开。

3. 在操作区域的右边部分里，您可以找到各种各样的选项标识，里面已经设定好了所需的各种功能。

4. 要进行照片优化，您需要打开"图像-调整"，点击脚注里的第二个标识，然后从菜单里选择"色阶"选项。

5. 然后在操作区域里会显示一个直方图，在这个图里您会看到原始照片太暗了，在直方图的右边区域里色调值没有显示。

照片处理

按尽善尽美的原则，一张照片的色阶值应该涉及全部的色调值范围。如果左边或右边的色阶出现了"缝隙"，就表示存在有曝光缺失。

6. 建议初试者使用"自动色调"功能，在这儿软件会自动寻找合适的设定值。您看到优化后，色阶值均匀地分布在了整个直方图上，照片的对比度提高了，整个照片看起来好多了。

7. 对比度通过什么提高呢？如果您在上面的一览表界面里挑出某一个彩色基色，您就能看到了。例如在红色基色里把不包括色调值的右边区域"切掉"。在其它的基色里，也同样进行自动分析。左边与此相反只有很少的暗色调值被除掉。

8. "自动"功能已经能够经常带来好的结果作品，但是因为右边的几个亮的（原有的）色调值被剪掉了，所以被自动查明的值应该再手动修正5个色调值。为此您可以在右下角的输入界面里，给这3个彩色基色中的每1个都提高5个值。

9. 最后一个步骤是还应把对比度再加强一点。请您在色阶一览表界面里再转换进RGB选项，在左边的输入界面中设定值为10，目的是把暗的色调值削减掉。

通过这些改变色调值的步骤，照片已经得到了明显的改善，显示出了很好的对比度。

如果右边和左边的色调值被"除掉"，那么照片的对比度就提高了。

提高饱合度

色彩饱合度的提高也可以用一个调节平台来完成, 由菜单中调出选项"色调/饱合"。

例如, 您可以在"饱合"输入界面里把值设定为10, 这个饱合度基本上不太高, 应该可以得到一张自然效果的照片。

剩余的工作

打印出照片时, 还要注意调节照片规格, 设定照片的清晰度在其它照片范例上会对这些步骤作介绍。

↓睡梦中的鹈鹕。您在这儿看到了照片优化的作品——原始照片在本书第375页可以看到 (尼康D70s, 220mm, ISO 400, 1/1000秒, f/5.6)。

缩 放

我的做法是：优化我最好的照片里的实际亮度、对比度、色彩饱合以及图像问题，然后把结果作品存储起来。后面的步骤我都在当照片要被继续使用时才会去做，这样虽然"浪费了地方"，但是我确认这样照片能够以尽可能大的规格得到保存。如果您的存储空间有限，这个方式也就不可取了。

照片缩放

如果您留意数码照相机的广告，就会发现大部分相机的像素值都特别高，其实许多制造商也认为，高达数百万的像素值根本不那么重要，可能您也很少需要做出广告画格式的照片来，为此600至800万像素的相机一般来说就够用了。

如果您自己拥有一台600万像素的尼康相机（下一个范例中使用的照片就是用一台尼康D70s拍摄的，它具有这种分辨率），那么您可以制作的照片格式能达到25×17cm，而且质量非常棒。

如果照片应该在本地的印刷机上打印出来，那您可以毫无顾忌地再制造出格式大得多的照片来。

如果您想打印出小点儿的照片，或者只想在互联网上发表，那么把那些处理过了的照片也仍以原始照片的格式保存，那就纯粹是浪费空间了。如果您已经优化了大量照片，并且已经在另一个名称下存储了，这样就会有大量的兆字节聚集在一起，从而调节并缩小照片的格式，这样非常简便易行。

1. 调出"图像/图像大小"功能。同时注意使这个选项带上使照片成比例以及对照片数据重新统计的功能，这样一方面您可以看到照片的边距比例情况，也就是说如果您想给照片重新设定一个高度的话，那么它的宽度会自动做出相应的改变。另外如果您把照片缩小了，像素的数值也会减少。

2. 重新计算像素数值时，您可以从一览表界面中选择"两次立方"选项等，这样就能收到最佳质量。

3. 至于您把照片的新格式在上边的区域里输入，还是在"文件格式"区域里输入都无所谓，不过可能您会觉得在下面的区域里输入更容易些，因为那儿已经把各种数据都设置好了，您可以很快地点中所希望的相纸的格式。例如把示范照片缩小到16×10.6cm，下一页上有这个格式的示范照片。

4. 输入新的数值以后，您在对话框的顶端可以看到最新的文件格式，同时显示的是这个文件格式处于未压缩的存储格式，在我们的范例中，文件格式被压缩到大约7个兆字节（由于原始照片被有点随意处置了，实际上它只有12.2兆字节）。

使照片变清晰

说到要使照片变清晰，这原本当然是没什么意义的，组成每张数码照片的所有像素在变清晰之前和之后一样都是棱角分明的，这个概念只是被从胶片摄影里借鉴过来，并且传递一个视觉的印象。

照片看起来似乎是清晰了一些，那是因为细节更清楚了。

变清晰过程是这样进行的：程序在照片里寻找并列的两块亮度明显不同的区域——比如一块是浅灰色，一块是深灰色。在变清晰过程中，会把浅灰色调向白色的方向调整，而把深灰色调向黑色的方向改变，这样照片的对比度就提高了。通过这个变化使得观赏者得到了一个印象，认为照片变清晰了。

USM锐化

Photoshop软件在"滤镜"菜单里设置有一个"锐化"的功能。您可以调出"USM锐化"功能，用来调节清晰度，共有3个选项可以使用。

如果您激活了"预选"选项，那么所期待的结果就不仅会在对话区域的预览照片里显示，而且也会在原始照片中显示，这样就可以进行一个更具体的评价。

1. 您可以把"数量"值调到500%，一般来说，在做大型照片时，把强度调到150-200%就可以收到很好的效果。合适值的确定主要取决于照片的格式，同样较高的值，小照片比大照片的效果更清楚。

↓气球，在这个规格里您可以打印出一张大约240万像素大的照片来，质量非常好（尼康D70s, 210mm, ISO200, 1/640秒, f/6.3）。

照片处理

另外还有十分好用的Photoshop配套的补充组件（被称为插件），可以使照片非常有效地变清晰。Nik Sharpener就是这样的一个组件（http://www.niksoftware.com），它能依据目的照片的规格自动确定各项参数。

↓沙岩。最后您应该使照片变清晰（尼康D70s，52mm，ISO 200，1/400秒，f/10）。

2. "半径"值决定，在修改的时候，除了轮廓以外，还有多少像素应该被考虑进去。照片越大，就应把这个值调得越高，大部分情况下这个值不会高于2或3像素。

3. 在为了使照片变清晰而提高对比度之前，使用"阈值"来确定，相邻的像素之间应该有多大的差距。

我举一个例子来说明这个值的用处：如果您在照片里看到一块单色的区域，例如在一片模糊的背景中，其实这并不是一块单色的区域，而是由许多非常细致入微

的层次组成，如果您用变焦镜头拍摄，就很容易确认这一点。为了使这种区域不必变清晰，您可以把阈值提高一些。

4. 您不必把阈值调节得太高，否则的话使照片变清晰的效果就几乎看不出来了。按照各题材的不同会有区别，但最大值不超过10。只有当三个值正确的合作时才能达到完美的清晰度效果，这儿必须要有点经验才行。

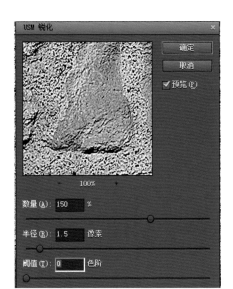

为网络存储

如果您想用处理完的效果照片来装饰网页,也有几种附带的选项供您存储照片时使用,也会对文件的格式产生影响。

1. 要存储时可先调出功能"文件/为网络存储"。在工具栏里双击小手标志,就可以在窗口里看到照片的全幅图像。如果要想让照片在原始格式里面显示,就必须双击放大镜图标。

2. 窗口的右侧列出的是优化照片的各个选项,在"预定参数"一览表界面里,您可以看到对各种各样的网络文件格式而设置的各不相同的预选设想。网络仅支持在文件格式JPEG、GIF和PNG里的照片,不过对于一般照片来说,我只想给您推荐JPEG文件格式。

智能对象

另外,在Photoshop软件里,使照片变清晰是最后一件任务——为此也没有调节平台,如果您使用专业程序Photoshop CS4/5工作,也可以使用所谓的智能对象和智能滤光镜,以便得到原始数据。

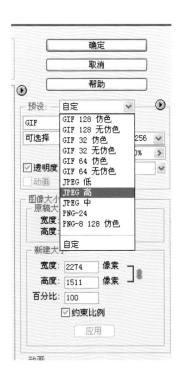

双重存储

当您使用调节平台进行了优化以后,并且也想给网络保存一张效果照片,那您就需要对它进行双重存储。首先应该把效果照片保存在一个平台支持的文件格式里,例如可以在TIFF文件格式里,这样以后还可以修改它。第二步才是为网络使用而进行的存储。

视觉鉴定

在网络里使用照片有一个优越性: 与您在荧屏上可以对结果照片进行鉴定一样, 观察者也能见到照片 (如果您的监视器没有调节错误的话)。如果照片要给印刷品使用, 那就要难多了。

3. GIF文件格式在这里并不好用, 因为它只有最大256个色调被支持, 因此这个文件格式天生适合于版画。而PNG文件格式在网络还没得到足够的支持。于是在浏览网页时, 就需要设置一个相应的模数, 以便访问者下载图片, 由于这个文件格式流行不广, 劝您最好不要使用。

4. 只剩下广泛流传的文件格式JPEG了, 因为它被称为"真色模式"(TrueColor-Modus)。能支持16700万颜色, 所以对于网络照片来说, 它是最理想的格式, 此外还可以产生出很小的文件格式, 从而使照片可以很快被转存好。在"预定参数"一览表里有三个不同的质量级别供选择, 一般情况下选择"JPEG中"选项, 就能得到一个文件格式很小的。可以接受的结果照片。

5. 如果已经进行了调节, 就会在右边所期待的结果下面看到各种说明, 把这两种文件格式放在预览画面下进行比较, 就能看出压缩后形成的节省空间, 在下面的一行里软件显示的是转存速度在28.8kbit/s情况下的转存数额。

6. 在右边的区域里您还可以看到照片的现实格式, 如果您想改变照片的大小, 可以往输入区里输进新的数值, 如果愿意保留现在的比例, 可以激活相关的选项。

7. 如果您想在您的标准网页浏览器中看到结果照片, 可以激活"文件"选项的"存储为web所用格式"命令按钮, 往它旁边的箭头上点击一下, 就可以在一个菜单里找到已装置好的网页浏览器清单。

↓壁虎。软件给网络输出提供各种各样的选项 (尼康D70s, 105mm微距, ISO200, 1/125秒, f/2.8, 微距闪光灯)。

图像问题排除

图像问题的成因最复杂多样，或许由于传感器上的一粒灰尘，而使照片上出现了一片模糊的斑点，或者您在玻璃鱼缸里拍照，也会出现一些问题，水中漂浮的细微颗粒，如上图所见，都应该日后从照片中除掉，才能使照片更加专业化，这些任务用Photoshop软件都很容易完成。

1. 要想修除图像问题，需要使用在工具栏中的弹出菜单里可以找到的克隆图章工具。

2. 在使用克隆图章工具之前，您必须先预设工具的种类和规格，可以在工作窗口的上方找到每个工具的选项。

3. 为了使问题图片修饰以后看不出来，您应该选择带有柔软边缘的工具提示。工具提示的大小是否合适，取决于要处理照片的规格—— 在我的示例中，60像素是合适的值。

4. 使用克隆图章工具不能把图像问题除掉，而只是把有问题的部分用没有问题的部分覆盖上。因此您首先得确定一块可以用来复制的区域，它应

↑ 彩色。照片中的一些飘浮颗粒物影响了照片的质量，应该把它们除掉（尼康D3s，55mm微距，ISO800，1/50秒，f/2.8）。

照片处理

盖章消除

如果使用盖章法来除掉问题，也会花费一些时间。但是为了得到一张好照片，这些花费是值得的，经过一些练习后，用不了几分钟就能修改好一张照片。

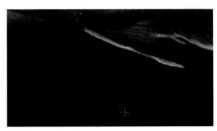

该离问题区域不远，以便让修饰不留痕迹，先按下Alt键，再用鼠标左键点击相关位置，点击后，您就确定了所谓的来源点，用来复制了。

5. 确定了来源点后，您压住鼠标左键就可以把有问题的部分覆盖了，您可以只用鼠标键点击一次，也可以用压住键的鼠标通过"覆盖"来完成。就这样一点一点地，一块一块地把有问题的部分覆盖好。

↓最终定稿。把漂浮颗粒除掉后，照片看起来更具"专业"水平了。

6. 上图中鼠标的光标旁边的十字指示的是要用来覆盖的位置，圆圈显示的是被覆盖了的部分。

7. 用这个方法您再修改下一个图像问题，重新再按下Alt键，就可再选一个新的来源点，多次更换来源点是很正常的事，因为它肯定是一个没有问题的部分，而且又适合有问题的区域。

8. 因为处理是在100%显示规格里进行的，所以在窗口里看不到照片的全貌，使用画轴卷动画面到下一部分，再寻找下一批问题，如果要修改很小的问题，工具提示也同样应该缩小一些。

降低照片噪点

如果您把感光度调得比较高，那么图像上的噪点就不可避免，在后期处理时也不可能把它们消除掉，只能够缩小一点。不过有一点您应该明白：清除噪点总会有不利的一面——它是事物中自然存在的，不可避免。为了除掉它，人们总是在使用某种方法，来把照片上的某些部分线条变得柔和一些，以使色点消失，这样必须会减弱清晰度，您必须找到一个折衷的方法，使清晰度的减弱效果不那么明显。

1. 要先把其它的优化工作都做完，例如亮度、对比度等等，直到最后一步才来降低噪点，如果您用调节平台工作，那就可以把平台与功能"平台/减低到背景平台"综合到一起。

2. 然后调出功能"滤镜/杂色镜/减少染色"，这个功能降低噪点的效果最好，在对话框里您看到3个不同的选项，可以选择哪个更适合滤镜。

3. 您把细节保留的值预定得越低，照片就会被画得越柔和，相反您把值定得太高，那么效果就几乎看不出来了。

4. 如果您想把修改前和修改后的照片一起比较一下，只须点击照片预览，并同时压住鼠标左键，然后您就也可以看到原始照片，松开鼠标左键，就可以看到优化过的效果。

↓降噪后。这儿使用了降噪选项（尼康D200，180mm微距，ISO1250，1/160秒，f/5）。

题外话

区 分

对于DRI照片，人们把它区分为LDRI-照片（指对比度范围很低）和HDRI照片（对比度范围很高）。这两种照片不仅阴影部分，而且光亮部分的细节区别都显而易见。

↓特里尼塔提斯教堂，位于哈尔茨山区的不伦拉格市(Braun-lage)。下面这6张照片被拼合成为DRI照片印在了下一页的右上角。下图中，从左数第3张是原始照片（尼康D70s, 70mm, ISO 1000, 1/125秒, f/5.6）。

HDR-DRI

摄影中一个错综复杂的区域就是"HDR摄影"，目前正是非常时髦的事情，它试图在一张照片里尽可能多地安置上亮度的细微差别，以便能再现大的对比度范围。在这儿RAW照片更大的色彩饱和度能帮助您。HDR即英语的High DynamicRange，汉语为：高动态范围。要想打印出来这种照片，首先得把它转换成普通的8Bit照片，在这个过程中，色彩的细微差别当然也会丢失。

与之相反，您可以直接打印DRI照片，DRI即英语的Dynamic Range Increase，动态范围提高。把几张用不同的曝光时间拍摄的照片。拼合成一张8Bit照片，所有型号的尼康相机（包括最小型），都能使用整个包围曝光系列进行拍摄，这样您就可以使用1个或2个曝光值，进行低曝光和高曝光的拍摄，然后再把它们拼合到一起。

只有当照片的对比度范围太大的时候，HDI照片才有用处，这两页上的教堂照片就是一个范例。在教堂里不可能进行正确的、合乎规范的曝光，因为教堂本身非常暗，而透进光线的窗子与此相反非常明亮，这两个部分虽然统一到了一张照片里，但却不是在一张照片里曝光的。

辅助方式

如果您没有拟定曝光系列，并且是用RAW格式拍摄的照片，那么也可以得到帮助。您可以设定"曝光系列值"，方法是多次地反复打开照片，每次使用不同的曝光修订值。这样得出的当然不是真正的HDR照片，不过它可以帮您认识这种方式的效果。下面图里的6张照片就是

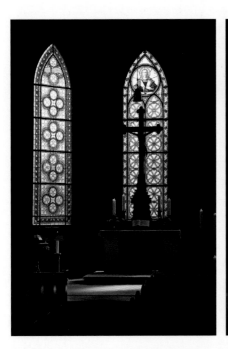

用这种方式得来的，左边数第3张是未经修改的原始照片。

众多的软件云集市场，其中一部分甚至还可以从互联网上免费下载，一个受欢迎的工具是Photo-matrix。

用Photoshop软件您可以自动制作DRI照片。打开所有照片，在点击了所有照片的标识后，调出功能"新的/照片合并一曝光"。

在一个专门的对话框里您可以选择让软件自动完成对照片的拼合，或者您选择手动的方式，对每一项所要求的工作步骤和软件都有更进一步的说明——

这一点尤其是对于初学者来讲弥足珍贵。

点击选项"文件/自动/合并到HDR pro"，Photo-shop软件就会在各种各样的照片里，挑出光照正确的照片部分，然后把它们拼合成一张新照片，您看到的右图就是这样的一张照片。

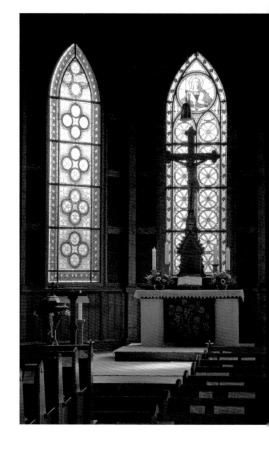

↓DRI照片，在大自然中要拍摄这样的场景，须注意直视太阳时会给眼睛带来损害，这幅照片通过后期处理完成DRI照片（尼康D70s，700mm，ISO200，1/500秒，f/13）。

对比度

自然界中存在的最大的对比度（也被称之为动力度）是深夜与阳光灿烂之间的对比。人类能够通过打开和缩小瞳孔来平衡这个差距，这也适用于观赏一幅场景。人们在看素材时并不是做为整体来看，当目光转移时，眼前出现的也只是单个的画面，它们在大脑里才组合成一个完整的印象。一般情况下，当我们把目光从一片阴影区域转到阳光下时，并没有觉察到瞳孔张开或缩小的变化。只有当这个转换骤然发生时，我们才能觉察到，就像乘车穿越隧道，或突然被人用灯照了眼睛。因为眼睛也需要一点时间，才能适应光亮强度极端强烈的变化。

理　解

相机并不具备人眼睛的这种能力，只能把"相机瞳孔"（镜头）用光圈来调得小一些或大一些。同一张照片上的区别就没办法控制了，因为照相机把场景始终看成为整体，即使这个场景有一半在暗处，一半在亮处，照相机也只能根据其中的一部分来进行正确的曝光。

未来"模拟尼康动态D-Lighting"的工艺是可以想象的，可能会在最短的时间内把许多张曝光度各不相同的照片接收进来，并在相机内部拼合成一张DRI照片。其他的相机制造厂家们已经开始初步试验了。

输出媒介

所有输出媒介的基本问题是无法把自然界的对比度范围再现出来，如果把可能出现的对比度范围用光圈级来测量，那么在某个星期天，从最亮处到最暗处的差距能达到25个光圈级。人的眼睛能感觉到15个光圈级，而数码相机只能反映出6级（如果用8Bit照片工作），与胶片幻灯片差不多一样多，在印刷品上这个值还会缩小，所以当一个场景被印到相纸上的时候，它肯定会与人们在自然界看到的不一样。

制作RAW照片

您是否喜欢使用RAW规格，是个人看法问题，不过它的一个缺点您一定要注意到，那就是占的存储空间太多。我想给您介绍RAW格式提供的几种便利的可能性。很多用户都使用Adobe这个工具，每当又有新的相机被投放到市场时，它总是具有实用价值，目前使用的是6.4版本。

1. 在标识栏里有放大镜和小手标识选项，可以用来调节照片的视图规格——这一点您肯定已经从软件里了解了。

2. 从自选工具菜单里选择边距比例，就可以自己设定比例值了，这一点很实用，如果您想设定与原始照片不同的边距比例时，就很方便了。

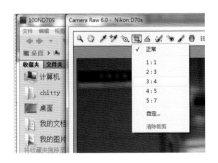

3. 滴管标识用来在照片中选择出一个中立色彩的点，以便在调节白平衡时使用。右边在自定义工具旁边的选项是用来竖直照片或消除红眼的。随后跟着的是调节笔，用它把修改限制在画面的某个区域上，使用后面的过程滤镜也能做这件事——但是这个形式是直的而不是圆的。再后面的选项是用来预先设置的。使用最后面的两个命令按钮可以使照片逆时针或顺时针旋转，当然按您的需要而定。

4. 对于许多摄影家来说，使用RAW格式摄影最重要的标准是日后能够调节白平衡。在相机的显示屏上这是比较困难的，RAW格式在"白平衡"一览表界面里为各种各样的拍摄场景预设了好多种选择——您在下图中可以看到。如果您所希望的值不在选项内，也可以把所要求的色温直接输入到"色温输入区"内，这个区域位于一览表界面的下面。

5. 在下面的区域里可以看到各种各样的选项，能够用来优化照片，如果您激活了"自动"选项，RAW格式就会自动确定合适的值。

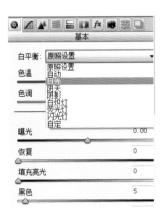

后期

例如"自己设定"等许多任务都可以事后用Photo-shop软件的"普通"功能来完成，至于您想如何进行，只是个人看法问题。

XMP文件

如果您在处理过RAW照片后在Windows浏览器里看到了索引表,您就会发现,那儿增加了几份新的文件,都带有文件-dung*.xmp字样。

XMP(Extensible Metadata Platform)是2001年由Adobe公布的标准,许多软件都支持这个标准。

在RAW照片上您预设的所有改变(见右图),都会被存储在这份纯粹的文本文件里,原来的照片数据保留原样。这个方法使得今后还有可能把预设的改变再改回去,此外,也可以把您在一张照片上使用过的数据,很容易地转用到另一张照片上。您必须要注意,XMP文件不能被删除。

```
xmlns:crss="http://ns.adobe.com/camera-raw-saved-set
xmlns:crs="http://ns.adobe.com/camera-raw-settings/1.
<crss:SavedSettings>
 <rdf:Bag>
  <rdf:li rdf:parseType="Resource">
   <crss:Name>Importieren</crss:Name>
   <crss:Type>Snapshot</crss:Type>
   <crss:Parameters rdf:parseType="Resource">
    <crs:Version>4.5</crs:Version>
    <crs:WhiteBalance>As Shot</crs:WhiteBalance>
    <crs:Exposure>0.00</crs:Exposure>
    <crs:Shadows>5</crs:Shadows>
    <crs:Brightness>+50</crs:Brightness>
    <crs:Contrast>+25</crs:Contrast>
    <crs:Saturation>0</crs:Saturation>
    <crs:Sharpness>25</crs:Sharpness>
    <crs:LuminanceSmoothing>0</crs:LuminanceSmoothing
    <crs:ColorNoiseReduction>25</crs:ColorNoiseReduct
    <crs:ChromaticAberrationR>0</crs:ChromaticAberrat
    <crs:ChromaticAberrationB>0</crs:ChromaticAberrat
    <crs:VignetteAmount>0</crs:VignetteAmount>
    <crs:ShadowTint>0</crs:ShadowTint>
    <crs:RedHue>0</crs:RedHue>
    <crs:RedSaturation>0</crs:RedSaturation>
    <crs:GreenHue>0</crs:GreenHue>
    <crs:GreenSaturation>0</crs:GreenSaturation>
    <crs:BlueHue>0</crs:BlueHue>
    <crs:BlueSaturation>0</crs:BlueSaturation>
    <crs:FillLight>0</crs:FillLight>
    <crs:vibrance>0</crs:vibrance>
    <crs:HighlightRecovery>0</crs:HighlightRecovery>
    <crs:Clarity>0</crs:Clarity>
    <crs:Defringe>0</crs:Defringe>
    <crs:HueAdjustmentRed>0</crs:HueAdjustmentRed>
    <crs:HueAdjustmentOrange>0</crs:HueAdjustmentOran
```

6. 第一个选项是调节曝光度的,它非常实用,使用它可以改变照片曝光度最大达4级,这是一个相当大的修正范围。您也可以用它来平衡可能出现的曝光过度或不足,极端的曝光错误虽然不能以此来消除,但普通的错误使用这个选项都能有所帮助。

R: ---	f/14	1/800 s
G: ---		
B: ---	ISO 200	21-35 bei 29 mm

7. 您已经知道,使用Photoshop软件能够修改拍摄照片的深度、亮度、对比度以及饱和度等数值,实用的是,相机RAW能根据值的改变,在操作窗口右上角的直方图里自动做出迅速的修正。直方图还显示各不相同的彩色基色的色调值,因为它是透明的,所以看得很清楚。

8. 在预览照片下面您看到在中间有一个链接,使用它可以打开专门的对话框,这里您可以调节,例如看照片是否应该在8或者16Bit模式里处理。16Bit照片包含的不再是256个色彩分级,而是向更精细的分级发展,包含有4096个分级。明显的不足之处在于目前能在这种照片上使用的功能还很少,也许会在未来的程序版本中得到改善。

9. 对于视觉规格来说，已经设定了各种不同的值，如果仍然没有包括您所希望的值，那您就可以直接把它输入到"输入区域"里。

其它可能性

RAW格式所创造的可能多种多样，而且还会随着新版本的出现而越来越多，例如点击一下箭头所指的位置，就能打开附加的选项，从而能够把用于其它照片的调节存储起来。

在标识上方，直方图的下面，您看到有许多其它的调节选项，例如能精确地调出照片色调范围的功能。

在第6个步骤里您可以找到甚至能够纠正镜头错误的选项，所使用的镜头会借助于Exif数据而被辨识出来。

当所有的调节都进行完了以后，您就可以在照片处理结束时使用"打开照片"命令按钮，从而让对照片已经给出的调节指令都得以进行，并且把结果转存到软件上。

特别功能

在相机校准栏目里，尼康相机也设置了特别功能。那上面的一览表界面里，照片优化功能可以把照片塑造得如您在相机菜单里看到的一样。

题外话

全景摄影

全景摄影也是一个独立的摄影领域,受到了许多摄影家的喜爱,一些从事建筑和风光题材的摄影家们,甚至在全景照片上也成了专家。全景摄影的视觉角度可覆盖360°,也被称之为全景图。使用全景摄影,人们试图捕捉住从远处得到的印象。

附件市场也很适时地提供多种专门针对全景摄影服务的附件,比如用于三脚架上全景摄影专用的机头,使用它可以把全景摄影需要的各种各样的照片都调节得非常精细。早在胶片摄影时代就有专门的全景相机,但它随着时代的发展已经失去了意义,相机通过旋转,得到一个很大的拍摄角度,再把它们综合到一张照片里来。

在数码时代,把多张照片整合成一张要容易多了,这个技术越来越受到喜爱,人们把它称之为拼图。

对于这个专门的任务,互联网上也有很多软件,有的可以免费下载,并且现在流行的大部分照片处理程序都支持全景照片选项。

如果您想把几张相关的照片用Photoshop软件合成,可先调出选项"文件/自动/photomerge",会有一个助手带着您进行一步一步的操作。

合成照片要使用各不相同的选项,下面的示范照片使用了"自动"选项,然后不必进行任何别的处理。如果没有

↓全景照片。使用Photo-shop软件,用两张照片拼合这张全景照片,照片中上方的一个小红道显示的是两张照片拼合之处(尼康D3s, 55mm, ISO200, 1/250秒, f/8)。

说明，您几乎看不出来，这张全景照片里的什么地方是原来两张照片的接缝。右边的照片选用的是"圆柱体"选项，这里立体感的失真已经被软件消除。

照片合成后，会出现一些没有画面内容的区域，在这张画里上边格子纹图案的区域就是这种。

这样的区域您一定得在后期处理时，使用裁剪工具把它们切除掉。另外还应注意到，在合并照片后会出现巨大的照片文件。

"画"照片

　　照片处理程序不仅包含着优化照片的功能，使用所提供的功能可以使照片异化，只用不多的几个步骤就可能使照片变一个样子——看起来像一幅油画。

准备照片

　　在使用特效滤色镜处理照片之前，应先进行所有的照片优化处理。如果此时使用图层工作，那么就把它与功能"平台/降低到背景图层"一起使用。如果必要的话，您应该把文件用另外的名字再保存一下，从而保证您以后还能保留住软件中的文件。然后再去看那些各式各样的效果，来把照片"画"成一幅油画。

　　1. 第一步，您得在图层平台上建立一个副本。如果您在"平台—调色板窗口"把背景平台拖至"纸标识"的话，建立副本是非常容易的事。

　　2. 新的平台自动激活软件，这一点您从对黑色的强调中看得出来，只有当平台被激活后，才能进行处理，在文

本文件里看不到区别，是因为新的区域把原始照片完全遮盖了。

　　3. 调出功能"滤镜/模糊/高斯模糊"，在半径值输入界面输入高值5，然后即可得到一张明显不清晰的照片。

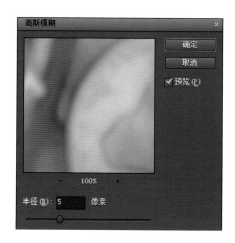

　　4. 现在您还需要图层平台的一个副本。Photoshop软件总是把副本覆盖在原始平台之上，所以您必须在复制出副本以后，在平台摆里把原始平台推到最上层的位置。

　　5. 在这个新的平台上您使用另一个高效滤色镜。为此要调出功能"滤镜/风格化/照亮边缘"。按照每个输出值的大小来改变所需要的值的大小，在这个范例中所使用的调节值您在上图中可以看到。

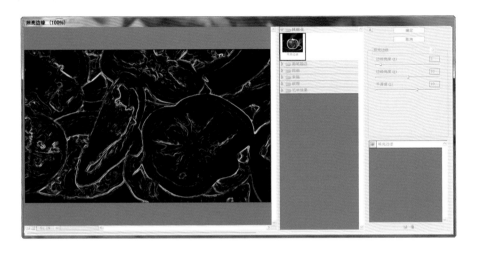

6. 结果是出现了一张黑底色,亮线条的图像,但是它其实应该反过来出现,因此您要使用按键组合Ctrl+I,就可以把图像反过来了。

7. 您应该把这个结果与位于下面的平台"混成一体",这需要您在一览表界面的最上面一行里调出填充方法"软光"即可。

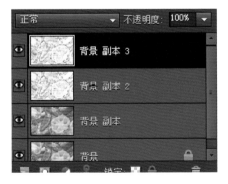

8. 如果您想继续实验,可以重复使用这个高效平台,试验另一个填充方法。例如选择"5倍填充",用这个调节方式得到的结果如右图所示。

实 验

所介绍的工作步骤,只是把一张照片变成一幅"数码油画"的可能性,您把各种高效滤镜都可以试试。除了上面用过的以外,还可以使用"滤镜/风格化/浮雕效果"结果会显示出具有更多细节更清晰的轮廓。

想提醒您的是,用滤镜做实验能很快上瘾。

变 化

您还可以使前面所介绍的效果发生变化,例如您可以在使用滤镜"照亮边缘"之前,同样把重复平台稍微变柔和一点——可以选一个小的半径值,例如可以选2像素来试试。

照片处理

Alpha 基色

在一张照片的Alpha基色里,黑白图像可以被除掉,属于此的还有蒙版和简单的信息。在Alpha基色里的白色区域此刻是"自由的",而Alpha基色里越黑的区域,它的图像就越强劲地被"保护"着不被改变。

使照片变得高贵

给照片装饰一个框子,照片就会增值,在这个工作室里,我给您介绍一种不那么正统的方法,当然这是一种奢侈的制作,也只有那些杰出的照片才值得去做。

准备照片

首先请用您已经熟悉的方法优化照片,但是先不要裁剪,重要的是在选择照片时,要注意挑出那些照片上围绕主题有足够的空间去实现所希望的效果。这些区域将来要用于画框的,如果您使用了图层,那么到最后还会把它添加到背景里。

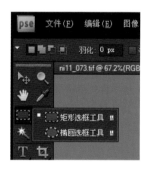

1. 调出工具"选择一矩形",选出一块矩形区域,如左图所示即可。

2. 精确的位置并不那么重要,我这幅照片里只是注意把蜻蜓都框在了矩形里,上面的翅膀故意留了一点伸出在矩形外—— 这一点以后再讲。

3. 把所作的选择保存起来,可以使用功能"选择/选择存储"。并且马上就会被再次使用。如果您使用的是奢侈的选择区域,就更必须这样存储,以免再来。软件会把所作的选择保存到照片的Alpha基色里。

4. 使用功能"选择/选择返回"转回到选择区域,紧接着使用功能"平台/新的/平台通过副本"。这样您就从选择范围的内容里制造出一个新的平台,如下图所示,在上面的部分里您能看见"空洞"。

5. 在新制作好的平台上, 您可以通过下面照片中所显示的调节内容, 来使用效果"滤镜/杂色镜/添加杂色"。为了把边缘改得清楚一些, 我调节了一个比较高的值。

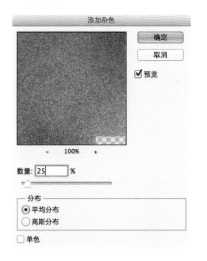

6. 由于在制作新的平台时, 刚才的挑选自动消掉了, 因此您得使用功能"选择/选择下载"重新下载一次, 您在改变新下载时需使用功能"选择/选择修改/镶边"。在下面所示的对话框里把镶边的宽度调到"5像素"。

7. 镶边后, 可以给它填充上白色。您为了保持灵活性, 应该再建立一个新的平台, 只需在最上边的平台摞里

下指令即可。还要建议您的是, 应该坚持选那些灵活的变化——也许以后您不喜欢白色的镶边了, 那就干脆把相关的平台删去就是了。

8. 为了把新制作的平台上的选择区域填充为白色, 您需要使用功能"处理/选择填充"。在对话框里从一览表界面"填充用"里挑选出选项"白色"。紧接着您就可以使用功能"选择/选择提高"来把前面的选择删除。

使精致

还有一小块"美味的食品"被我搁置着, 画面上高出选择区域的一小块翅膀正是我要的效果。通过这么微小的变化, 这张照片效果与其他人处理的照片相比显得十分突出, 引人注意, 要想达到这个效果其实也很容易:

1. 使用"多边形—套索—工具"给翅膀做出标记, 大约如下图。

2. 紧接着使用功能"选择/柔和的选边", 来调节出一个2个像素的柔和的边框来。

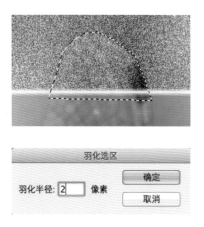

4. 新的平台推向上方在平台摞里，从而收到的排列顺序如下图所示。

↓原野蜻蜓。加了一个框子，使得照片变高贵了（尼康D200，105mm微距，ISO100，1/800秒，f/2.8）。

3. 给背景作上记号，调出功能"平台/新的/平台通过副本"。

尼康D300，18mm，ISO200，1/320秒，f/9

尼康D200，105mm，ISO100，1/320秒，f/2.8

12 照片展示

　　理所当然您想把您的照片也展示给其它人看。在数码世界里您有多种途径，可以使用各种各样的方式把您的照片呈现出来——比如使用Email寄出去，或者用一个投影仪放映出来，也可以制作一个网络画廊或者一本照片书。

　　本章中所有照片均由米夏埃尔·格拉迪亚斯提供。

分享快乐

如果您经常摄影，当然想给您的朋友们展示，让他们看看您的作品有多么漂亮。在胶片摄影时代，举办一个幻灯晚会是非常受欢迎的。今天您拥有更多的可能性来展示您的数码照片。数码幻灯片的放映，既可以用电脑播放，也可以使用一个投影仪。同样，纸质的照片今天也更加时髦了，摄影工作室也专门研究了把数码照片印制成常见规格的纸质照片，照片的转存可以通过互联网非常简单地实现。

就连"传统照相册"也有了一个数码的类似东西。

摄影书籍也越来越受欢迎，因为不是每个业余摄影爱好者都是大师，于是出现了许多关于摄影构图的书籍。这样，只要点几下鼠标键，就能收到预期的结果——而且价格还不贵。

彩色打印机作品以其卓越的质量，使它今天已经成为了我们非常熟悉的常用方法。要注意的是，它可不像摄影工作室里印一张照片那么便宜，不过它的结果立即就可以拿到。机器价格适中，主要的费用产生于消耗品，如所使用的纸和彩色墨盒，相纸种类繁多，例如您可以选择专业的带有一层发光表面的相纸，以使您的照片显出尽可能好的效果。

在数码时代，您不仅可以给朋友们展示照片，使用互联网您甚至可以让全世界都欣赏到您的佳作。热衷于摄影的业余爱好者在网上讨论这些作品，这样您也可以知道，您的哪些照片得到了大家的赞许，哪些没有。在这里微距摄影的朋友们讨论他们的作品，并且在确认种类时提供帮助。要知道在微距摄影方面，由于种类繁多，有时分类不是那么容易的事。在许多网站您都能受到不少的启发和鼓励。

如果您拥有一张自己的主页，您当然也可以在主页上把您的照片展示给全世界看。

准 备

根据您最终想把照片呈送到什么地方，来决定给照片作何种相应的准备，这样当您在互联网里呈送照片时，就不会出现其他的变异形式。而在印制纸质照片时必须要注意设置一个高的分辨率值，所需的准备并不繁琐，您最好预先已把您最好的照片优化好了，就像我们在上一节里所描述的那样。

处理照片时，您可以使用您喜欢的照片处理程序，因为Photoshop软件已经广为流传，并且价格适中，我将在这一节里使用这个软件来处理大部分任务。

为了保证您照片的观赏者能够非常清楚地看见您在自己的屏幕上看到的东西，一定要把各个仪器调节合适，如果把显示器调得太暗，那么您看到的影像肯定与在一个正常的显示器上看到的不一样。在本节里您还会获悉：如何把各样仪器，例如显示器和打印机配合在一起调节，人们称这样的动作为"校准"。

↓转动方向盘时的仪表盘灯光照明。这张合乎波普艺术的照片，几乎是完全模糊的，为了这个效果，使用了很长的曝光时间（尼康D300，17mm，ISO1000，3秒，f/2.8）。

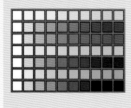
校 准

问题很明显:有了扫描仪、显示器,也
有了打印机,按理说制造出一张完美的照片
应该没有任何问题了,可事实却不是这样。

职业摄影师们都清楚地知道:从扫描
仪、显示器。到打样设备,以及彩色打印机
等等所有的仪器都要彼此协调一致,人们
把这个工作称为检测或者校准仪器,专业的
检测系统对于个人使用者,或者半专业的摄
影师们来说都是天价,买不起的。

于是必须得为使用者们找到另外一
条道路,来达到样品与照片最大限度的
一致。此时出现的问题是,存在着有各
不相同的色彩模式(见本书第310页),
如:CMYK色彩模式(入射光模型)和
RGB(背光拍摄)。

这个问题在模拟摄影时代,您肯定在
拍幻灯片时已经遇到过了。

您的幻灯片拍得非常出色,放映时(在
背光里)光彩夺目,后来您把它洗印成纸质
的照片(成了俯视的样品)时您发现它的质
量比幻灯片已经明显差多了。

由于对这种物理现象无法改变,所以
一个背光媒介(如显示器)适用的照片,永
远也不可能完全100%地适用于一个平面
俯视的媒介(如纸)。我们能做的只是努力
获得一个最大限度相近似的结果。

许多程序在您给一张RGB照片使用
颜色时都会警告您,颜色在打印时印不出
来。在Photoshop里这种警告叫做"色彩

范围—警告",它的问题当然也是反着的。
它的纯粹的青色和纯粹的黄色在屏幕上
显示不出来,因为这两种颜色虽然包含在
CMYK色彩模式里,但却并不在RGB色彩
模式里。

这几个要点在校准时非常重要,假设
您使用一张照片来进行校准,画面上是一
个发光的红色交通标志牌,背景是亮亮的
蓝色天空,例如本书288页的插图,对这种
素材您永远也不能把打印机和显示屏协调
一致起来,因为无论是发光的红,还是发光
的蓝,都不能像它们在显示屏上显示的那
样被打印出来。

要想得到可以使用的校准结果,绝对
必要的前提就是要使用一个合适的题材来
用于校准。如果您没有比色板,您可以从柯
达公司得到(见本书第184页)。

检 测

第一步,请您用扫描仪把比色板扫描
下来,首先要使用扫描仪制造厂家设置的
标准值,很多情况下您这样做就很容易收
到最好的结果。

如果您已经把色彩卡片数字化了,就
可以开始第二步了。您可以在一个照片处理
程序里打开已经扫描进去的比色板,如果
第一眼看到的扫描结果太暗或太亮,那么
必须把扫描过程再重复一遍。

为了检测精确,您还可以使用滴管,每
个照片处理系统都提供有滴管用于提高色

自己的网页

如果您的艺术功底比较深厚，又具有编辑的能力，也可以制作自己的网页，比起程序所展示的可能性来，您自己动手当然有更多的艺术选择。

您也可以来看看我的照片网页: http://www.gradiasfoto.de，我在那里模仿了胶片时代的Cibachrome样片特征。

样 片

在胶片摄影时代，想知道全卷胶卷的照片情况，可以先洗印出样片，即与胶卷的原始规格同样大小（36mm×24mm）。

照片展示

CD或DVD盘上的幻灯展示

胶片摄影时代可以看幻灯片，到了数码时代同样能够看，您可以在电脑上看，也可以用一个投影仪在一块银幕上放映，但是您必须注意到，投影仪在常见的电视规格中工作，因此它不能反映出全部的分辨率。

几乎每个CD/DVD刻盘软件都提供一个实用程序，以便能把照片拷贝到CD或DVD盘上去。如果您想把照片综合起来长久保存或继续提交的话，幻灯刻盘选项是个不错的选择，在大部分照片处理软件中也都包含有这个功能。

我在这里为您介绍一下用CD/DVD刻盘软件Nero制作幻灯展示的过程，这是一个非常受人喜爱，广为流传的软件（http://www.nero.com/deu/）。

1. 启动程序Nero Vision后，调出栏目"幻灯制作/DVD录像"。

2. 用Drag Et Drop转存您挑选出来的照片是最容易的事情。您首先打开Windows浏览器里的包含有您所希望的照片文件夹，点压住鼠标左键，把您选中的照片从浏览器里直接拖到Nero的照片模板里，一个幻灯项目里最多能接收99张照片。松开鼠标键，软件就已经把照片转存到了照片模板里。

3. Nero提供各种不同的选项，用来对幻灯节目做进一步的处理，双击一张照片，就可以打开如下图所示的窗口。

在这里您首先要调节相关照片的展示时间要多长，您得注意，照片不能展示时间

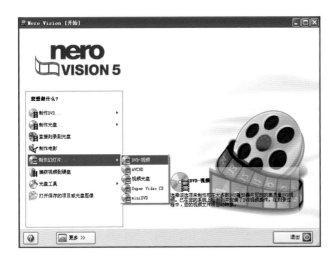

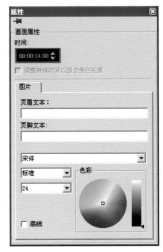

太长,那样会使观赏者感到无聊,大约5-7秒是比较好的选择。您可以使用箭头按键来修改或者直接打字输入新的停顿时间,Nero在TimeCode里把实际的选择突出为蓝色。此外,您也可以把首行和尾行文本直接打字到输入界面里,并且将其格式化。

4. 如果您想同时修改多张照片的停顿时间,您可以把这些照片用按住Ctrl键或↑键的方法点击,用↑键可以把并排排列的照片都做上标记,Nero可以把所有做标记的照片都框起来。然后点击鼠标右键,从弹出的菜单里调出"特性"功能,在Timecode区域里输入您所希望的停顿时间,或者用箭头按键来确定。

5. 在图片栏目下面您可以看到一些按钮,它们的功能很有意思。例如,您可以使用第4个命令按钮把照片放到一个专门的窗口里去剪切,首先您把标识框拖到左边的预览照片上,随意改变,直到达到您满意的剪切图出现为止,右边就是Nero显示的结果。

6. 使用第5个命令按钮打开的菜单,您可以运用效果或者进行照片优化,如果您使用了照片剪切后的结果,并且想保留它,那就可以把它作成新的文件存储起来,激活第8个命令按钮,Nero在此为您提供了用于存储的所有现行的文件格式。

7. 如果您把照片只是一张接一张地播放,那不会给别人留下太深的印象,Nero为您提供一种可能性,使您的幻灯片变得更加吸引人,为此您可以使用不同的过渡手段,让照片以各不相同的方式出现和消失。在下图中右上角的区域里的一览表里,选择您所希望的栏目,共有4个栏目供您选择。

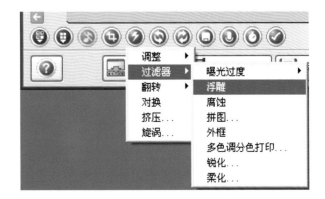

8. 要使用一个效果，您可以压住鼠标左键把它拖到照片界面中，把它放在两张照片中间，效果中的持续时间您在另外的一个窗口里调整，那个窗口您可以用双击叠化标识的方法打开，如果所有的照片都可以使用这个过渡效果，那您就可以从相关菜单里调出功能将所选择的过渡用于所有过渡界面。

9. 在接下来的助手步骤里，您只需再把名称输入到幻灯展示里去。为此Nero提供了多种模型，您可以选择，命令Nero把结果记录到硬盘上去或者立即刻录到一张CD或DVD盘上去。根据照片数量的大小，制作幻灯展示所需时间会稍有不同。

照片打印

即使到了数码时代，印制成照片的摄影艺术展也总是具有它特殊的魅力。自己在高质量的相纸上打印出来的照片，也能同您在胶片摄影时代所熟悉的有专业曝光的相纸上洗出来的照片一样好。

在Photoshop软件里，"文件"菜单的最后，您可以找到各种各样的打印单张或多张照片的功能。还应提醒您在打印之前，先使用功能"图像/图像大小"来把照片缩小到您所希望的规格。为安全起见，您最好把分辨率选择在300dpi（见本书第248页）。

1. 如果您只想打印单个的一张照片，可以调出功能"文件/打印"。

2. 在下面的一览表界面中，您可以调节打印的规格，如果所显示的与照片规格不同的话，在一览表里提供有多种现行的照片规格供选择。

3. 如果您想自己使用一个特殊的尺寸，就可以调出选项"自己的"，然后把自己希望的尺寸输入到随后打开的专门对话框里的输入区域中。您调节好了边长尺寸的比例关系，可以在左侧的预览照片中鉴定一下。

此如果您选用的是吸水性太强的相纸，例如高光泽纸，那就要进行另外一种转换了，要把打印机驱动也调整到与纸的类型相匹配。

6. 要想修改边距，您可以调出选项"边距调整"，在另外的一个对话框里您除了可以给出纸张的尺寸，还要注意把纸张放正。

7. 在"调整打印机"界面里，通过使用"调整改变"命令按钮，您就能够在一个对话框里对打印机进行专门的调整（见下面）。

8. 根据所使用打印机的不同，这里提供有各种各样的选项，有的范围广泛，有的要窄一些，例如我个人喜欢用的办公用打

4. 为了调整其它的选项，您可以调出功能"其它选项"来，在一个专门的对话框里您可以调节指令，看是否文件名和照片名称也应该一起被打印出来。除此以外，左右颠倒的打印或者固定照片的标识都是可能的。

5. 与显示器和数码相机不同，打印机工作时使用另一套色彩模式，因此Photoshop在打印时会把照片内部转换到CMYK色彩模式里。如果您想自己进行转换，可以通过索引中的"色彩管理"，找到一览表里的"打印色彩空间"。这里有许多常用的值，适合于各种各样的打印相纸。因

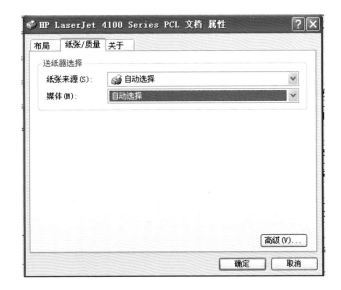

照片展示

印机HP Office jet Pro8500——在很多索引里都能见到——它有多种选项，一些调节功能也很实用地适用于所有打印机，您只需选择一个可以调节打印质量的选项就行了，这个选项包括从图样打印到最大调整等各种各样的质量级别。

多张照片打印

当您想把多张照片放到一张纸上时，可以打印小型的照片，就会节约相纸，为此目的Photoshop软件当然也能提供帮助。您可以选择是想了解照片总的概况而打印样品照片呢，还是想制作一个所谓的照片包裹。软件为此提供各不相同的版面编排，例如有最简单的版式，在一张纸上并排放着两张同样大小的照片。当然也有各种复杂的选项，在一张纸上放置着大小不等的许多张照片的版面。

当您做照片归档时，想了解照片总的概况，样品照片就有用处了，您可以把它用在CD盘或DVD盘的分类归档上。

↓柏林国会大厦。如果用高光泽度的相纸来打印您最漂亮的照片，那您得到的是精美的效果（尼康D200，14mm，ISO 100，1/200秒，f/7.1）。

制作照片书

照片书现在很时尚，因为它确实好，制作成本不高，而且招人喜爱。您只需用所选择的使用软件把您最好的照片综合在一起，过不久就拿到了一本"真正的照片书"，装订好了的，并且照片质量精美。

我想在这里为您介绍使用"Umoment photobook 照片书服务"，因为这个照片书软件很实用，而且常获好评。

1. 在右图中显示的操作界面里首先要选择照片书的种类。选择相关的"制作"命令按钮，打开操作界面，所有的操作步骤都会有已设置好的文字说明，即使是首次尝试制作照片书，也不会有任何困难。

2. 在页面的左侧点击"选择图片"，找到需要的照片文件夹，然后把照片拖到上面的大区域里。这里既可添加单张图片，也可以添加包含图片的整个文件夹。

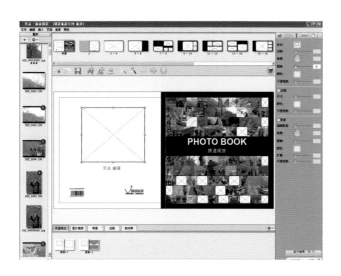

3. 使用"继续"命令按钮，您就转换到了助手的下一个步骤，这时要确定您的照片书的版面编排，也已经预先设置好了多种适用于目前流行版式的可能性供您选择。缩略图也能大致显示出照片的编排位置，我为旅游摄影专题选择了上图所示封面。

4. 下一步要确定每一页的版式和内容，您可以自由设计，也可以按照提供的版式直接添加图片和文字。

5. 使用命令按钮"制作照片书"，就可以结束这个过程了。所选中的照片会被自动地分配到照片书的各页上。如果您想看看其中的某一页，可以点击下面操作区域里的缩略图中的那一张即可查看。

6. 如果您想自己动手练一练，也可以不用软件助手帮忙，自己来制作书页。您只需点击左下角窗口中的"无需助手自己制作"命令按钮，就可以转换到全套的工作模式中。

7. 使用右上角的"订购"命令按钮，您就可以立即在线寄出您的预订，照片书的价格会在随后的对话框中显示。

8. 最后您应该把整个项目存储起来，此时需要使用左边操作界面上方的如下标识。

细节处理

您可以完全把制作工作交给程序助手去办，这一点对于初试者尤为实用，当然如果您对电脑自动给您编排的某一页不太满意时，也完全可以自己修改。您点击其中的某一张照片，它就会被一个标识框和各种标识点给框起来。这些您都可以用来把照片放大或者缩小，点击上边中间的那个标识点可以使照片旋转，点击标识框上没有标识点的地方，就可以把照片推到另一个位置上去。

其它可能性

原则上来说，所有制作各种各样照片书的软件工作方式都大致相同，您在选择照片书制作商时也可能是由于其它的因素：

● 如果您想挑选照片书页尽可能多的时候，大部分制作商提供的页数为98页，而Pixopolis 可以达到112页。

● 或许某个制作商家的封皮使您格外喜欢。

● 还应注意的是装订，弄不好书就散架了，大部分制作商家使用纯粹的粘贴法，不过线装订会更结实些。

● 有时价格也会各有不同——经常会在诸如邮寄或加工费等附加费用上有高有低。

自己的照片书

我个人非常喜欢使用的一个服务网站叫做：http://www.Pixopolis.de。在这里您也可以在一个自选制作程序里，根据自己的创意进行设计，然后把每个页面作为一个JPEG照片发过去。在下面的照片里您看到的两本书，就是这样制作的。我会每年把我在这一年里拍的最好的照片综合起来成为一个照片集，只是把竖式照片和横式照片分开。

关键词目录